現代生物科学入門

1

ゲノム科学の基礎

現代生物科学入門

編集＝浅島　誠／黒岩常祥／小原雄治

1
ゲノム科学の基礎

吉川寛／伊藤隆司／上野直人
佐々木裕之／中井謙太

岩波書店

序　小原雄治
1章　吉川　寛
2章　伊藤隆司
3章　上野直人
4章　佐々木裕之
5章　中井謙太
付録　中井謙太
遺伝学 100 年の年表　吉川　寛

序——編集にあたって

　近年「○○の DNA」「○○の遺伝子」という言い方をよく耳にする．正確でないものも多いが，似たものは何かを引き継いでいることを端的に表わしている．昔風に言えば「カエルの子はカエル」「子は親に似る」，あるいは「血のつながり」であろうか．親兄弟，親戚が「つながっている」ことは明らかだし，先祖をたどれば多くの人はつながっている．人類すべてはどこかでつながっていることも想像しやすいのではないだろうか．そして進化学が明らかにしたように，生物すべてがひとつながりである．この「つながり」を担うのがゲノムなのである．

　ゲノムとは，簡単に言えば，その生物種を作り上げるのに必要な遺伝子のセットだが，その使い方や関係も含めたシステムと考えるのがより正確である．ゲノムが変われば，その生物は何か変化する．性質が変わるかもしれないし，今の環境では生きていけなくなるかもしれない．逆にもっと過酷な環境でも生きられるようになるかもしれない．それらの変化を実現すること，次の世代に伝えるのがゲノムである．

　ひとつながりと簡単に書いたが，生物は多様であるし，一方で生物種という同一性は維持されている．多様性と同一性という相矛盾することを実現した装置がゲノムである．生命の本質は「自己増殖」であろう．これがなければ進化の競争にも参加できない．そのための基本が細胞を正確に複製することである．同一性の保証とも言える．しかしまったく同じものばかり作っていても始まらない．単細胞生物の例になるが，細菌は抗生物質で死滅する一方で必ず生き延びる耐性菌が現れる．新しい抗生物質ができても，いずれ必ず耐性菌が現れる．これはその細菌集団の中にわずかではあるが耐性菌がすでにいたからである．この原因は，ゲノムの本体である DNA の複製エラーや外来 DNA の取り込みなどさまざまだが，ゲノムが常に変化（多様化）しているからである．同じようなことが，進化の過程で，環境が激変した際に必ず起こってきた．それが起こらなければ絶滅であり，起こったからこそ今の我々があるのである．

個体を作るのも簡単ではない．受精卵から出発して細胞を正確に複製しても，細胞が分化しなければ細胞の塊ができるだけである．そこでゲノムの使い方を変えるのである．どの遺伝子をいつどの程度使うのか，この微調整をさまざまなやり方で生物はおこなっている．その結果，見事な発生分化を遂げるのである．同一のゲノムから多様な細胞を生み出す，この絶妙なゲノムの使い方も結局はゲノムに書き込まれているのであるが，このためのゲノム，遺伝子，DNAの想像以上のダイナミズムが明らかにされつつある．

今日ゲノムの情報はあらゆる生物科学の基盤として活用されているし，ゲノム科学はある意味で生物科学のすべてになりつつある．シリーズ第1巻の本書では，ゲノム科学の正確な理解のためにその基礎を紹介した．第1章ではヒトゲノム解読にいたるゲノム科学の歴史を吉川寛氏がそれぞれの時代の息吹まで生き生きと解説する．第2章では細胞というシステムについて，伊藤隆司氏がモデル生物の視点から解説する．第3章では個体を作りあげる発生分化システムについて，その進化まで含めて上野直人氏が解説する．第4章では近年発展が著しいゲノムの高度活用戦略としてのエピジェネティクスについて，医学へのひろがりも含めて佐々木裕之氏が解説する．第5章ではゲノム科学の発展に不可欠である情報科学について中井謙太氏が解説する．いずれも，そのとき研究者は何を考え，どのようにして新しい概念や発見に至ったのか，できる限り触れてもらった．

本書から多くの方がゲノム科学，生物科学の魅力を感じ，さらに深く学ぶきっかけになれば幸いである．

2009年9月

小原雄治

目　次

序　編集にあたって

1　ゲノム科学への道——メンデルからワトソンのゲノムまで……… 1
1. メンデルの遺伝法則からモルガンの遺伝子へ　2
2. 遺伝子の化学的実体の探究　8
3. 遺伝子の働きを解く分子生物学の誕生　16
4. 第2期の分子生物学——DNAテクノロジーによる生物学の革命　28
5. ヒト分子生物学の誕生——ヒトゲノム計画へのプレリュード　41
6. ゲノム科学の誕生　49

2　ゲノムから細胞へ……………………………………………… 65
1. ゲノム配列決定から機能ゲノム科学へ　66
2. 変異体から探る遺伝的相互作用ネットワーク　71
3. DNAチップで探る遺伝子発現制御ネットワーク　81
4. プロテオミクスで探るタンパク質ネットワーク　91
5. ゲノム時代の代謝マップ——代謝ネットワーク　101
6. ネットワークが織りなす超ネットワーク　102
7. 本質の理解に向けて——分子ネットワークの動態と多様性　107

3　ゲノムから個体へ——発生分化の基本…………………………115
1. 細胞が異なる性質を持った細胞へと分化するしくみ　116
2. 細胞外のシグナルを読みとるしくみ——シグナル伝達　128
3. 体の設計図　132

4　体づくりを支える細胞の振る舞い　　137
　　5　ネットワークとしての発生制御　　145
　　　　──複雑な指令をどのように統御するのか──
　　6　多様性・進化のメカニズム　　147

4　ゲノムの高度活用戦略──エピジェネティクス　　153

　　1　個体発生とエピジェネティクス　　153
　　2　エピジェネティクスとクロマチン　　156
　　3　エピジェネティクスの機構　　159
　　4　エピジェネティクスと細胞機能　　171
　　5　哺乳類の高度なエピジェネティクス現象　　177
　　6　多様性を生み出すエピジェネティクス　　184
　　7　エピジェネティクスの破綻と病気　　191
　　8　エピゲノミクス　　198

5　ゲノムを読み解く──バイオインフォマティクス　　201

　　1　情報科学としての生物科学　　201
　　2　ゲノムの辞書と文法書　　203
　　3　配列の比較から進化を知る　　207
　　4　配列の特徴のモデル化　　227
　　5　バイオインフォマティクスの新しい流れ　　238
　　6　おわりに　　247

付録　バイオインフォマティクス理解のためのデータベース……249
遺伝学100年の年表………………………………………………257
索　　引……………………………………………………………267

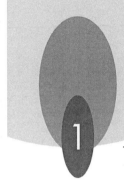

1 ゲノム科学への道
メンデルからワトソンのゲノムまで

ワトソン博士のゲノム──序にかえて

　2008年ワトソン(J. Watson)博士自身の全ゲノムのDNA塩基配列が決定され公表された．ワトソンは1953年クリック(F. Crick)とともにDNAの二重らせん構造を発見した20世紀生命科学最大の功労者の一人である．ゲノムは生物個体が持っているすべての遺伝情報をさしている．ゲノムは親から受け継ぎ，子へと伝える生命の継承に不可欠な情報の担い手であるとともに，ゲノムにはその個体の一生を演出するレシピーが書き込まれている．ワトソンのゲノム情報からは，彼の目の色や身長などの身体的特徴やさまざまな疾患に対する感受性など生理的な性質にとどまらず，彼の優れた知性や個性的な行動までゲノムから読み取ることができるかもしれない．

　ワトソンのゲノムの解読は今日の生物科学の到達点を示す象徴的な出来事といえるだろう．このような成果に到達するには20世紀100年の生物学研究の積み重ねがあった．20世紀は生物学にとって革命的な100年だった．メンデルの遺伝法則が再発見されたのに始まり，50年後にDNAの構造が解かれ，100年後にはヒトを含む多くの生物のゲノムのDNA配列データがあきらかになった．この100年を一言でいえば，生命の分子への還元の歴史といってよいだろう．科学者は生命体を作り上げている物質を求め続け，遺伝という生命の連続性を支えている現象も物理化学的法則の例外ではないことに到達した．そればかりではない．たった1個の受精卵細胞から1個の生物が生まれ成長し，死んでゆく過程もかなりの部分が分子の働きで説明できるようになったのである．さらに大きな変化は生命体を操作する能力を獲得したことである．遺伝子

を作り変え，細胞を変化させ，個体の機能や遺伝性を変えることに成功した．これは原子力の解放にも匹敵するような，人類が獲得した革新的な技術である．このように，21世紀の人類は生物ゲノムという膨大な情報と，生命操作という技術を手にして，生命の時代というべき新しい，未知の領域への旅をスタートさせたといえよう．

新しい旅への準備を整えるために，まず，このエキサイティングな100年の歴史を振りかえって，生物学が進歩してきた過程を読者と共に歩いてみたいと思う．その歩みを通して，生命とは何か，生物とは何か，人とは何かを問い続けている科学者の考え方の変化，その変化をもたらした発見，それを可能にした技術などを理解してもらいたい．突然閃いたように見える発見にも，それを支える多くの研究の積み重ねがあることを，一方で，どうしても解けなかった課題が，天才的な閃きや偶然の発見によって突破されたというような事実から科学研究の発展の論理の複雑さを知ってもらいたい．また，個々の科学者の発見の喜びや，失敗の苦悩に，科学の面白さを感じてほしい．読者が遺伝子，DNA，ゲノムといった言葉の本来の意味を理解して，新しい生物科学に親しみを持っていただくことが本章の目的である．

1 メンデルの遺伝法則からモルガンの遺伝子へ

1-1 メンデルの法則とその再発見

遺伝学の事始めにメンデルの遺伝法則を説明しよう．電車に乗っているとき向かいの席の子供が両隣の両親の顔形と部分・部分がそっくりなのをみて嬉しくなることがある．生物個体のパーツの性質は明らかに遺伝しているのだ．このような性質を**遺伝形質**という．メンデル(G. Mendel)は豆の形や花の色などさまざまな遺伝形質がどのように遺伝するかを大量のエンドウを栽培し交雑をくりかえして研究した．例えば，丸型と皺型のように豆の形が異なる2系統を掛け合わせると，1代目雑種(F1)はすべて丸型になる．ところが，F1どうしを掛け合わせてできる2代目雑種(F2)には元の丸と皺，2つの形質が再現してくる．この現象について，豆の形を決める形質には丸と皺の2つの対立する形質があり，一方は他方に対し優性であると考えた．そして，F1で優性のみが

現れることを「優劣の法則」，F2で2つの形質が分離再現することを「分離の法則」と呼んでいる．メンデルは多数の交雑で得られた膨大なデータを解析して，優性形質と劣性形質を示す個体はF2において3：1の比率で分離することを明らかにした（図1-1(a)）．次に黄と緑，2種類の豆の色の形質も形と同じように優劣の対立する2形質であることを確認したうえで，豆の形と色それぞれの形質は互いに影響することなく独立に挙動することを証明した．この場合，2種類の形質がともに優性形質を示す黄色で丸い個体は9，一方が優性な黄色で皺，または緑で丸いものはそれぞれ3，両方が劣性を示す緑で皺の個体は1の割合で分離する（図1-1(b)）．この規則は「独立の法則」と呼ばれている．

交雑による植物の品種改良は1820年代，ヨーロッパでは花形のバイオテクノロジーだった．メンデルの出身地オーストリアのブリュン市（現在はチェコ）も自前の科学専門誌を発行するほど有数の科学推進コミュニティーだった．市当局が，品種改良に関心が深く，教会の支援を受けて，ウィーン大学で数学，物理，植物学を学んでいたメンデルを故郷に召還し，僧院を研究所として品種改良研究に携わせたといわれている．

エンドウマメの遺伝形質についての優劣と分離の性質は1820年代ナイト（T. A. Knight）ら複数の植物学者によって報告されており，目新しいものではなかった．メンデルの業績はこれらの性質を数学的に証明し法則のレベルに高めたことだろう．しかし，メンデル自身は3つの規則性を法則とは呼ばなかったし，中央の学会や学会誌に発表することもなく，1866年ブリュン市の科学雑誌に報告するにとどめている．だが，メンデルが当時の植物学者のなかで抜群であったのは，遺伝形質が示す現象の規則性を確認しただけではなく，この見事な規則性を説明するために遺伝形質を支配する対立的なエレメント（後の遺伝子に相当する）の存在を提唱したことだった．

この先駆的な仮説は約30年後オランダの著名な植物学者であるド・フリース（H. de Vries）らによって再発見された（メンデル法則の再発見）．彼はオオマツヨイグサの多数の遺伝形質を研究し，ある形質が自然に突然発生する現象を発見，自然突然変異と名付けるとともに，その形質を支配する物質の存在を仮定してパンゲン（pangene）と名付けた．彼はパンゲンは種を超えて伝達可能な物質だというような過激な思想を持っており，メンデルが仮定した遺伝エレ

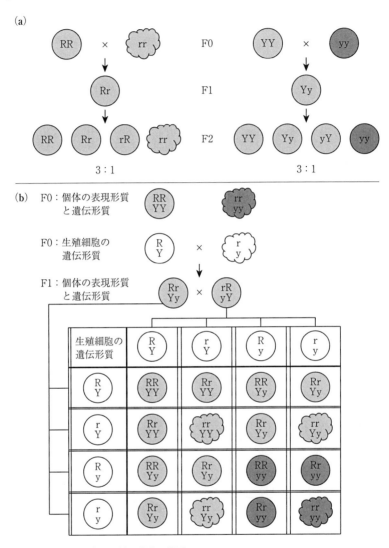

図1-1 メンデルの優劣,分離,独立の法則.
(a) 1種類の形質,形または色の遺伝.形の対立形質は丸(優性)と皺(劣性),色の対立形質は黄(優性)と緑(劣性).
(b) 2種類の形質の遺伝.4種の対立因子の組み合わせが理解しやすいように,染色体が1倍体になる生殖細胞の遺伝形質を示した.個体の2倍体の遺伝形質はそれぞれの生殖細胞の遺伝形質の組み合わせによって決まる.表現形質は優性因子(RまたはY)が1個でも存在すれば優性形質の丸または黄色となる.

メントは無視しようとしたが，ドイツの植物学者コレンズ(C. Correns)とチェルマク(E. von Tschermak)に説得されて，ようやくメンデルの発見に優先権を認めたといわれている．ちなみにチェルマクの祖父はメンデルがウィーンにいたときに植物学を教えたことで知られている．いずれにしろ，「メンデルの再発見」はよく言われているように「メンデル法則」の再発見ではなく，遺伝物質であるエレメントすなわち「パンゲン仮説の再発見」なのである．

英国の遺伝学者であるベイトソン(W. Bateson)は，この時代を総括して，1906年ロンドンの学会においてはじめて遺伝学という学問分野を提唱し，genetics(遺伝学)，allelomorph(現在はallele：対立遺伝子)，homozygote(ホモ接合体)，heterozygote(ヘテロ接合体)，F1(雑種第一代)，F2(雑種第二代)，などの用語を提唱している．ヨハンセン(W. Johannsen)がパンゲンをgene(遺伝子)と改名したのは少し後の1909年であった．

1-2　モルガンのショウジョウバエ

このように「メンデルの再発見」の歴史は，遺伝学が地域的な植物品種改良の技術的研究から，国際的で大学中心のアカデミックな学問に変化したことを示している．その変化を決定的にしたのがモルガン(T. H. Morgan)とショウジョウバエであり，舞台はヨーロッパからアメリカに移ってゆく．目が赤いので猩々(酒好きで顔の赤い妖怪)にちなんでショウジョウバエ，果物好きだから英語ではfruit fly(学名は*Drosophila melanogaster*)と呼ばれる体長2-3 mmの小さなハエが遺伝実験の材料に適していると目を付けたのは20世紀の初めハーバード大学の研究者のようだが，その後2-3人の手を経て，1906年頃コロンビア大学のモルガンによって，研究室内で扱える実験動物としての地位を確立した．モルガンは「メンデルの再発見」以来，法則にこだわって現象論から一歩も出ようとしない植物遺伝学に批判的で，実験によって遺伝因子の本体を明らかにすることに強い意欲をもっていた．そのような彼にとって，世代が10日間と短く，人工飼料で大量に飼育でき，自然突然変異が容易に発見できるショウジョウバエは格好の材料であった．昆虫には珍しく，染色体が4対，うち1対は無視できるほど小さいので実質的には3対(2対の常染色体とX, Yの性染色体対)と簡単であること，さらに唾液腺には1000本もの染色体が束に

なっていて光学顕微鏡で直接観察できる特殊な染色体を持つなど，さまざまな利点を持っている．

　メンデルの時代から約50年の間にシュライデン(M. J. Schleiden)，シュワン(T. Schwann)らを中心にした細胞学が進歩し，細胞の中には核が，核の中には一定の数の色素に染まる線維状の物質(染色体)があること，体細胞分裂では染色体数は一定に保たれるが，配偶子を作る減数分裂では半減することなどがわかっていた．さらに染色体にはオス，メスに共通の**常染色体**と性に特徴的な**性染色体**が区別されていた．ちなみに，ショウジョウバエではメスはXX，オスはXYという組み合わせを持っている．

　モルガンの初期の研究は適当な変異形質に恵まれず苦労の連続であったが，赤眼が白色に変化した変異(白眼，white-eye)がX染色体上に乗っていることを発見し，ショウジョウバエ遺伝学が開幕した(1910年)．まもなく羽が痕跡状になる第二の変異(痕跡翅，rudimentary)もX染色体上にあることが見つかった．すなわち，この白眼と痕跡翅の2つの形質は子孫に伝わるとき常に挙動をともにしたのである．このように異なる形質が連鎖して分離することは一見メンデルの「独立の法則」に反するようだが，実は，メンデルが使っていた遺伝形質は運よくエンドウの7対のそれぞれ別の染色体に存在していたからなのである．

　一方，連鎖している白眼と痕跡翅の変異形質も低頻度ではあるが独立に挙動することがある．これは染色体の**交叉**(crossing over)現象とよばれるもので，減数分裂の第一分裂に先立って相同染色体の間で交叉が起こり染色体の一部を交換するからである(図1-2)．交叉の頻度は2つの形質の染色体上の距離に比例している．この現象を利用して同じ染色体上で連鎖している変異形質がどのような順序でどのような相対的な距離に乗っているのかという遺伝子の連鎖状況をくわしく調べることができた．

　モルガンらは，1919年までにショウジョウバエの3本の染色体それぞれに連鎖した多数の変異遺伝子群を発見し，遺伝子の連鎖群の数は1倍体染色体数と同じく3群であることを証明することができた．こうして，染色体の遺伝子地図がつくられショウジョウバエ遺伝学が確立するとともに，メンデルの遺伝エレメント仮説は染色体と結びついた物質であるという概念に進化したのであ

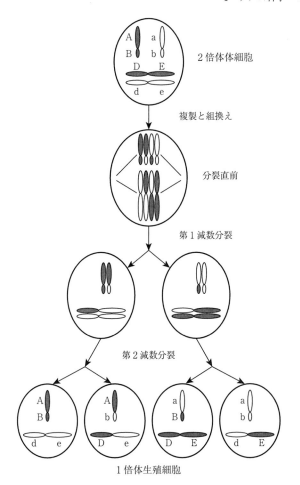

図1-2 減数分裂．2対の染色体をもつ体細胞が一度染色体を倍化したあと，2回の分裂で4個の生殖細胞に変化する様子を模式化した．第一分裂の直前，両親から由来した複製した相同染色体が赤道面で対合したとき，染色体の間で組換えが起こる．その結果，同一染色体上にあった遺伝子 A-B, a-b, D-E, d-e の連鎖が失われた染色体が生まれる．また異種染色体の分配はランダムに起こることにも注意してほしい．

る(遺伝子の染色体説)．その後，1927年モルガンの弟子であるミュラー(H. J. Müller)はX線を用いてショウジョウバエに人為的突然変異を起こすことに成功した．このことによって，染色体の中に存在しX線によって破壊されるという物質をめぐって遺伝子の化学的実体の研究への道が開かれたのである．

モルガンは多くのすぐれた弟子に恵まれ，生涯学生たちとともに実験台に向かっていたという．なかでも優秀な学生だったスタートヴァント(A. H. Sturtevant)とブリッジェス(C. B. Bridges)については多くの逸話が残っている．スタートヴァントによれば，モルガンは実験について，ハエにはいつも騙されるよ〈they(the flies) will fool you every time〉といい，予想外な結果を見つけられるものこそ研究者の頂点に立てるのだと教えていた．モルガンの業績の多くは学生時代のスタートヴァントのアイデアと技術によるものであり，ブリッジェスは1918年の学会で染色体重複による染色体サイズの変化と進化への関与というきわめて先駆的な考えを発表している．

2 遺伝子の化学的実体の探究

2-1　DNAの化学的構造

遺伝子が染色体に含まれているX線感受性物質であるというミュラーの発見から約20年後の1944年，アベリー(O. T. Avery)は細菌の形質を遺伝する物質はDNAに違いないと報告した．一方，DNAは1869年にミシャー(F. Miescher)によって白血球から分離されヌクレインとよばれていたが，デオキシリボ核酸として化学構造が明らかになったのは1952年のことである．このように，細胞を用いた遺伝学と核酸とタンパク質の化学・生化学的研究という大きな2つの流れが1つになって1953年ワトソンとクリックによるDNA二重らせん構造の発見に至るのであるが，その間には多くの研究者によって繰り広げられたドラマがあったのである．

その歴史を振り返る前に，まずDNAの化学的正体を説明しよう(図1-3, 1-4)．DNAは**ヌクレオチド**と呼ばれる化合物が鎖状に連結した高分子で，細胞の中(真核生物では核の中)では普通2本の鎖が規則的ならせん構造を作っている．構造の単位であるヌクレオチドは5炭糖の1種デオキシリボース(dR)に塩基とリン酸(P)が1分子ずつ結合した化合物である．塩基には2種類のピリミジン化合物，チミン(T)とシトシン(C)，および2種類のプリン化合物，アデニン(A)とグアニン(G)があるから，ヌクレオチドは4種類ということになる．

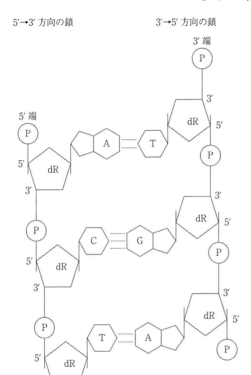

図1-3 DNA二重らせんの化学構造．らせんの一部3塩基対を模式的に示す．プリン（アデニン：Aとグアニン：G）は9因環でピリミジン（チミン：Tとシトシン：C）は6因環で示した．AとTは2本の，GとCは3本の水素結合（点線）で結ばれる．dR（5因環）はデオキシリボース．リン酸（P）は隣接したdRを5′位と3′位の水酸基で結合する．2本の鎖は，デオキシリボースとリン酸の結合方向が逆になっている．

　ヌクレオチドはPが隣接するdR間の架橋となって鎖状の高分子を形成する．このとき1個のPは2個のdRと3位（3′）と5位（5′）の水酸基で結合しているから，鎖にはdR-3′-O-P-5′-O-dRという方向性が生じることになる．4種類の塩基のうち，AはTとGはCと特異性の高い水素結合を形成するので互いに**相補的**であるという．この相補性によって2本の鎖がらせん構造を形成するのである．分子模型を作ってみると，2本の鎖はdR-3′-P-5′-dRの方向が互い

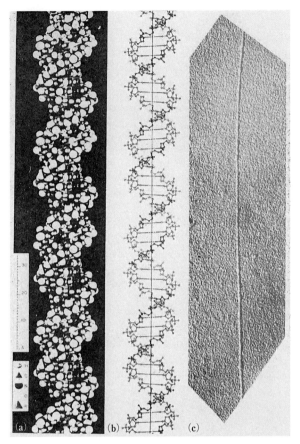

図1-4 DNA二重らせんの模式図と電子顕微鏡写真．(a)原子モデルによる立体構造．大きい溝と小さい溝が交互に形成される．(b)化学構造モデル．塩基間の水素結合が示されている．隣接する水素結合の距離は 0.34 nm，鎖の直径は 2 nm である．(c)DNA 線維を白金でコートし電子線の影を撮影したもの．直径は 20 nm 程度に太くなっている．

に逆向きになったときはじめて安定ならせん構造を作ることがわかっている（鎖の二極性）．驚いたことに，細菌からヒトまで地球上のすべての生き物はDNAを**遺伝子**として使っており，生物の多様な性質はDNAの長い鎖のA, T, G, C の並び方(塩基配列)の違いによってもたらされているのである．

　生物はもう1種類の核酸である**RNA**(リボ核酸)を持っている．DNAと同様ヌクレオチドの重合体であるが，ヌクレオチドを構成する5炭糖はリボース

(R)で，4種類の塩基のうちチミンではなくウラシル(U)である．真核生物では核の外の細胞質に存在し，特殊なウイルスのRNAを除き2本鎖を形成することはない．細胞ではDNAの情報をコピーしてタンパク質合成の鋳型になる働きをする**メッセンジャーRNA(mRNA)**とタンパク質合成の場をつくる**リボソームRNA(rRNA)**，およびmRNAとアミノ酸を結びつける**転移RNA(tRNA)**が主役を演じている．最近はそれ以外にさまざまな調節機能をもったRNA分子が多種類発見され新しい研究分野が拓けている．

2-2　化学から遺伝子に迫る

それはチュービンゲン大学のミシャーによるヌクレイン(核物質)の発見から始まった．彼は膿にふくまれる白血球から苦労してリン酸を含む新種の高分子物質を精製することに成功した．これが核酸とタンパク質の複合体とは想像もしなかったミシャーは核の中のリン酸貯蔵物質と考えていたようだ．この研究はのちに核酸とタンパク質に関する研究によりノーベル賞をうける同門のコッセル(A. Kossel)や同じくノーベルを受賞したベルリン大学のフィッシャー(E. Fischer)に受けつがれ，5種類の塩基の構造とリン酸，糖が含まれることが明らかになった．このように核酸を構成する成分の化学構造は20世紀初頭までに明らかにされたが，その全体構造の解明は1950年代まで持ち越された．

核酸の化学にこれほど時間がかかったのは，RNAとDNAの2種類が混在していたこと，構成成分が不安定で有機化学的分析が困難であったことなどの理由が考えられる．しかし最大の原因は核酸の生理的重要性がまったく考えられなかったために有機化学者から無視されていたからであろう．当時は物質代謝や血液循環などの生化学が全盛期を迎えており，それにかかわる酵素タンパク質が魔法の高分子物質として関心を集めていた．ヘモグロビンなどいくつかのタンパク質の結晶化に成功していたが，1926年サムナー(J. B. Sumner)によって尿素を分解する酵素活性を示すウレアーゼが結晶化され，酵素がタンパク質であることが確立した．さらに1935年スタンレー(W. M. Stanley)が結晶化に成功したタバコに感染するタバコモザイクウイルスは95％がタンパク質(5％はRNA)であることがわかって，多くの人はタンパク質こそ遺伝子の本体だと信じるようになっていたのである．

表 1-1 シャルガフの法則. 塩基の化学分析法を改良し, 種々の生物から精製した DNA の塩基組成を正確に測定した. 線虫とシロイヌナズナは実際には近縁の種類が使われた.

生物種	A	T	G	C	A/T	G/C
ブドウ球菌	12.8	12.9	36.9	37.5	0.99	0.98
大腸菌	26.0	23.9	24.9	25.2	1.09	0.99
酵母菌	31.3	32.9	18.7	17.1	0.95	1.09
線虫	31.2	29.1	19.3	20.5	1.07	0.94
シロイヌナズナ	29.1	29.7	20.5	20.7	0.98	0.99
ショウジョウバエ	27.3	27.6	22.5	22.5	0.99	1.00
ミツバチ	34.4	33.0	16.2	16.4	1.04	0.99
マウス	29.2	29.4	21.7	19.7	0.99	1.10
ヒト	30.7	31.2	19.3	18.8	0.98	1.03

2 種の核酸の 5 種類のヌクレオシド(塩基+5 炭糖)構造はユダヤ人迫害をのがれてアメリカに移ったレヴィン(T. Levene)によって完全に決定された. その彼が, 1930 年, 核酸は ATGC 4 種類のヌクレオチドでできた単位構造が繰り返し鎖状に連結したものだという"4 ヌクレオチド仮説"を提唱し, DNA を遺伝物質の候補から一層遠ざけてしまった. この仮説はのちにシャルガフ(E. Chargaff)によって否定された. 彼は, 多くの生物について DNA の塩基組成を正確に測定し, 一定なのは A/T と G/C の比率(=1)であって, A+T/G+C の比は生物種ごとに広く異なることを明らかにした(表 1-1).

1950 年に発見された**シャルガフの法則**とよばれる DNA の普遍的な性質は, その 3 年後ワトソンとクリックによる二重らせん構造の発見に重要な役割を演じている. しかし, 彼らが A と T, G と C の間の相補的な水素結合モデルに到達したのは独自のアイデアだと主張したため, シャルガフは分子生物学(研究者)を"無免許な生化学(者)"と呼んで極端な批判者になってしまったことは科学にとっては残念なことである. ちなみに生体物質の相互作用における, 鋳型および相補的な対応関係の重要性は 1949 年ポーリング(L. Pauling)とデルブリュック(M. Delbrück)によって指摘されており, 決してワトソンとクリックの天才的な着想ではなかったのである. ヌクレオチド構造とリン酸結合による DNA および RNA 鎖の全構造は 1952 年トッド(A. Todd)らによって完全

に解き明かされていた．DNA 二重らせん構造発表のわずか 1 年前のことである．

2-3 細胞生化学と細胞遺伝学から遺伝子に迫る

　遺伝子の働きから分子に迫ったのは微生物の研究者たちであった．遺伝学と微生物との接点はショウジョウバエのスタートヴァントとアカパンカビ(*Neurospora crassa*)のビードル(G. W. Beadle)の間に生まれた．1928 年モルガンはスタートヴァントらと一緒にカリフォルニアに新設されたカリフォルニア工科大学に招かれ，後に分子遺伝学と分子生物学のメッカとなる遺伝学研究の新しい拠点を作った．PhD になったばかりのビードルは国費ポストドクターとしてスタートヴァントの研究室にはいり，ショウジョウバエの目の色素を合成する遺伝子の研究に従事した．彼は一連の色素合成反応にはいくつかのステップがあり，それぞれに遺伝子がかかわっている可能性を発見したが，それを証明するために合成中間体を同定する生化学的な研究は困難であった．

　2 年後スタンフォード大学に職を得たビードルは大学院時代に習った，アカパンカビが物質代謝と遺伝子を結びつけるもっと優れた材料であると考え，テータム(E. L. Tatum)とともに本格的にとりくみ，有名な「1 遺伝子-1 酵素説」の提唱に成功した．彼らが研究したビタミンやアミノ酸などの栄養素は目の色素と同じように一連の化学反応を経て合成されるし，X 線照射によって突然変異を起こすと反応の途中段階で停止した変異株をたやすく作ることができる．ショウジョウバエと違ってアカパンカビの細胞では，反応が止まっている中間体を外部から栄養素として与えることによって変異段階を容易に決めることができるのである．このような研究を積み重ねて，かれらは，物質代謝の一連の反応それぞれのステップに酵素が働いており，その 1 つ 1 つを遺伝子が支配しているという結論に達したのである．1941 年の"アカパンカビにおける生化学反応の遺伝的制御"と題する論文はその後の分子遺伝学の先駆けとなった研究成果であった．しかし，この画期的な研究も，遺伝子の本体はタンパク質だという固定観念から逃れる力にはならず，遺伝子＝DNA の確立にはさらに新しい方法である細菌の形質転換という現象の発見が必要であったのである．

　20 世紀に入ると，細菌の病原性に関する基礎的な研究と免疫学が登場する．

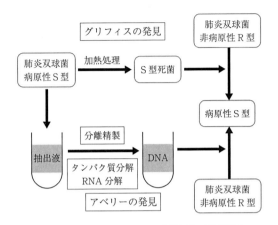

図 1-5　細菌の DNA による形質転換．肺炎双球菌 S 型の死菌には R 型を S 型に変化させる物質が存在した（グリフィスの発見）．S 型菌の抽出物からさまざまな物質を分離精製すると，DNA のみが R 型から S 型に形質を変化させる能力を持っていた（アベリーの発見）．

イギリスではグリフィス（F. Griffith）が肺炎双球菌（*Diplococcus pneumoniae*）の病原性に取り組み，非病原性菌が病原性菌に転換する現象を発見し，**形質転換**と名付けた（1928 年）．彼は，肺炎双球菌には寒天培地で育てると縁が滑らかな（smooth だから S 型）コロニーを作りマウスに接種すると致死的である株と，コロニーの縁がぎざぎざ（rough だから R 型）で病原性を持たない 2 種類の株があることを発見した．次に，グリフィスは R 型株に加熱処理した S 型株の死菌を混合して注射するとマウスは発病し，その血液からは S 型，R 型 2 種類が分離できることを発見したのである（図 1-5）．死菌の中に含まれている熱に強い物質こそ，この細菌の病原性を支配する遺伝子だったのだが，グリフィス自身はこの形質転換因子の実体を知ることなく 1941 年のロンドン空襲によって厚生省の研究所で 60 歳の生涯を閉じている．

　同じころニューヨークのロックフェラー医学研究所ではアベリーが肺炎双球菌の研究に従事していた．彼は血清学的，生化学的研究を駆使して，病原性は細胞の莢膜を構成する多糖類の構造の違いによることを明らかにした．グリフィスが発見した S 型と R 型の違いは細胞が莢膜を持つか持たないかの違いで

あることを明らかにしたのもアベリーであった．優秀な研究者をそろえていた彼のグループは総力をあげてグリフィスの形質転換物質の化学的性質を解析し，ついにその本体が DNA であることに到達する．当時すでに発見されていたタンパク質，多糖類，RNA を分解する酵素群によって処理しても，S 型株から分離され，純化された DNA は形質転換能力を失うことはなかった(図 1-5)．1944 年に実験医学雑誌に発表された論文のタイトルは"肺炎双球菌の形質転換を誘導する物質の化学的性質"と控えめではあるが，アベリーはその 1 年前に「遺伝学者の永年の夢であった細胞に予見可能で遺伝性を変化させうる物質を発見した」と語っている．

　遺伝子が DNA であるという決定的とも思えるこの発見は，シャルガフ，レーダバーグ(J. Lederberg)ら少数の支持者を除き，学界では受け入れられず，8 年後ハーシー(A. Hershey)とチェース(M. Chase)によって大腸菌のファージ感染が DNA によって引き起こされることが実証されるまで待たねばならなかった．バクテリオファージ(バクテリアのウイルスをフランスの研究者がフランス語の"食べる"という意味をもつ"ファージ"と名付けた)は DNA とタンパク質の複合体であるが，彼らは，ファージが大腸菌の表面に吸着した後，細胞に侵入するのは DNA のみであることを，放射性元素を用いる巧妙な方法で明らかにしたのだ．ここでも，細菌へのファージ感染という現象と放射性元素で化合物を標識するというまったく新しい研究の方法が生まれている．この研究では実際には数％のタンパク質が細胞の中に取り込まれていた．それにもかかわらず，頑迷なタンパク質論者ですら，DNA が遺伝子であることを受け入れたのは，細胞の 1 つの性質を変えた形質転換現象とは異なり，ファージ感染においては侵入した DNA が自己増殖する物質であることを見せつけられたからであろう．

　翌 1953 年に DNA の二重らせん構造の発見を発表したワトソンは 1940 年代の後半，大学院生として研究する間にコールドスプリングハーバー研究所のファージ研究グループと交流し，自分でも X 線によるファージの不活化についての研究を行なっていた．その間に，アベリーの形質転換因子の研究を知り，遺伝物質の可能性がある核酸の構造に興味をもったようだ．1951 年頃からケンブリッジ大学でクリックとともに DNA の構造解明に取り組んでいたワトソ

ンにとってハーシーらの発見は最も勇気づけられたものであったに違いない．

後年，遺伝子の本体の発見に貢献した研究者として，ワトソン，クリック，ウィルキンズ(M. H. F. Wilkins)(DNA の X 線解析像を撮影)，ハーシー，デルブリュック，ビードル，テータムらがノーベル賞を受賞しているのに，重要な貢献をしたアベリーとシャルガフが受賞していないことについて多くの疑問が投げかけられている．

3 遺伝子の働きを解く分子生物学の誕生

遺伝子が DNA であり，DNA の分子構造が解かれたことで，ビードルらが提唱した1つの遺伝子が1つの酵素に対応するという概念を，DNA, RNA とタンパク質という3種の生体高分子によって明らかにする研究への道が開けた．

表1-2 細胞の中の DNA，RNA とタンパク質の関係．

分子の種類	ヒト(真核生物)	大腸菌(原核生物)	存在場所
DNA			
核ゲノム	約60億塩基対 46分子 20000-23000遺伝子	400万塩基対 1分子 4000遺伝子	真核生物は核， 原核生物は 無核だから細胞質
ミトコンドリア ゲノム	17000塩基対 1分子 約50遺伝子	存在しない	細胞質
プラスミド	存在しない	数千〜数万塩基対 1〜数百分子 十数〜数十遺伝子	細胞質
RNA	遺伝子の1-1000倍 増幅	遺伝子の1-10000倍 増幅	核で合成され 細胞質に輸送
メッセンジャー RNA(mRNA)	数万分子	数万分子	細胞質で働く
リボソーム RNA	数十万分子	数万分子	細胞質で働く
転移 RNA	数十万分子	数万分子	細胞質で働く
小型 RNA	数万分子	数千分子	一部は核で働く
タンパク質	mRNA の1-10000 倍増幅	mRNA の1-1000倍 増幅	細胞質で合成される
構造タンパク質	数十万分子	数万分子	細胞表層などで働く
調節タンパク質	数万分子	数万分子	大部分は核に輸送される
酵素タンパク質	数百万分子	数十万分子	大部分は細胞質， 一部は核に輸送

1975年がんウイルス研究によってノーベル賞を受賞したボルチモア(D. Baltimore)は「分子生物学はDNA, RNA, タンパク質がどのような相互関係をもっているかを研究する学問分野だ」と述べている. 1950年代はまさにボルチモアのいう分子生物学が誕生した時代である. その後, 分子生物学が成熟するまで多くの研究者がかかわった十数年のドラマが繰り広げられるのだが, それを紹介する前に, この重要な3つの高分子に関する現在の知識を整理しておこう(表1-2).

3-1　分子生物学の基礎知識

　DNAは遺伝情報の担い手で, ヒトの細胞には引き伸ばすと2mにもなるDNAが46本に分かれてわずか直径数ミクロンの核に納められている. それぞれのDNA分子はタンパク質と結合してコイルをまいた紐状となり, 細胞分裂が起こるときには凝集して**染色体**と呼ばれるソーセージ様の構造をつくる(図1-6). ヒトでは46本のDNA分子は23対の染色体として光学顕微鏡でも観察できるようになる. 減数分裂によって半減し生殖細胞には23本が単位となって子孫に伝えられる. この1組の染色体(1倍体)を構成するDNAをゲノムと定義している. ゲノム研究によってヒトゲノムの約30億塩基対のDNAの全塩基配列が決定され, その中に約2万から2万3000程度の遺伝子が存在すると推定されている.

　真核生物の細胞にはゲノムを包み込む核のほかにミトコンドリアが, 植物細胞にはミトコンドリアに加えてクロロプラストと呼ばれる, それぞれバクテリア起源の小粒子があり, どちらも固有のDNAを持っている. 大きさはさまざまであるが, 数十から数百個の遺伝子を含んでいる. 単細胞生物で核を持たない原核生物の1種である大腸菌では約400万塩基対の環状のDNAが1分子, 細胞の中で折りたたまれて細胞膜に付着して局在している. この小型ゲノムには約4000の遺伝子が含まれている. 細菌の細胞にはゲノムのほかにプラスミドと呼ばれる数千から数万塩基対で薬剤耐性など特殊な遺伝子をもった小型のDNAが存在する.

　細胞を持たない生命体である動植物ウイルスとバクテリオファージはプラスミドと同程度の小型の線状あるいは環状のゲノムをタンパク質あるいは膜タン

バクテリオファージ
2×10^4 塩基対
200 遺伝子
線状1分子 DNA
約 $7\,\mu m$
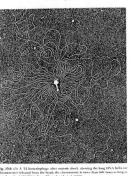

インフルエンザ菌
2×10^6 塩基対
18000 遺伝子
環状1分子 DNA
約 0.7 cm

ヒト
3×10^9 塩基対(22本+X or Y)
染色体当たり1分子(線状)
全体で約1 m

図1-6 3種類のゲノム．バクテリオファージとインフルエンザ菌のゲノムは電子顕微鏡，ヒトの染色体は光学顕微鏡の写真．ゲノムサイズが大きくなるほど，折りたたみが複雑になる．（E. J. DuPraw, The BIOSCIENCE, 1972.）

パク質が包み込んでいる(図1-6)．ウイルスは細胞に感染してはじめてゲノムが働き増殖する．一部のウイルスは RNA(1本鎖または2本鎖)をゲノムとしている．

　細胞の RNA は高分子のメッセンジャー RNA(mRNA)とリボソーム RNA(rRNA)，および低分子の転移 RNA(tRNA)と多種類の小型 RNA(sRNA)に大別することができる．mRNA はゲノム DNA の遺伝子部分の配列を正確にコピーしたもので，真核生物では核内で加工された後，細胞質に移される．このコピー作りの操作を**転写**と定義しているが，この過程で細胞の中にそれぞれ1個しかなかった遺伝子が RNA に形を変えてその情報を何倍にも増幅することができる．大腸菌では1万倍にも増幅される特殊な遺伝子も知られている．

　rRNA は細胞質において数十種類のタンパク質と巨大なリボソームとよばれる複合体を形成し，mRNA を結合してタンパク質の合成の足場となる．tRNA は DNA から RNA に写された遺伝情報をタンパク質に**翻訳**する働きから**アダプター分子**とも呼ばれている．100塩基程度でクローバーの葉のような

高次構造を作る tRNA は 20 種類のアミノ酸それぞれに異なる分子種が存在しており，アミノ酸を高エネルギー状態で結合する（アミノアシル tRNA）．これらはリボソーム上の mRNA と 3 文字暗号に従って結合し，隣り合った 2 個の tRNA によってつれてこられた 2 個のアミノ酸同士がペプチド結合する橋渡しをしている．リボソームの上を移動する mRNA に連動して 2 個の tRNA が順に入れ替わることによってアミノ酸が次々結合しタンパク質が合成される．作られたタンパク質のアミノ酸配列は mRNA の塩基配列の遺伝情報を忠実に反映しているのはいうまでもない．以上のべた転写と翻訳によるタンパク質合成の仕組みを模式的に示した（図 1-7）．

　tRNA 以外の小型 RNA の中には核に転送されて mRNA の加工を行なうものなど，機能がわかっているものもあるが，大部分は機能未知で，2006 年ノーベル賞受賞の対象となった転写や翻訳の抑制に働く低分子 RNA など分子生物学に新領域を拓く可能性を秘めている（本シリーズ第 2 巻を参照）．

　さて，リボソーム上で作られたタンパク質は自分自身の力で，あるいはシャペロン（フランス語で介添え役の意味）タンパク質の力を借りてそれぞれの働きに適した固有の立体構造を形成する．タンパク質の一部は**構造タンパク質**と呼ばれ，細胞の形作りや，細胞内での物質輸送のレールのような働きをする．また一部はタンパク質同士の相互作用や，mRNA の働き，あるいは転写などの制御に係わるため**制御タンパク質**と呼ばれており，他のタンパク質や RNA，DNA と結合する性質を持っている．タンパク質の大部分は細胞内のさまざまな化学反応を触媒する酵素である．世界的に有数の代謝と酵素のデータベースである京都大学化学研究所のウェブサイト KEGG（http://www.kegg.jp/）には数千種類の酵素が登録されている．リボソーム上での mRNA からタンパク質への翻訳の過程で，1 分子の mRNA は繰り返し利用され 1 万個ものタンパク質が合成されることがある．

　このように，細胞はたった 1 個の遺伝子に書かれている情報を転写と翻訳の 2 つの過程を経ることによって 100 万倍にも増やす能力を持っているのである．ヒトでは 2 万数千，大腸菌では 4000 のゲノム上の遺伝子のうちどれだけがタンパク質に合成されるか（一般に**遺伝子発現**という）は細胞の種類と周囲の環境によってさまざまである．普通増殖が激しい細胞では 1000 種以上の遺伝子

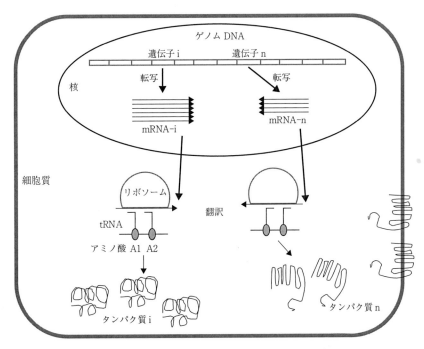

図1-7 分子生物学の基本と細胞の中のゲノムの働き．ゲノムDNA上の遺伝子iとnからタンパク質iとnが合成される様子を模式的に示した．まず，核内で転写によってmRNAが合成され，細胞質に移動したmRNAがリボソームに結合，mRNAの配列に対応した2個のtRNAがアミノ酸A1, A2に翻訳されてペプチド結合を作る．この反応を繰り返して，多数のアミノ酸がmRNAの配列に指令されて結合しタンパク質を作り上げる．タンパク質はそれぞれに固有の立体構造を持つ．タンパク質iは球状で細胞質内で酵素の一種として働き，タンパク質nは細胞膜に組み込まれて，シグナル伝達の受容体として働く．

が発現しているし，増殖しなくとも活発な活動を行なっている脳細胞では2000-3000種もの遺伝子が発現していることが知られている．

これらの基礎知識をもとに，分子生物学誕生後十数年(1953-1970)を振り返ってみよう．

3-2 セントラルドグマ

遺伝子(DNA)とタンパク質(酵素)の間にRNAが介在する可能性はカスパーソン(T. Caspersson)らによって，RNAが細胞質に存在し，その量とタンパ

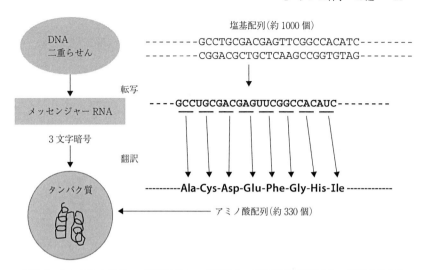

図1-8 セントラルドグマ．遺伝子のコード配列の一部が転写，翻訳され，情報を担う物質がDNA，RNA，タンパク質へと変化する様子を示した．平均の遺伝子の大きさは約1000塩基対，それがコードするタンパク質のアミノ酸の数は333である．タンパク質はアミノ酸配列に対応した形を持つことに注意してほしい．

ク質合成能力とが強く関連していることなどから，1940年代から考えられていた．クリックはDNAとタンパク質を結びつけるRNA仮説を発表，さらにそれを発展させて1958年には遺伝情報はDNAからRNAを経てタンパク質へと一方向にのみ伝達されるという遺伝情報伝達の基本原理を提唱した．のちに，この原理は分子生物学のセントラルドグマと称されている（図1-8）．

一方，生化学的研究によると，細胞質に存在するRNAの大部分は塩基組成が一定で安定な分子であり，多様な遺伝情報を仲介する資格を与えることは到底できなかったので，クリックのドグマは否定されたかのように思われた．しかし50年代の終わりに大腸菌の細胞を破壊した抽出液を用いた無細胞系によってタンパク質合成を試験管の中（in vitro）で再現する技術が開発され，タンパク質合成の場であるリボソームとアミノ酸を直接結合するtRNAが発見された．この成果をうけて，大量に存在し安定なrRNAではない，少量かあるいは不安定で短命の第三のRNA分子の探索が開始された．

この研究には日本から米国のスピーゲルマン（S. Spiegelman）の研究室に留学していた野村真康が重要な貢献をしている．彼は大腸菌のファージ感染現象

を解析し，感染の初期に rRNA でも tRNA でもない第三の RNA 種が出現することを発見し，情報 RNA と命名した．1960 年に発表されたこの論文に触発され，ブレナー (S. Brenner) とジャコブ (F. Jacob) のグループと，ワトソンのグループはそれぞれ独立に野村の実験を押し進め，この初期 RNA こそがリボソームへ情報を伝達する RNA であることを実証した．この RNA は 1 年後の 1961 年，モノー (J. Monod) とジャコブによってメッセンジャー RNA と命名された．

3-3 遺伝暗号の解読

　DNA 二重らせん構造そのものから遺伝子としての機能を推定することはできないし，ワトソンとクリックも DNA の機能についてはなにも語らなかった．DNA 分子が情報分子であるという指摘は物理学者でブラックホールの発見を予言したガモフ (G. Gamow) によるものだった．波動力学で有名なシュレーディンガー (E. Schrödinger) の名著『生命とは何か』によって遺伝物質に対する興味をもったガモフは二重らせん構造の発表と同時に理論的解析に取り組み，翌 1954 年に 2 本鎖の隣り合った 2 対 4 個の塩基が作る空間が 20 種類存在し得ることを発見，これが 20 種類のアミノ酸と対応すると発表した．この提案は間違ってはいたが，塩基の配列がアミノ酸の暗号であるという新しい概念を示したことで，活発な議論と実験を誘発し，1961 年クリックらの 3 連塩基文字による暗号の提唱に結実する．自然界のタンパク質は 20 種類のアミノ酸からできていることを初めて提唱したのもガモフで，彼は 20 人の友人を集め，遺伝暗号解読のため "RNA タイクラブ" を結成，特別なネクタイを仕立てる力の入れようであった．

　しかし，暗号の決定的な解読は理論的な分子生物学とは無縁で無名の生化学者によって行なわれた．米国立保健研究所 (NIH) の研究員であったニーレンバーグ (M. Nirenberg) とドイツからの博士研究員 (ポスドク) マタイ (J. Matthaei) は大腸菌から調製した in vitro 無細胞系を用いて，RNA に依存するタンパク質合成系を開発していた．その研究中に外から人工合成したウリジン (U) の重合体を与えたとき，ただ 1 種類のアミノ酸，フェニルアラニンの重合体が合成されることを見出した．ニーレンバーグは 3 連塩基 UUU がフェニルアラニン

表 1-3　遺伝暗号表．4塩基から3個をとる組み合わせ（4×4×4=64）のうち，3種は句読点となる stop コードとして使われる．残りを20種類のアミノ酸に分配した結果，それぞれ，6個，4個，3個，2個，1個の重複したコードをもっている．重複コードの多くは，1つ目と2つ目の文字は共通である．これらは3文字目が変異してもアミノ酸は変化しない（中立変異）．

2文字目

1文字目	U	C	A	G	3文字目
U	UUU, UUC } Phe UUA, UUG } Leu	UCU, UCC, UCA, UCG } Ser	UAU, UAC } Tyr UAA, UAG } stop	UGU, UGC } Cys UGA stop UGG Trp	U C A G
C	CUU, CUC, CUA, CUG } Leu	CCU, CCC, CCA, CCG } Pro	CAU, CAC } His CAA, CAG } Gln	CGU, CGC, CGA, CGG } Arg	U C A G
A	AUU, AUC, AUA } Ile AUG Met	ACU, ACC, ACA, ACG } Thr	AAU, AAC } Asn AAA, AAG } Lys	AGU, AGC } Ser AGA, AGG } Arg	U C A G
G	GUU, GUC, GUA, GUG } Val	GCU, GCC, GCA, GCG } Ala	GAU, GAC } Asp GAA, GAG } Glu	GGU, GGC, GGA, GGG } Gly	U C A G

の暗号であると考え，この結果を1961年モスクワで開催中の国際生化学会で発表した．しかし，その会場には出席者がほとんどなく，これを人づてに聞いたクリックが会の終盤にもう一度発表の機会を与えたというようなハプニングが起こっている．この実験については，人工合成のポリUは大腸菌由来の生理的 mRNA に対する対照実験として与えたものだと言われているから，計画された研究というより，偶発的な発見のひとつといえるだろう．この発見は激しい競争を起こし，コラナ（G. Khorana）が巧妙な方法で人工合成した多種類の配列を持つRNA断片を鋳型として用いる研究で，1963年までには20種類のアミノ酸に対応する61種類すべての3連RNA配列（コドン）が明らかになり，65年に発見されたアミノ酸をコードしない3種類の停止コドンを加えて，遺伝暗号表が完成した（表1-3）．

表1-3をみれば明らかなように，アミノ酸の種類によってコドンの数は1個

から6個まで変化している．これはタンパク質の中に含まれるアミノ酸の量に比例している．2個以上のコドンを持つものを調べると，アミノ酸ごとにコドンの1,2文字目は共通で3文字目のみが異なっている．いいかえれば遺伝子の塩基配列には変異してもアミノ酸に変化が起こらない塩基が30%近くあることになる．このような変異は中立的な変異であり，後に(1968年)木村資生(もとお)による進化の中立説を裏付けるものとなった．

3-4　DNA複製の原理

　二重らせん構造からコドンを読み取ることは容易ではなかったが，遺伝分子の性質として不可欠な自己複製は構造から自明のように見えた．二重らせんはAとT，GとCの相補的な2種類の塩基間の水素結合で結ばれている．水素結合は37℃では結合と分解が平衡状態にあるような弱い結合であるが，高分子状態では多数の結合によって70-80℃にも耐える安定性を保っている．しかし，さらに高温やアルカリでは不安定で容易に1本鎖に分離する性質がある．細胞や核の中でそれに準じる何らかの方法で2本鎖に解離が起これば，生じた1本鎖部分が鋳型になってそれぞれ相補的なヌクレオチドを結合し，隣接するリン酸と糖が結びつくことで，元と同じDNA分子が2分子生じる，すなわち元の分子が複製されるのである．このように新生された分子の2本鎖の1本が元の分子であるような複製の様式を「半保存的複製」と呼んでいる(図1-9)．二重らせん構造が発表と同時に広く学界で受け入れられたのは主として分子が潜在的に持っているこの自己複製能力のゆえである．実際クリックはDNAが他の力をかりずに自律的に複製すると信じていたようである．

　半保存的複製は1957年，メーセルソン(M. Meselson)とスタール(F. Stahl)の天才的な閃きと当時開発されたばかりの超遠心機を用いて高分子を比重により分離する方法によって見事に証明された．一方1956年，コーンバーグ(A. Kornberg)は大腸菌からDNA複製酵素を分離し，DNAは実際には酵素タンパク質によって複製されることを明らかにした．即ちDNA 2本鎖の解離やヌクレオチドの重合も他の生化学反応と同様に酵素によって触媒されていたのである．重合反応の生化学的解析から，1本鎖を鋳型にして起こる新生鎖の伸張は5′から3′へ一方向にのみ進行することが判明した．一方，バクテリア細胞

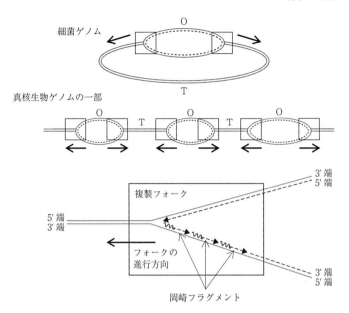

図1-9 DNA複製(半保存的,不連続合成).細菌の環状ゲノムは特定の部位(開始点:O)から二方向に,親の鎖(実線)を鋳型に新生鎖(点線)を合成する(半保存的合成).真核生物の線状ゲノムは多数の開始点から,同時,あるいは逐次的に複製を二方向に行なう.複製フォークでは5′から3′方向の鎖は連続的に,もう一方の鎖はRNA(折れ線)をプライマーとして短鎖を不連続に合成したのち,伸張しながらRNAを分解して1本の鎖に連結する.複製フォークでは,多くのタンパク質がこれらの反応を協調的に行なっている.

の中で巨大なゲノムDNAがどのように複製されるかを調べると,DNAは特定の部位(複製開始点)から両鎖の合成が同時に逐次的に進行することが,ケアンズ(J. Cairns)と吉川寛–末岡登によって証明された(1963年).局所的には二方向に起こる重合反応と全体として一方向に進行する逐次的複製様式のパラドックスを見事に解決したのは,岡崎令治による不連続複製の発見であった(1968年).2本鎖のうち一方は5′から3′方向に連続的に,もう一方の鎖も同じく5′から3′方向に数百塩基の短鎖が不連続に合成されたのちに連結されるという様式は,すべての生物に共通であることが明らかになり,"岡崎フラグメント"の名はあらゆる教科書に書き続けられている(図1-9).岡崎の発見によって,複製は当初考えられていたように自己複製,あるいは1種類のDNA

ポリメラーゼによる単純なものではなく，多種類のタンパク質とRNAが係わる非常に複雑な反応であることがつぎつぎ明らかになった．その複雑な過程は真核生物ではいうまでもなく大腸菌などの原核生物でも全貌はいまだに解明されていない．

3-5 遺伝子発現の制御——オペロン説

遺伝暗号の発見によって，DNAは情報を備えた分子であるという新しい概念が生まれた．情報はDNAの塩基配列とアダプター分子であるアミノアシルtRNAの間に成立した関係によって生じた暗号情報である．その起源と進化についてはここでは割愛するが，始原細胞において成立した関係は35億年の進化を通してほとんどの生物に共通に保存されている（特殊な生物では暗号の一部に変化が起こっていることを大沢省三らが発見しているがここでは省略する）．

DNA配列にはアミノ酸暗号とは異なる情報が存在する．それは進化の過程でタンパク質との相互作用によって生まれた制御配列で，生物種を超えて普遍的なものから，種や細胞に固有で多様性に富むものまでさまざまである．この種の制御情報の研究はコドンの発見よりも早く50年代後半，ジャコブ，モノーらパスツール研究所のグループにアメリカのパーディー(A. Pardee)が加わって行なわれた．

彼らは大腸菌のラクトースという糖の代謝について研究する過程で，細菌がラクトースの添加によってその分解酵素であるβ-ガラクトシダーゼを合成する**誘導現象**を発見した．この現象を遺伝子に突然変異を起こす方法で詳細に解析した結果，大腸菌にはこの酵素の遺伝子とその近傍に酵素合成を負に調節するタンパク質の遺伝子が存在すること，さらに調節タンパク質が働く第三の遺伝子が分解酵素遺伝子と隣接していることを明らかにした．そしてこれら3つの遺伝子セットを**オペロン**と名付けたのである(1961年，図1-10)．この調節タンパク質はのちにプタシュネ(M. Ptashne)によってオペロンの特定部位に結合してmRNAの合成を阻害する**抑制的制御タンパク質**(**リプレッサー**)であることが証明された(1966年)．すなわち第三の遺伝子は調節タンパク質が認識するDNAの特殊な配列だったのである．この制御配列は**オペレーター**と名付

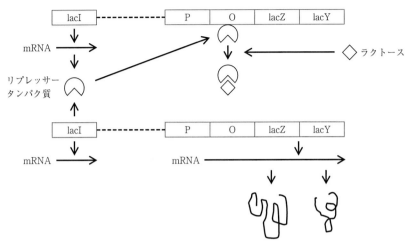

図 1-10 大腸菌のラクトースオペロン．ラクトースの代謝にかかわる 2 つの酵素の遺伝子，lacZ, lacY と制御配列 P (プロモーター) と O (オペレーター) がゲノム上で隣接して並んでいる．少し離れた位置に発現を抑制するリプレッサータンパク質の遺伝子 lacI が存在する．lacI 遺伝子から発現したタンパク質はオペレーター DNA に結合してプロモーターからの転写を抑制する．細胞の外からラクトースを与えると，この糖はリプレッサーと結合して，オペレーターとの結合を解離させる．こうして解放された lacZ, lacY 遺伝子は転写され，ラクトースを取り込む透過酵素 (パーミアーゼ) と分解酵素の β-ガラクトシダーゼを合成する．このように制御タンパク質によって発現調節をうける遺伝子セットをオペロンと呼んでいる．

けられた．さらに同じ領域に RNA ポリメラーゼが結合して転写を開始する**プロモーター**配列が発見され，β ガラクトースの転写制御機構が完成した．

　ラクトースオペロンがモデルとなって，バクテリアの多くのタンパク質合成の制御機構が研究された結果，遺伝子の多くはタンパク質をコードする構造遺伝子と転写を正または負に制御する調節タンパク質を結合する制御配列がモザイク状にセットされていることが明らかになった．真核生物の転写制御が判明するのは 1970 年以降のことであるが，それはもっと数多くの調節タンパク質が係わる複雑な様相を呈している．しかし，基本的にはタンパク質と DNA 上の特殊な制御配列との結合による正または負の制御の組み合わせであることには変わりはない．

3-6 分子生物学の終焉？

こうして，分子生物学は1960年代に第1のピークに達したといってよい．生命の本質と言える遺伝情報がDNAという物質に担われていることが明らかになり，その情報が複製によって子孫に伝わり，転写と翻訳によってタンパク質という機能発現分子に伝達されるという生命の基本的な機能の仕組みが解明されたのである．そのうえ，遺伝暗号で代表されるように情報と伝達の仕組みは細菌からヒトまで普遍的であることは，あらゆる生物が1種類の始原細胞から進化したことを実証したことにほかならない．このとき分子生物学者が「大腸菌がわかれば象もわかる」と豪語したのも無理はないと思われる．

ところが分子生物学者のこの楽観的な予想はまもなく悲観へと変わってしまった．分子生物学の本質は前述のように生命現象をDNA, RNAとタンパク質の相互作用によって解くことであった．その課題の実現を目前にして，研究者は大きな壁にぶつかってしまった．遺伝子の構造，すなわちDNAの塩基配列を決定する方法がまったく見えなかったからである．当時最も遺伝的解析が進んでいた大腸菌では4000個と推定される遺伝子の約半数が染色体の上に正確にマップされていた．それにもかかわらず，1つとして遺伝子を分離精製することができなかったのである．大腸菌すらわからなくて，どうして象がわかるのか．研究者のなかにはヒトの遺伝子すべてが解けるのは2-3世紀先のことだろうと予想し，遺伝子研究から離れて，分子や遺伝子のレベルからは解けそうもない脳や心の研究に移った者も少なくなかった．分子生物学は終わったという発言すら流布したのである．

4 第2期の分子生物学——DNAテクノロジーによる生物学の革命

4-1 制限酵素の発見

終焉かと思われていた分子生物学はたった1つの新しい酵素の発見によって復活した．救世主になったのは制限酵素と呼ばれるDNAの特定の塩基配列を認識して分解する酵素である．この酵素の発見によって，1978年にノーベル賞を受賞したスミス(H. Smith)は受賞講演の中で，それは偶然の発見だったと述べているが，そのたねは1950年代の細菌の分子遺伝学にあったのである．

当時,大腸菌とそれに感染するバクテリオファージの研究が盛んに行われており,その中でファージと細菌の間に不思議な関係があることが知られていた.大腸菌の株にはファージがよく感染するものとほとんど感染しないものがある,すなわち株によってファージに対する感受性が異なっている.ところが耐性株への感染になんとか成功した少数のファージは,2次感染では同じ耐性株によく感染するように変化するというのだ.この現象を解析したアーバー(W. Arber)は感染力の獲得は突然変異ではなく,分解されやすいファージDNAが1次感染中に修飾され2次感染では分解されなくなるのだ,という仮説を提唱し,細菌は異種DNAの機能を制限する分解酵素(**制限酵素**)と自分自身のDNAを分解から保護するための**修飾酵素**の2種類をもっていると予想した(1965年).

その頃微生物の研究を開始したばかりのスミスは大学院生と2人で,インフルエンザ菌が外から加えられたDNAを容易に取り込む性質を利用してDNA組換え現象に取り組んでいた.外から取り込んだ同種のDNA断片を細胞ゲノムに組み込む過程を追跡する実験において,組み込み反応が起こらない異種DNAを対照として用いたところ,そのDNAは速やかに分解されることに気づいた.アーバーの制限酵素予想を思い出したスミスは分解酵素の分離に全力を投入し,1970年世界中が待ち望んでいた塩基配列特異的にDNAを分解する制限酵素第1号(Hind II)の発見に成功した.偶然と幸運に恵まれたとはいえ,スミスの鋭い観察力と広い学識のたまものと言えるだろう.当時はDNAの構造解析法が未開発であったため,Hind IIによって分解されたDNA断片のわずか4塩基の末端構造を決めるのに費やした2年間の努力,その間に大学院生が徴兵され(当時のアメリカには徴兵制度があった),たった一人で頑張った様子などなどが,受賞講演で生き生きと語られている.こうしてアーバーの予測の1つは見事に証明され,直後に制限酵素の認識配列をメチル化する修飾酵素が発見されている.

制限酵素は材料となる細菌名を付けるのが習慣で,スミスの第1号は *Haemophilus influenzae* Rd株由来のHind IIと呼ぶ.その後多くのバクテリアから多種類の制限酵素が競って分離され,1978年のスミスのノーベル賞受賞講演のときには46種がリストされている(表1-4).制限酵素の認識配列は特殊なもので,配列の2本鎖構造を見ると認識配列の中央から2面対称性を持って

表1-4 各種の制限酵素とその認識配列．酵素名は由来した菌の種および株名に番号を付ける．対称性は2本鎖にしたときの2面対称性．縮重対称は1種類の酵素が2種類の配列を認識することを示している．Nは4種の塩基どれでもよいことを，Amはアデニンがメチル化されていることを示している．少数だが配列に対称性がないものも見つかっている．原理的には6塩基対称の配列は64種類存在し得るはずである．またゲノム上の出現頻度は4096分の1である．それぞれの酵素は下線を付した2塩基の間で切断する．スミスのノーベル賞受賞講演(1978年)から抜粋．

対称性6塩基認識配列		縮重対称性6塩基認識配列		対称性4塩基認識配列	
Ava III	ATGCAT	Acc I	GT(A/C)(T/G)AC	Alu I	AGCT
Bal I	TGGCCA	Ava I	C(C/T)CG(G/A)G	Dpn I	GAmTC
BamH I	GGATCC	Hae I	(A/T)GGCC(T/A)	FnuD II	CGCG
Bcl I	TGATCA	Hae II	(G/A)GCGC(C/T)	Hae III	GGCC
Bgl II	AGATCT	HgiA I	G(T/A)GC(T/A)C	Hha I	GCGC
Cla I	ATCGAT	Hind II	GT(C/T)(G/A)AC	Hpa II	CCGG
EcoR I	GAATTC			Mbo I	NGATC
Hind III	AAGCTT	対称性5塩基認識配列		Taq I	TCGA
Hpa I	GTTAAC	Asu I	GGNCC		
Kpn I	GGTACC	Ava II	GG(A/T)CC	対称性7塩基認識配列	
Mst I	TGCGCA	Bbv I	GC(T/A)GC	Eca I	GGTNACC
Pst I	CTGCAG	EcoR II	NCC(A/T)GG		
Pvu I	CGATCG	Hinf I	GANTC		
Pvu II	CAGCTG				
Sac I	GAGCTC				
Sac II	CCGCGG	非対称性4, 5塩基認識配列			
Sal I	GTCGAC	Hga I	GACGCNNNNN		
Sma I	CCCGGG	Hph I	GGTGANNNNNNNNN		
Xba I	TCTAGA	Mbo II	GAAGANNNNNNN		
Xho I	CTCGAG				

いる．また2カ所の分解点は端の方に偏っているため分解によって生じる断片の末端には短い1本鎖が突出した構造が作られる．反対の端には相補的な1本鎖が突出しているため，同一分子内で会合すれば環状分子を，他の断片と会合すれば，新しい組換えDNA断片が生じる．後述するようにこれこそが遺伝子操作の基本原理なのである．

4-2 物理的地図の作成

制限酵素をDNAの解析技術として最初に使ったのは，スミスと同僚のネイサンス(D. Nathans)であった．齧歯目動物にがんを起すことが知られているSV40ウイルスの環状ゲノムをスミスの酵素(実はHind IIとHind IIIの混合物

であった)と大腸菌から発見された EcoRⅠ, 計3種類の酵素で切断し, 断片の大きさを比較することによって, 11個の断片を環状ゲノム上に整列させることに成功した. すなわち小型の環状 DNA 分子約 5000 塩基対の中にある全部で 11 カ所の EcoRⅠ, HindⅡ および HindⅢ 配列の位置を正確に決定したのである. このような地図を DNA の配列構造そのものの地図という意味で, **物理的地図**と定義している. これまでの遺伝子地図は遺伝的な組換え現象を用いる方法で遺伝子の相対的な位置を示すものにすぎなかったが, 制限酵素によってゲノムの地図に初めて正確な番地をつけることができたのである. その後ネイサンスらはこれらの断片を分離し, その働きを複製, 転写, 翻訳などについて解析した結果, 複製開始点, 2種類のがん遺伝子, 3種類のウイルス構造タンパク質の遺伝子についてゲノム上の位置を正確に決定することに成功した. また, 5226 塩基対のゲノムの全配列は 1978 年に決定され, ゲノムの全構造と機能の地図が初めて完成した. ウイルスという小型のゲノムではあるが, その後のゲノム研究のモデルとなる金字塔ともいえる成果である. ネイサンスはこの研究によって制限酵素の研究にかかわったアーバーとスミスとともに 1978 年のノーベル賞を受賞している.

4-3 遺伝子操作技術の開発

1960 年代の後半, 分子生物学の行き詰まりを打開しようと, 遺伝子を分離する新しい技術の開発が米国のスタンフォード大学で取り組まれていた. 当時大腸菌ではラムダファージで代表される溶原性ファージと呼ばれる一群のファージの研究が進んでいた. このファージは感染したあと細胞のゲノムに組み込まれて菌と共生するようになる. しかし, 紫外線や発がん物質などの作用を受けるとゲノムから切り出されて増殖をはじめ, ついには溶菌を起こすため溶原性ファージと呼ばれる. 面白いことに, 大腸菌ゲノムへの組み込みと切り出しを繰り返す間に, ファージゲノムの一部が細菌ゲノムと置き換わる現象が発見された. この現象を利用して数個の遺伝子を含む程度の大きさの大腸菌ゲノムの断片をファージゲノムの一部として, 大量, 純粋に分離する技術が開発されていた. 溶原性ファージは細菌遺伝子の運び屋として使えるのである.

一方, 60 年代末には動物ウイルスでも発がん性のウイルスは溶原性ファー

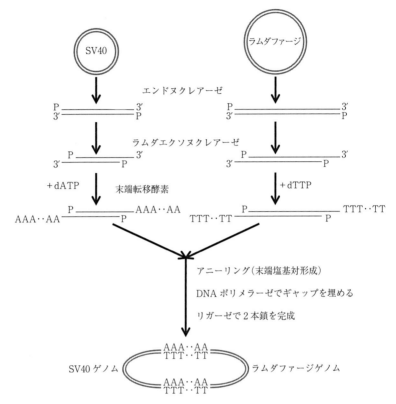

図 1-11 遺伝子操作とシャトルベクターの人工合成．大腸菌の ファージと動物ウイルスゲノムを試験管の中で，数段階の酵素 の働きで融合し，雑種ゲノム（シャトルベクター）を作る．バー グのノーベル賞受賞講演(1980年)より改変．

ジと同じように細胞に感染すると細胞ゲノムに取り込まれる性質があることがわかっていた．この現象に目を付けたバーグ(P. Berg)は溶原性ファージの代表であるラムダファージと溶原性ウイルスの代表である SV40 を用いて新しい遺伝子の運び屋を作ることを試みた．図 1-11 に示すように 2 種類の環状のゲノムを試験管のなかで酵素を用いて開裂，その末端に糊代となるポリ T とポリ A をつけ，2 分子を会合させた後にギャップを埋め，最後に連結するという，6 種類の酵素を用いた手の込んだ方法によって見事ファージとウイルスの雑種ゲノムの作成に成功した．

このゲノムは大腸菌の中ではラムダファージの情報を使って，真核細胞ではSV40の情報を使って複製し増幅することができる．このような運び屋は2種類の異なる細胞間を行き来できるという意味で**シャトルベクター**と呼ばれている．増殖の簡単な大腸菌を用いて雑種ゲノムを大量に調製し，真核細胞でその機能を調べることが可能になったのである．

　バーグらはSV40の溶原性を利用してさまざまな真核細胞の遺伝子を雑種ゲノムに組み込み，その機能を調べることを計画していた．しかし，大腸菌の中で発がん性ウイルス遺伝子を増やすことの危険性が多くの研究者によって指摘されたため，大腸菌に感染させることを断念し，真核細胞を用いる研究に限定して使用した．この研究を契機にして遺伝子操作を中心にしたバイオテクノロジーの安全性と研究者の社会的責任に関する論争がおこり，バーグを中心に研究者の総意を結集して学問研究の歴史上初めて自主的な研究の一時中止期間を設け，安全性確保のためのガイドラインの設定が行なわれた（アシロマ会議，1975年）．

　バーグらの雑種ゲノム作成実験とスミスの制限酵素の発見が偶然にも同時期に起こったことが，組換えDNAと遺伝子操作技術の開発を急速に進展させた．バーグらは2種類のDNA断片を結合させるため，断片の末端にポリdAとポリdTのような相補的な単鎖を突出させた構造を作ることに工夫を重ねたのだが，スミスが発見した制限酵素はDNAを数塩基離れた位置で切断する特殊なDNA分解酵素であった．そのため，切断部位にはそのままで数塩基が単鎖状に突出しており，切り取られた反対側と容易に再結合できるのである（図1-12）．もし，2種類のDNAを同じ酵素で切断すれば，切断面を利用してそれらを結合させることが可能なのである．

　バーグの同僚であったコーエン（S. Cohen）は大腸菌のなかで独立に複製する小型の環状DNAであるプラスミドを遺伝子の運び屋とすることを考えた．プラスミドはファージのように感染しないが，細菌に寄生して，数十個の分子を増殖することができるため，遺伝子の運び屋としては感染して細胞を殺してしまうファージよりも優れている．コーエンの成果を契機にして，プラスミドを運び屋として遺伝子をクローニングする（図1-12）さまざまな方法が開発され，70年代の終わりには分子生物学の日常的な技術となり，80年代の遺伝子ハン

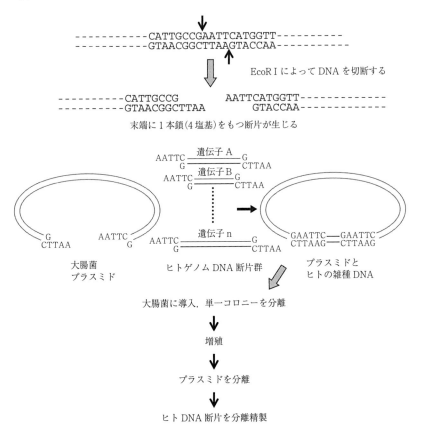

図1-12 制限酵素による特定のDNAのクローニング．制限酵素EcoRIはDNAの特定の6塩基配列を認識して，配列の両端部位を切断する．その結果末端が1本鎖で突出したDNA断片が生じる．大腸菌プラスミドとヒトのゲノムDNAを，この酵素で切断，混ぜ合わせると末端同士が無差別にくっつき，リガーゼで連結することができる．約100万種類もの雑種プラスミドDNAを大腸菌に導入し，増殖，寒天上にコロニーを作らせると，それぞれのコロニーには1種類の雑種プラスミドが含まれている．それぞれから分離精製したヒトDNA断片には特定の1種類の断片がある．このように完全に純粋なDNA断片を得ることをクローニングするという．100万のコロニーからヒトDNA断片を分離精製すれば，原理的にはヒトゲノムの全てのEcoRI断片をクローニングすることができるはずである．ヒトゲノムのライブラリーはこのようにして作成する．

ティング時代を迎えるのである．

4-4　さまざまなDNAテクノロジー

　遺伝子操作技術に触発されたように，70年代にはさまざまなDNAテクノロジーが開発された．これまで困難を極めたDNA塩基配列の決定は，ギルバート(W. Gilbert)によって有機化学的な方法が，サンガー(F. Sanger)によって酵素化学的方法が同時に開発された(1977年)．サザーン(E. Southern)は電気泳動法によって分離したさまざまなサイズのDNA断片をニトロセルロース紙に写し取ったのち，放射性元素で標識したRNAを貼り付けて特定の遺伝子を高感度で検出する方法を開発，サザーン法と名付けた(1975年)．また，70年代末には紫外線やレーザー光によって発光する種々の化合物が合成され，核酸やタンパク質に結合させて放射性元素にかわる高感度の検出が可能になり，塩基配列決定の自動化の成功に結び付いた．

　最も決定的なのはマリス(K. Mullis)がガールフレンドとドライブ中に閃いたというPCR法の発明である(1983年)．この方法によって，超微量のDNA断片を試験管の中で簡単に数百万倍にも増幅することが可能になり，DNAを利用するさまざまな技術が一挙に開花した．このようなDNAテクノロジーの革新によって，細菌はもとより，酵母菌からヒトまで多種類の真核生物の遺伝子がクローニングされ，その構造と機能の研究が展開した．その結果，遺伝物質とその働きの分子的基盤を求めてエンドウマメから細菌，バクテリオファージへと解析可能なシステムの単純化を指向した第1期の分子生物学とは逆向きの方向が開けたのである．すなわち，第1期が生命の普遍原理を追求する還元的な分子生物学であったとすれば，第2期は生物の多様性と複雑なシステムの統合を追求する分子生物学と言える．以下に，その最も特徴的な研究をいくつか紹介しよう．

4-5　予想もしなかった真核性遺伝子の構造と発現の仕組み

　真核生物の遺伝子の構造と発現は，原核生物の細菌とは違うようだと誰もが気付いていた．真核細胞ではゲノムは核に納められているから，転写されたmRNAは核膜を通って細胞質のタンパク質合成の場に輸送されなければなら

ない。そのため，mRNAの5'端にはメチルGpppが，3'端にはポリアデニンが付加され，細菌のmRNAよりはるかに安定になっていることがわかっていた。また，核内には長さが不均一で不安定なmRNAの前駆体と思われるような長いRNAが合成されている。ゲノムについても，予想される遺伝子の数の10倍もの大きさがあり，近縁の生物種でも大きさはさまざまである。これらの疑問は制限酵素と組換えDNA技術の開発によって次々に解決されていった。

例によって研究は解析が簡単な動物ウイルスの一種アデノウイルスの感染系で行なわれた。シャープ(P. Sharp)はウイルスゲノムの制限酵素による物理的地図と，ウイルス感染によって核と細胞質に大量に合成されるアデノウイルス遺伝子のmRNAとを武器に，ウイルスの外部構造を作るヘクソンタンパク質の遺伝子領域のDNAとmRNAの大きさの違いを詳細に解析した。その結果，遺伝子領域全体から，まず長い前駆体RNAが合成され，次いでRNA分子の内部から3カ所が切り取られ，最終的に短い成熟mRNAに変化することを発見した(図1-13)。

遺伝子領域全体の配列と成熟mRNAを比較すると，切り取られた部分には連続したコード配列がなくタンパク質合成には役に立たない配列であった。すなわちアデノウイルスのこの遺伝子は暗号情報を持たない3個のDNA断片によって4つに分断されていたのである。このように遺伝子領域の中で，最終的に成熟mRNAに残されるコード配列部分を**エクソン**(発現配列)，前駆体から切り取られる部分を**イントロン**(介在配列)，RNAの切り取り反応を**スプライシング**と呼ぶ。イントロンの切断部位には特定の短い配列があり，スプライシングはそれを認識する数十種のタンパク質と5つの低分子RNAが作る巨大な複合体(スプライソソーム)によって複雑かつ巧妙に行なわれているのである。成熟mRNAから逆転写酵素を用いて試験管の中で合成したDNAをcDNAと呼んでいる。自然には存在しない，エクソン部分をまとめたこの人工遺伝子を作ることが遺伝子クローニングの第一歩なのである。

1977年のシャープの発見(1993年ノーベル賞)に続き，細胞ゲノムに存在するグロビン遺伝子(77年)，卵アルブミン遺伝子(77年)，免疫グロブリン遺伝子(78年)も同様にイントロンを持つことが次々報告された。その後の研究でイントロンを持つことは単細胞微生物の酵母からヒトまで真核性遺伝子に共通

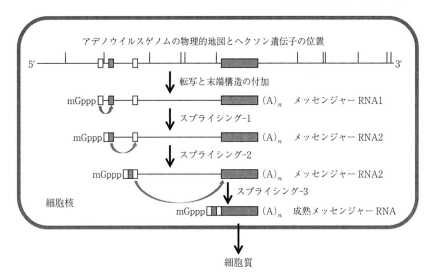

図 1-13 アデノウイルス遺伝子の転写(最初に発見されたスプライシング).ウイルスゲノムは細胞核の中で転写される.核の中で転写合成される4種類のメッセンジャーRNAの構造を調べると図のようになる.この結果から,5′から3′の方向に順にRNAの一部が切り取られる(スプライシング)と考えた.成熟メッセンジャーRNAにまとめられる部分をエクソン,切り取られる部分をイントロンという.ゲノムの上の縦線は制限酵素 Hind III の切断部位.

の性質であることが明らかになっている.スプライス部位の配列とスプライソソームも真核生物のみによく保存されていることから,イントロン構造は始原細胞が細菌グループ(真正細菌と古細菌)と分岐した直後に進化したものだと考えられている.

一般に真核性遺伝子は平均8個のイントロンを持っており,イントロン配列の総和はエクソン配列の総和の10倍程度にもなる.面白いことに多数のエクソンを持つ遺伝子の中にはスプライシングの際に1つまたは複数のエクソンをイントロンと共に切り出してしまい,エクソンの数が異なるタンパク質を合成するものが存在する.**選択的スプライシング**と呼ばれるこの機構によって,1つの遺伝子から機能が異なる複数のタンパク質を合成することができるのである.組織によってスプライシングが異なるものや,ショウジョウバエの性決定遺伝子のように雌雄でスプライシングが異なるものも知られている.

ビードルとテータムの発見以来,1遺伝子-1酵素(タンパク質,あるいはペ

プチド)の概念が定着していた．しかしイントロンを持つ遺伝子の発見はこの概念を覆し，1遺伝子–複数タンパク質が真核生物の特徴であることが明らかになったのである．

4-6　抗体多様性をもたらすゲノムの再編成の発見

1971年2月，一人の若い日本人研究者がスイスの小都市バーゼルにある免疫学研究所に加わった．アメリカでの数年の留学期間を終え，ビザの関係で国外に出なければならなかった利根川進は留学先の先生であるダルベコ(R. Dulbecco)の推薦で，免疫研究に分子生物学を導入するという使命感をもってバーゼルにやってきた．当時免疫学最大の課題は，無数とも思える抗原に対応できる多様な抗体分子をいかに生産するかという謎の解明であった．抗体は血液中のB細胞が大量に生成し分泌する**免疫グロブリン**と呼ばれるタンパク質で，軽鎖と重鎖の2本のペプチドからなり，それぞれアミノ酸配列が一定の領域(定常C領域)と配列が多様な領域(可変V領域)があることが，タンパク質の部分的な構造決定によりわかっていた．この可変領域の多様性はB細胞が抗原に接触する前から存在することから，抗体をコードする遺伝子に原因することが予想された．それでは，遺伝子の多様性は生まれつき備わっているのか，すなわち生殖細胞のゲノムに存在するのか，それとも発生にともなって細胞が増殖分化してB細胞が形成される過程でゲノムに変化が起こる結果なのだろうか．これまで大腸菌ファージとがんウイルスの研究に従事し，免疫についてはバーゼルの同僚からイロハから教わったばかりの利根川は大胆にもこの最大の謎に正面から取り組んだのである．

彼の頭に閃いたのはネイサンスのSV40ゲノムの構造研究であった．ウイルスゲノムと同じようにグロブリン遺伝子領域のゲノムについて制限酵素による物理的地図を作り，生殖細胞とB細胞の地図を比較すれば，答えが出るはずであると考えた．彼はマウスの細胞から全ゲノムを抽出，各種の制限酵素で断片化し，断片を電気泳動で分離してグロブリン遺伝子を含む断片をグロブリンに特異的なメッセンジャーRNA(mRNA)で検出するという戦略を採用した．計画はよかったが，SV40とマウスゲノムでは大きさが塩基数で5000と20億の違いがあること，mRNAの純度が高くないことが技術の障害となって立ち

はだかった．この障害をさまざまな工夫と不屈の努力で克服したとき，得られた成果は大きかった．生殖細胞ゲノムではC遺伝子とV遺伝子は近接してはいるが別々の領域に存在していた．ところが，B細胞ゲノムではCとVは連結していたのである．すなわちB細胞の発達の過程でゲノムの構造に再編成が起こっていることが初めて実証されたのである(1976年)．この成果に勇気づけられ，利根川グループはマニアティス(T. Maniatis)らによって開発されていた真核生物の遺伝子クローニング法を駆使して，グロブリン遺伝子領域DNAのクローニングとギルバートの助けを受けた配列決定を精力的に行ない，生殖細胞には多数のC遺伝子とV遺伝子が存在し，B細胞ではC領域とV領域の間にあるJ遺伝子を介してCとVが選択され連結するという再編成機構による多様化をみごとに解明した．この業績によって利根川は1987年ノーベル生理学医学賞を受賞している．

4-7 発生学と分子生物学の橋渡し──形づくりの遺伝子

1995年ショウジョウバエ研究者は60年ぶりの快挙に沸き立った．カリフォルニア工科大学のモルガン研究室の後継者であるルイス(E. Lewis)がノーベル賞を受賞したからである．ルイスはスタートヴァントの教えを受けて，ハエの遺伝子の構造，機能，進化の研究を進めた．特にブリッジェスが提唱していた重複によって遺伝子が進化するという仮説を証明しようとして，遺伝子が染色体上に複数縦列していると思われるいくつかの遺伝子座についてX線による突然変異を解析していた．そのような遺伝子座の1つバイソラックス(Bithorax)遺伝子複合体(BX-C)の変異が成虫の体節転換変異を起こすことを知ってから，ハエの発生と形作りの遺伝学に興味を惹かれた．ハエは昆虫の特徴として機能的に独立性の高い14個の体節をもっている．前から1-3は頭，4-6は胸，7-14は腹を作り，頭の第1節からは触角が，胸の第1節からは前脚，2節からは中脚と前翅，3節からは後脚と後翅が生じている(ハエでは後翅は退化して飛翔のバランスをとる平均棍に変化している)．BX-Cの変異は胸部以降の体節に転換が起こる．例えばUbx領域内のpbx部位に起こる変異では平均棍が翅に変化する．すなわち胸部第3節が第2節に転換する変異である．このように体節のような分節構造の間に転換を起こす変異を**ホメオティック変異**と呼ん

でいる．のちに発見されたアンテナペディア(Antennapedia)遺伝子複合体(ANT-C)は頭部の体節形成に係わるもので，その変異の1つは触角の位置に脚が生じるという衝撃的な画像でホメオティック変異を有名にした．

　ルイスらはBX-CをX線による破壊や，染色体欠損の組み合わせなどで徹底的に解析した結果，複合体には類似した遺伝子が恐らく体節の数だけ繰り返し存在し，体節の形質発現を調節していると推定した．ルイスが1964年にホメオティック変異を起こす遺伝子が調節遺伝子であると看破したのは，当時大腸菌で明らかになったラクトースオペロンの調節機構の研究の影響を受けたとルイス自身が語っている．この例でもわかるようにルイスは生化学や分子生物学など異分野の最新の知識をとりいれて，遺伝学的な事実から複雑な現象を抽象化したモデルを立てることを生涯の目標としていた．

　ルイスの仮説は70年代の後半，スタンフォード大学のホグネス(D. Hogness)との共同研究によってBX-Cの遺伝子クローニングに成功し，その正否が明らかにされた．複合体が重複遺伝子の縦列だという推定は正しかったが，その数は3個で，残りの多数の遺伝子だと推定していたものは，この3個の遺伝子がいつどこでどの程度発現するかを調節するために必要な制御DNA配列であった．Ubx(胸部の意味)，abd-A(腹部Aの意味)，Abd-B(腹部B)と名付けられた3つの遺伝子の塩基配列は数年後複数の研究グループによって決定され，DNAと結合する特徴的な配列を持った転写調節タンパク質をコードすることが判明した．一方ANT-Cには5個の遺伝子がみつかり，総計8個の類似の配列を持った重複遺伝子が体節形成を調節していることが明らかになったのである．

　これらの遺伝子を総称して**ホメオティック遺伝子**，それがコードするタンパク質の，アミノ酸配列がよく保存されている60アミノ酸部分は**ホメオドメイン**，あるいは**ホメオボックス**と呼ばれている．ホメオボックスは体節の形成にかかわる遺伝子に結合して転写を負に制御するのである．非常に面白いことに染色体上のホメオティック遺伝子と制御配列の並び順と遺伝子が働く体節の順は完全に一致している．発見から20年，ショウジョウバエの全ゲノム配列が決定された現在でも，この遺伝子と形質の間の共線性の意味や進化的な必然性の謎は解けていない．

ホメオボックスの発見はショウジョウバエの形作り研究で終わらなかった．ホメオボックスの配列は種を超えて普遍的に保存されていたため，配列を利用して多くのホメオティック遺伝子が多くの生物種から競い合ってクローニングされた．驚いたことに体の前後形態形成を調節するハエの ANT-C と BX-C（合わせて HOM という）に相同の構造がすべての脊椎動物に遺伝子群の配列順もそのままに保存され，形態形成に働いていることが明らかになったのである．さらに体の前後が明瞭ではないようなヒドラにも存在し，ホメオボックスに類似した配列を持つ転写因子は酵母でも働いていることがわかっている．DNA に結合する転写因子が進化して，多細胞生物の形態形成の根幹にかかわる調節機構を作ったものと思われる．こうして 1894 年ベイトソンが定義したホメオ的な形態変化は，60 年代ルイスによる遺伝学と，80 年代のホメオボックスの発見によって分子生物学と強く結びついたのである．

5 ヒト分子生物学の誕生──ヒトゲノム計画へのプレリュード

DNA テクノロジーの開発によって，それまで遺伝子研究の対象とは考えられなかったヒトの重大な疾患であるがんと遺伝病に対する科学者の挑戦が可能になり，ヒトの分子生物学が誕生した．

5-1 レトロウイルスと逆転写酵素の発見

がんの分子生物学はトリやマウスに感染し，がんを起こす"がんウイルス"の研究にはじまる．中でもラウス（P. Rous）によって 1911 年に発見された RNA をゲノムにもつウイルス（ラウス肉腫ウイルス，RSV）は感染したのちニワトリ細胞の中で DNA に変化し細胞のゲノムに取り込まれる．このようなウイルスを**レトロウイルス**と呼ぶ．この現象を生化学的に研究した水谷哲とテミン（H. Temin）は RSV から，ボルチモアはマウスに白血病を起こすラウシャーウイルスからそれぞれウイルス粒子の中に含まれている新種の DNA 合成酵素を発見した（1970 年）．英国の著名な雑誌ネイチャーの編集者が冗談に付けたという**"逆転写酵素"**は RNA を鋳型として DNA を合成するという誰もがその存在を想像もしなかった酵素で，一時はセントラルドグマの崩壊だと注目さ

れた.

5-2 がん遺伝子の発見

逆転写酵素の発見により，がんウイルス研究が推進され，ウイルスゲノムの中に細胞をがん化させる遺伝子srcがあること，さらに細胞のなかにがん遺伝子の原型である正常な遺伝子(**がん原性遺伝子**)があることが明らかになった．ウイルスは細胞ゲノムに出入りする感染を繰り返す間に細胞からsrc遺伝子を取り出した上に遺伝子に変異を起こし発がん性を獲得していたのである．がん原性遺伝子の発見は，がんはウイルス感染によるものという従来の概念を根底からくつがえし，ヒトを含む動物には潜在的にがんを発症する可能性があるという，「内なるがん」という概念が生まれた．この研究が組換えDNA技術の開発直前に行なわれたことは特筆すべきことで，技術の開発に伴ってがんの分子生物学へと発展していった．

5-3 細胞増殖シグナル伝達系

1976年にはsrc遺伝子がクローニングされ，タンパク質が明らかになり，それが他のタンパク質のチロシン残基をリン酸化するという，驚くような酵素作用を持っていることが明らかになった．この発見によって細胞にはリン酸化を仲介にしてタンパク質からタンパク質へと情報が伝わる仕組みがあることがわかったのである．その後の研究で十数種類のがん遺伝子が発見され，コードするタンパク質の働きから，1)細胞の表面で増殖因子のシグナルを受ける受容体，2)受容体からのシグナルを伝達するsrcの仲間のリン酸化酵素，3)リン酸化を受けて活性化され核の中に入って細胞増殖に必要な遺伝子群の発現を引き起こす転写制御因子，に分類された(図1-14).

細胞はこれらの増殖調節遺伝子群が必要な増殖シグナルを受けたときにだけ働くようなシグナル伝達系を作って増殖の有無を制御しているのである．増殖調節遺伝子のどれかに変異が起こり，上流からのシグナルの有無を無視して増殖シグナルを流し続けると，腫瘍細胞のような異常増殖が始まるのである．

このようにがん原性遺伝子の発見は細胞の増殖というヒトの基本的な生命現象を研究する分子生物学の発展に重要な貢献を果たした．テミンとボルチモア

1 ゲノム科学への道——43

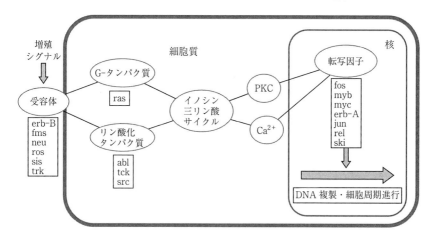

図1-14 細胞増殖制御のネットワーク．各種増殖因子のシグナルを細胞膜上の受容体が受け，最終的には核内に入った転写因子によって遺伝子発現が誘発され，DNA複製と細胞周期の進行にかかわるタンパク質が作られる．そのあいだをG-タンパク質系とリン酸化タンパク質系を経てタンパク質キナーゼC(PKC)の活性化，細胞内カルシウム(Ca^{2+})の増加によりシグナルが転写因子に伝わる．このように細胞の増殖は複雑なネットワークによって制御されている．□内の遺伝子が変異すると上流の刺激と無関係に自動的で無秩序な増殖（すなわちがん化）が起こる．

は逆転写酵素とがん原性遺伝子の発見で1975年にノーベル賞を受賞している．また，この分野には，テミン研究室に生化学を導入し独自のアイデアで逆転写酵素の発見に成功した水谷哲，srcの発がん性を実証した花房秀三郎，シグナル伝達系の主要成分であるタンパク質リン酸化酵素Cキナーゼを発見した西塚泰美，増殖因子受容体のerb-Bの遺伝暗号を解読した豊島久真男，ヒト白血病ウイルスの原因遺伝子を解明した吉田光昭など日本人研究者の優れた貢献があったことを忘れてはならない．

5-4 がん抑制遺伝子

もう一度70年代の初めに戻ろう．クヌッドソン(A. G. Knudson)は，勤務していたM. D. アンダーソン病院で25年間に診察した小児の網膜芽細胞腫48例の発症時期と病態について統計学的な分析を行ない，この腫瘍が同じ遺伝子座における2回の連続した変異によって起こることを発見した(1971年)．彼はこのがんの"2ヒット説"を発展させ，この腫瘍には発がんに抵抗する遺伝

子が係わっており，2本の染色体の対立遺伝子が両方とも変異したとき，その機能を失ってがんを発症すると考え，その遺伝子を**がん抑制遺伝子**と呼んだ (1982年)．翌83年にはキャベニー (W. Cavenee) らによって，腫瘍では欠失している遺伝子座が13番染色体上に見いだされ，1986年にはcDNAのクローニングにも成功し，網膜芽細胞腫遺伝子Rbと名付けられた．

2ヒット説はがん研究者に強い影響を与え，多くの研究者による第二第三のヒトがん抑制遺伝子発見競争が行なわれた．ヒト大腸がんの研究に取り組んでいたボーゲルスタイン (B. Vogelstein) は苦労の末17番染色体に第二のがん抑制遺伝子p53を発見，遺伝子のクローニングに成功した (1989年)．彼らの研究が難航したのは，p53の変異が1塩基の点突然変異であることが多くRb遺伝子のように染色体レベルの欠失が起こりにくいこと，大腸がんの発症には複数の遺伝子がかかわっていることなどのためであった．しかし得られた成果は大きく，p53はヒトのがんの50%を超える多くの種類においてがん発症の初期段階の重要な遺伝子変異であることが明らかになった．

5-5 細胞周期とがん

Rbとp53のタンパク質によるがん抑制機能が解明されるには，細胞増殖のもう1つの要素である細胞周期の研究を待たなければならなかった．細胞は分裂を重ねて増殖する．分裂するたびに細胞は1/2になるから，次の分裂までに細胞質を増やし，ゲノムを倍化しなければならない．この分裂から分裂までのサイクルを**細胞周期**という．図1-15のように1つの周期はゲノム複製 (**S期**) と分裂 (**M期**) という大イベントとそれをつなぐ2つの間期 (**G1期**，**G2期**) で構成される．中身がわからないのでギャップと呼ばれていた間期では，実はゲノム複製と分裂のための準備が行なわれているのである．

ハートウェル (L. Hartwell) とナース (P. Nurse) は真核生物で最も単純な単細胞微生物である出芽酵母と分裂酵母をそれぞれモデル生物として，細胞周期の進行とその制御にかかわる遺伝子群を網羅的に明らかにした．中でも重要なのは4つのフェーズ (期) をそれぞれ駆動するために働くタンパク質の発見であろう．このタンパク質が**サイクリン**と呼ばれるのはサイクルの進行に必須であるということと，タンパク質自身が短命で周期ごとに新規に合成されるという

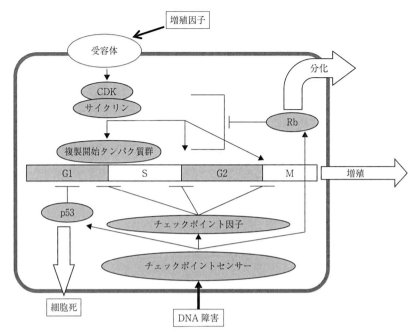

図 1-15 細胞周期とがん抑制遺伝子．図 1-14 で示した受容体からのシグナル伝達を経て，活性化された転写によって誘発された CDK-サイクリンは細胞周期特異的なタンパク質リン酸化酵素で，複製開始タンパク質群を活性化して G1-S 境界を越えて細胞周期は進行する．同様のサイクリンシステムは S-G2 および G2-M 境界でも働く．S は DNA 複製期，M は分裂期，G1 と G2 は S, M 期を準備する期間である．一方，DNA 障害など細胞が障害を受けたときチェックポイントに係わるセンサー・制御システムが働いて，それぞれの境界で進行を止める．Rb タンパク質はサイクリンや複製タンパク質を阻害して周期の進行を止め，細胞分化を進める．一方，p53 は障害シグナルを受けて活性化され，G1 進行を止め，障害が修復されるのをまつか，あるいは障害が大きいときは細胞死を誘導する．がん抑制遺伝子は細胞周期進行のブレーキとして働いている．Rb タンパク質の制御機構はよくわかっていない．

2 つの意味をもっているからである．

　このようなタンパク質の発見によってタンパク質を分解する働きが細胞の機能に重要であることが初めて明らかになったといってよい．細胞周期進行のカギを握っている G1 期から S 期への進行に働くサイクリンは転写制御を介して**増殖シグナル伝達系の制御を受けている**．こうして増殖シグナルと細胞周期が連結するのである．

　ハートウェルらはさらに放射線や薬剤によってゲノムが障害されるといくつ

かの遺伝子を発現し，細胞周期の進行を一時的に停止し，ゲノムを修復したのち周期進行が再開するという仕組みを発見，ハートウェルはこれを細胞周期の**チェック機構**と名付けた．p53とRbはどちらもこのチェック機構のなかで細胞周期の進行を抑制する働きをしていたのである．これらの遺伝子が変異したり，欠失すると細胞はゲノムに傷をつけたままDNA合成をつづけ，その結果ゲノムにさまざまな変異を生じ，がん細胞の発生を促すのである．このようにがん遺伝子研究は，細胞増殖シグナル伝達系の研究を促し，細胞周期研究と結びついてヒト分子生物学の中心的課題といえる細胞の理解を飛躍的に発展させたのである．

5-6　遺伝病の分子生物学

遺伝病の克服は医学の悲願であり，遺伝学の究極の目的でもある．DNAテクノロジーを手にした人々が遺伝子の狩人として競ってこの舞台に登場した．1872年米国の医師が発見したハンチントン病は110年後，第4染色体上に遺伝子座が決定された．また1858年フランスの神経学者デュシャンヌ(G. Duchenne)が発見した筋ジストロフィー症は色盲，血友病と共にX染色体に連鎖することが知られていたが，120年後遺伝子のエクソンが同定され，1987年には遺伝子がコードするタンパク質，ジストロフィンの構造が解明された．

このように3000種あると推定される遺伝病の遺伝子探索と発見の歴史には医師，医学者，遺伝学者，分子生物学者の共同による感動的なドラマの数々と，研究を通して発展したヒト分子生物学の軌跡を辿ることができる．しかし，それは枚挙にいとまのない作業であるから，ここではすべての遺伝病研究の基盤でありヒトゲノムプロジェクトの元となったゲノムの地図作りについて述べることとする．

5-7　遺伝子地図

ヒトの遺伝病は単一の遺伝子の変異と見なすことができるが，ショウジョウバエの変異のように変異した個体を実験的に交雑して，染色体上の位置を決めるようなことはできない．したがって，家系内での病気のあらわれ方から，変異が優性か劣性かを明らかにするにとどまっていた．また染色体上のマッピン

グは伴性遺伝を示す変異についてのみ位置を推定することが可能で，1968年までに68個の遺伝子がX染色体上にマップされていた．

その後，ヒトとマウスの雑種細胞を作成し（この技術の前提になるセンダイウイルスによる動物細胞の細胞融合現象は1957年岡田善雄により発見された），ヒト染色体のどれか1本のみを含むマウス細胞を得ることが可能になり，特定の染色体上の任意の位置を縞模様で決定することが可能になっていた．これらの技術と変異にともなう染色体異常の解析などの結果，1973年までに152個の遺伝子の位置が特定の染色体（64が常染色体，88がX染色体）に決められた．

1973年米国で第1回国際遺伝子マッピングワークショップ（HGM-1）が開催され，生物学では初めての国際的なプロジェクトが開始されている．1980年までに5回の会合が開かれ，マッピングされた遺伝子は450に達したが，その数はあまりにも少なく，増加の速度は遅々としたものであった．

5-8 ゲノム多型リフリップの発見

この状況を打開するには，ウイルスゲノムで成功したように，DNA配列をマーカーにした物理的地図を作らなければならなかった．しかし，30億塩基対もの巨大なゲノムの地図作りには制限酵素の認識配列よりも少数でもっと特徴的な配列マーカーが必要であった．70年代の末，ヒトのグロビン遺伝子を解析中に，遺伝子DNAを制限酵素で切断して得られる断片の長さが父親と母親由来で異なることが観察されていた．この制限酵素断片の長さの**多型**（RFLP，リフリップと発音）に着目したボットスタイン（D. Botstein）とホワイト（R. White）らはゲノム全体にわたってこのような特徴的なリフリップを150個程度見つけることができれば，ヒトのすべての遺伝子の地図を作成できると推定した（1980年）．

ホワイトらはこの提案を実践し，マニアティスが70年代の後半に作成していたヒトゲノムDNAライブラリーの中から長い反復配列を含まない5つの断片を選択，これに放射性元素の標識をつけ，制限酵素で切断した多数のヒトのゲノムとサザーン法による雑種形成を行なって，長さの違いの有無を調べた．その結果予想通り多型を持つ断片を発見することに成功した（1980年）．

これまで遺伝子に見つかっていた多型は血液型など特定の遺伝子に限定した

稀なものであるが，ここに見つかった多型はタンパク質をコードしない配列に生じた塩基配列の付加や欠失による変異がヒトの集団の中で固定され維持されているものでゲノムにランダムに存在することが期待できる．この種の多型の発見によってホモサピエンスという同一種のなかの多様性を研究する手段を初めて手にしたのである．60億人という多数の個人を研究対象とすることができるヒトでのみ可能な遺伝学の誕生といえよう．

　リフリップの1つがハンチントン病の遺伝子と連鎖しているという画期的な発見(1983年)を契機に多型マーカーの地図作りが爆発的に進み，数年後にはヒト染色体上に475カ所のリフリップが発見され，それに伴って連鎖する新しい遺伝子のマッピングが進み，1986年のHGM-9では1500ほどの遺伝子がそれぞれの染色体に位置付けられた．また，リフリップはパリのコレージュ・ド・フランス(Collège de France)に作られたヒト多型研究センター(CEPH)に集められ国際的なデータベースとして利用されるようになった．

5-9　ヒトゲノムプロジェクトの誕生

　リフリップ地図の成果は目を見張るものであったが，一方で失望感をもたらすものでもあった．475もの苦労の結実であるリフリップはすべての染色体に均一に分布せず，リフリップが存在する17本の染色体内の分布もまた不均等であった．150個もあればすべての遺伝子をマップできるというボットスタインの予想は当たらなかったのである．また，多型マーカーから連鎖する遺伝子のクローニングはきわめて手間のかかることで，1980年当時の技術ではヒト全遺伝子の解明には100年はかかるとすら予想された．

　このようなときに多くの研究者に強い影響をあたえた1つの論説が発表された．がんウイルス研究でテミン，ボルチモアと共に1975年にノーベル賞を受賞したダルベコは1986年の春，サイエンス誌上で，がん研究のゴールは，がんの分子機構の解明であるとした上で，1)がん遺伝子とがん抑制遺伝子の発見はがんの入り口を明らかにしたものに過ぎず，がんの実体の解明には，がんの進行，転移などにかかわる多数の遺伝子群を明らかにしなければならない，2)がんの種類は細胞，組織，器官ごとにきわめて多様で，関与する遺伝子とその働きはさまざまである，と述べている．そしてこのようながんの多段階性と多

様性を遺伝子とタンパク質レベルで明らかにするには，遺伝子の個別的な研究ではなく，関与するすべての遺伝子の働きをそれぞれの細胞で調べ，分類できるような方法の開発が不可欠であり，それにはヒトゲノムの全塩基配列の決定から始めるのが有効であると提案している．さらに，ゲノム全体の知識と全遺伝子を探索することができる塩基配列を手にすることはヒトの発生，発達，神経系の形成などの多くの研究分野を助け，遺伝病はもとより，生活習慣病のような遺伝性が疑われる疾病の解明にも有効であると明察している．

1985年に米国カリフォルニア大学サンタクルツ校の学長で著名な分子生物学者のシンスハイマー(R. Sinsheimer)が海洋研究や宇宙開発のような国家的大プロジェクトに相応しいとしてヒトゲノム計画を提案して以来，米国の研究者や政府関係者の5年間にわたる精力的な討論を経て国立保健研究所とエネルギー省の協力で1990年にワトソンを長としたヒトゲノム全塩基配列決定の国家プロジェクトが開始された．一方，国家間のいたずらな競争の激化を憂えた欧米日などの遺伝学者は従来の遺伝子マッピングと配列決定を統合したヒトゲノムプロジェクトの国際的な協力体制を作るため，英国のブレナー(S. Brenner)を中心に民間資金による国際組織作りを模索し，1989年 Human Genome Organization(HUGO)を設立した．その初代会長に就任したマッキューシック(V. McKusick)は科学者のコミュニティーや一般市民をゲノムプロジェクトに向かって活気付かせたのは，他のいかなる要因よりも1986年のダルベコの論説であったと語っている．

6 ゲノム科学の誕生

国際的に管理され更新され続けているゲノムデータベースによると2008年2月現在，719種の生物のゲノムの全配列が公開され，2757のゲノム解析プロジェクトが進行中である．決定されたゲノムの内訳は，ヒト，チンパンジーなどの霊長類3種，マウス，イヌなどの哺乳類3種，魚類4種，鳥類1種，昆虫5種，線虫3種，菌類24種，植物8種，原生生物23種，古細菌50種，細菌類587種というように進化系統樹の異なる系譜に属する多くの種が含まれている(表1-5)．

表1-5 2008年2月公開済のゲノム.

種類		ゲノムサイズ（×100万塩基対）	推定遺伝子数
霊長類	ヒト	2782	23000
	アカゲザル	2871	34000
	チンパンジー	3100	23000
哺乳類	イヌ	2400	19300
	ラット	2750	21200
	マウス	2500	24000
魚類	メダカ	800	20100
	ゼブラフィッシュ	1700	?
	ミドリフグ	385	?
	トラフグ	400	22000
尾索類	ホヤ	155	16000
鳥類	ニワトリ	1000	15400
昆虫類	カイコ	500	16000
	ショウジョウバエ	137	9900
	ネッタイシマカ	1370	?
	ハマダラカ	278	13000
	ミツバチ	200	6700
線虫類	センチュウ	100	19000
刺胞動物類	イソギンチャク	297	18000
原生生物	23種	0.6-200	<40000
担子嚢菌	5種	9-13	<6000
子嚢菌	18種	9.2-43	<10000
微胞子虫	1種	2.9	
緑色植物	コケ	480	36000
	ブドウ	504	29000
	ポプラ	550	45000
	イネ	361	37500
	シロイヌナズナ	115	25500
緑藻類	クラミドモナス	100	15000
	オステレコッカス	13.2	7600
原始紅藻類	シゾン	16.5	5300
古細菌	50種	1.3-5.7	1400-4500
細菌	587種	0.58-9.97	480-7830

　決定された配列の総数は真核生物だけでも300億塩基対に達し，配列から推定された遺伝子の数は100万を超える．1995年に166万塩基対，遺伝子数1657のインフルエンザ菌ゲノムが解読されて以来，わずか13年で人類はこのように膨大な量の多様な生物の遺伝情報を手に入れたのである．

　分子生物学の歴史は遺伝子とその機能発見の歴史であった．遺伝子の発見は

新しい遺伝子解析技術を生み，新技術は新しい遺伝子機能の発見と生物学の新展開をもたらしてきた．ゲノム情報の急速な増加はどのような技術を生み，どのような生物学の発展を招来するのか，その評価はまだ定まっていない．そこでこの節では，ゲノム科学と称される新しい科学技術の誕生を概観し将来の発展を展望してみよう．

6-1　ゲノムテクノロジーの進歩

　ゲノム科学を支えるのは大量のDNA，RNA，タンパク質の解析技術である．塩基配列決定の自動化によって配列決定は飛躍的に高速化された．しかし技術に革新をもたらしたのはベンター(C. Venter)らが1995年に開発したホールゲノム・ショットガン法で代表される大量の短いDNA断片を整列させ連結する情報科学的処理法の開発である．かつてSV40ウイルスゲノムの構造を決めるのに数種類の制限酵素を使って物理的地図を作り，それぞれの断片をクローニングして配列を決定した(4-2節参照)．細菌や酵母のようにウイルスゲノムの1000倍程度大きいゲノムについても，同じ方法を適用することは可能ではあるが，大変な時間，労力，経費を要した．実際400万塩基の枯草菌ゲノムの解読には7年の歳月と300人以上の研究者・技術者の国際チームの協力が必要であった．これでは更に1000倍も大きいヒトゲノムなど不可能である．

　ベンターは物理的地図作りやクローニングを省略して，ゲノムを超音波によって平均1000塩基対の断片にばらばらにし，それらの配列を片っ端から無差別に決定した．多数のゲノム分子(普通の実験では少なくても100万分子を用いる)をランダムに切断した断片は末端部分が重なり合っているものが多数あるはずだから，断片の配列の重なりを利用して，元の1本のゲノムを再構成できるはずだというのである．例えば200万塩基のゲノムからは約2000本の断片が生じる．重なりを十分保証するため，その10倍，約2万本の断片の配列を決定する．これだけの数の配列を部分構造の重なりを利用してどうすれば正確に整列させることができるだろうか，分子生物学者には想像もつかない難問である．ベンターは情報科学分野の研究者の協力を得てこの課題に取り組み，整列を可能にするアルゴリズムの開発に成功したのである．彼らが最初に手がけた166万塩基対のインフルエンザ菌のゲノムはベンターの1研究グループが

わずか1年足らずで解読したといわれている．全ゲノムをばらばらにするから**ホールゲノム・ショットガン**(WGS)と呼ばれるこの画期的な方法によって，細菌ゲノムのさらに1000倍もの巨大なヒトゲノムの配列決定への道が開けたといえよう．

遺伝子発現の解析法にも革新が起きた．1枚のスライドグラス基板に数千から数万の遺伝子やゲノム断片を貼り付け，蛍光色素で標識したmRNAを**ハイブリダイズ**(配列の相補性を利用して貼り付ける)することによって遺伝子発現をゲノム全体にわたって調べる方法が開発された．この解析にも標準化や誤差計算など，情報解析技術が不可欠である．タンパク質については，電気泳動などにより分離された多種類の微量タンパク質を質量分析によってアミノ酸配列を決定し，タンパク質の種類をコンピューター予測する技術が開発された．

これらの技術により，細胞や組織の特定の生理状況における遺伝子発現の全体像を解析する，いわゆるトランスクリプトーム(mRNA)とプロテオーム(タンパク質)の研究方法が確立している．さらにこれらの技術を発展させ，タンパク質とDNA，タンパク質とタンパク質の相互作用を高生産性(ハイスループット)で解析する技術が開発されつつある．

大量のDNA配列からタンパク質やRNAをコードする遺伝子を発見する，あるいは遺伝子発現やDNA複製，DNA組換えなどの調節にかかわる制御配列を予測する情報解析技術の進歩は日進月歩である．解読されたゲノムの数が増えたため，比較ゲノム的解析を行なうと予測精度は高まり，2008年現在新規に決定されたゲノムから発見される遺伝子のうち70%はその機能が予想されるといわれている．

情報解析の重要な役割はDNA，RNA，タンパク質の構造，機能，相互作用に関するデータベースの作成と細胞から個体集団まで階層的な生命現象にかかわる分子生物学的知識情報のデータベース作りであろう．国内外の研究者および研究機関においてさまざまなデータベースの開発が鎬(しのぎ)を削っている．のちに述べるように，これらはゲノム科学の中核ともいえるシステム生物学に不可欠な基礎情報である．このようにゲノム科学では情報科学と計算機技術が研究の中心的な役割を担っている．

6-2 ゲノム細菌学

ヒトゲノムプロジェクトの波及効果をもっとも強く受けたのは細菌研究である．2008年現在，500種類を超える細菌ゲノムが解読され，ゲノム細菌学といえる新しい学問が生まれている．

細菌ゲノムを構成する2000-6000程度の遺伝子の構造と機能の全体像が明らかになり，さらに情報解析技術を駆使して，さまざまな細菌ゲノムの遺伝子構成を比較する比較ゲノム研究が行われている．その結果，細菌ゲノムの遺伝子は**オルソログ**と**パラログ**の2種類に大別できることが明らかになった(図1-16)．

オルソログは種を超えて共通の構造と機能を保っている遺伝子群で，細胞の成長・分裂や環境との応答など生育に必須な機能を担っている．低分子化合物を合成し自律生育が可能な細菌ではオルソログは約1000個と推定されている．寄生細菌など低分子の宿主に依存する特殊な環境に適応した細菌では，その数は200個程度に減少している．哺乳類細胞に寄生する細菌 *Mycoplasma genitalia* はもともと580 kb, 477遺伝子の小型ゲノムを持っているが，さらに生

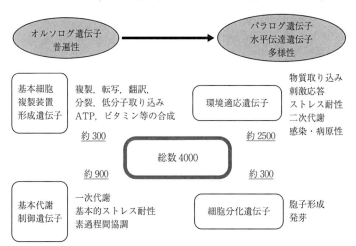

図1-16 細菌ゲノムの全体像．土壌中で自律生育が可能な細菌である枯草菌を例に，遺伝子を分類した．数字は概数である．この細菌は高熱乾燥に耐える胞子を作る特殊な能力を備えている．土壌細菌の中には非常に多くの二次代謝物質を産生する遺伝子を持つものがある．また大腸菌のように寄生細菌は感染や病原性にかかわる遺伝子を進化させている．

存に不要な遺伝子を除くことで，約 200 個のオルソログのみからなる最小ゲノムの作成が可能であることがわかった．その後，大腸菌や枯草菌など自律生育可能な細菌についても同程度の大きさの最小ゲノムを作る試みがなされている．これらの研究は人工細胞作製に結び付くものとして注目されていたが，2008年には *M. genitalia* 全ゲノムを化学的に合成することに成功し，その第一歩がスタートした．

一方，パラログはそれぞれの細菌種の中で独自に進化したもので，遺伝子重複により数を増やし，機能を多様化させている．これらの遺伝子群は種に個性的で多様な機能を担っている．高温，高圧，高塩濃度など特殊な環境に適応するための遺伝子群，他の細胞に感染，寄生するために必要な遺伝子群，病原性遺伝子群，胞子形成遺伝子群，抗生物質など二次代謝酵素遺伝子群などが比較ゲノム的解析によって明らかになっている．オルソログは細菌に共通で普遍的機能を持つ進化の根っこにある遺伝子群，パラログは進化多様化に伴って派生した遺伝子群と考えてよい．

細菌のゲノム科学の目標の 1 つは細胞の全体像を明らかにすることである．これまで分子生物学のモデル生物であった大腸菌と枯草菌ではゲノムにコードされる約 4000 すべての遺伝子の働きを明らかにするため，個々の遺伝子の機能，トランスクリプトーム，プロテオームなどの解析を網羅的に行ない，細胞の成長・分裂，環境適応，胞子形成など細胞機能の全体像を明らかにし，究極的には全ゲノム情報から細胞機能をコンピューター上に再構成することを目的に研究が進められている．生物科学者の永遠の夢である「細胞とは何か」が細菌ゲノム研究から解かれることが期待されている．

ゲノム科学の特徴は技術開発が急速で研究の展開が予見不可能なことである．その 1 つとして，次世代のゲノム研究と思われていたメタゲノム研究が急速に発展している．**メタゲノム研究**とは特定の環境に生息する細菌集団の構成を十把一絡げに解析しようとするもので，それが可能なのは高速配列決定技術の開発と大量の断片的なゲノム情報を分別整列させて遺伝子と細菌種を同定する情報解析技術の進歩のおかげである．2008 年現在，世界の大学や研究機関の共同体によって 30 のプロジェクトが完成し，85 が進行中である．対象とする環境は，淡水，海水，鉱山，大気，土壌，温泉，ヒトの口腔，腸内などさまざ

である．従来不可能であった難培養の細菌を含め細菌叢の自然状態での分布や相互作用を明らかにすることにより，自然や人体環境の維持(健康)，変化(病気)に対する細菌の役割を自然状態で解明することが期待されている．

6-3 進化のゲノム科学

　ゲノム科学の主要な課題は進化の解明である．ダーウィン(C. Darwin)が進化を"変異と自然選択"と簡潔に定義したように，生物進化はその起因となる遺伝情報(DNA)に生じる分子レベルの現象と，その結果起こるさまざまの表現型の変化が環境(自然的・生物的)との相互作用によって固定されてゆく個体レベルの現象とに大別できる．この2つのレベル間に存在するギャップはきわめて大きく，遺伝学もDNAも知らなかったダーウィンの時代から分子生物学全盛の20世紀までそのギャップはほとんど埋められていない．ゲノム研究によって個体レベルの表現型と多数の遺伝情報を結びつけることができれば，進化における分子レベルと個体レベルのギャップを初めて埋めることができると期待されている．

　分子レベルの現象に関する知識は分子生物学の発展とともに増大した．アミノ酸の遺伝コードの発見によって，コードの3文字目の変化の多くはアミノ酸の変化を伴わないこと(表1-3参照)，またアミノ酸の中にはタンパク質に組み込まれたとき類似の機能を示すものがあることがわかり，DNAの塩基配列に生じる変異には中立的あるいは機能保存的な変化があることが明らかになった．この知識は中立的な変異の蓄積と集団の中での浮動現象によって進化を説明する木村資生の「進化の中立説」の基盤になった．一方，1970年大野乾はそれまでに発見された限られた遺伝子の構造を比較解析し，ある遺伝子が重複しそのうちの1つに変異が蓄積して新しい遺伝子が創造されるとする「重複による遺伝子進化説」を提唱した(図1-17)．

　この大野の先見的な洞察は，その後の遺伝子研究とゲノムの解読によって正しさが実証されている．重複は遺伝子レベルのみならず，染色体レベルでも真核生物で1度，脊椎動物進化の過程で2度起こっていることが明らかになっている(図1-18)．また，1980年代には真核生物遺伝子のエクソンとイントロンの分断構造が発見され，多くの遺伝子間の比較解析から，エクソンが単位とな

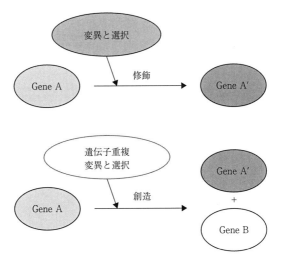

図1-17 大野乾の仮説. 遺伝子配列に生じる変異は遺伝子(したがってタンパク質)を修飾するだけであり(上段), 遺伝子が重複し, 変異が起こると新しい遺伝子(したがってタンパク質)が生じる(下段).

って"混ぜ合わせ"による新遺伝子の創造が起こることが推定されている.

　これらの分子レベルの変化は, DNA配列に起こる塩基置換, 塩基の欠失と付加などの変異とDNA鎖の間の組換えが基礎になっている. 変異と組換えの分子生物学が進み, かかわる酵素や調節タンパク質が明らかになり, 生化学的な反応機構が解明されている. また, 自分自身の力でゲノムからの切り出しと組み込みを行なうことができる"動く遺伝子"と呼ばれるDNAエレメントが発見され, ゲノム進化に大きな役割を果たしていることが明らかになった. このように進化の起因となる分子レベルの現象とその仕組みについての知識は蓄積されているが, 細胞機能や個体の形など表現型の進化とのギャップを埋める分子レベルの現象はほとんど発見されていない.

　ゲノム科学は進化研究にどのような展開をもたらすだろうか. 一例をあげよう. 大量のゲノム情報を駆使して比較ゲノム研究が進んでいる細菌ゲノムにおいて"遺伝子の水平伝達による進化"が明らかになった. 大腸菌の一種で病原性の強い大腸菌O-157ゲノムの解読によって, この病原菌はヒト腸内の非病原性の常在細菌である大腸菌K株ゲノムに全遺伝子の40%にも及ぶ1600個

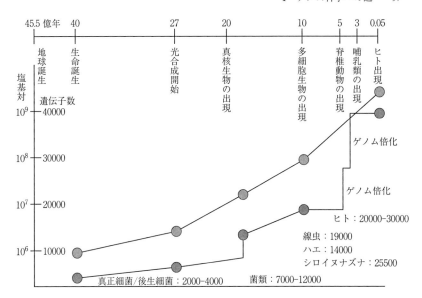

図1-18 生物進化とゲノムの多様化．ゲノムサイズ（塩基対）を●，遺伝子数を●で示した．ゲノム全体の重複は真核生物出現直後に1回，脊椎動物が出現してから2回起こっている．

もの遺伝子を他の細菌群から取り込んで感染と病原性という表現型を獲得したことが明らかになった．表現型の進化と分子進化のギャップを埋めることに成功した画期的な成果である．

真核生物においてもゲノム解読数が増えた結果，細菌と同じようにオルソログの解析が進んでいる（図1-19）．驚いたことに大腸菌全遺伝子の10%以上，約500遺伝子はすべての生物に共通に保存されている．オルソログの数は進化の分岐が進むほどに多くなり，生物の生存に基本的な遺伝子群は複雑，多様化することを示している．

ヒトとチンパンジーのような近縁種の比較では，解析されたヒト遺伝子22983のうち20317がチンパンジーのオルソログであると推定されている．非オルソログ遺伝子は個性を示すものと仮定するとヒトとチンパンジーには種に固有の遺伝子が2000個程度存在すると考えられる．このことはゲノム全体の配列の違いが1%であることから予想されるより大きな違いであり興味深い．

このように比較ゲノム研究から，分子の進化と個体の進化を結びつける遺伝

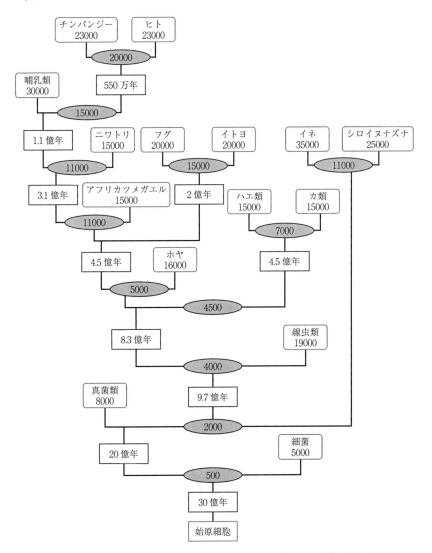

図 1-19　進化系統樹とオルソログの数．生物種名または類名とその遺伝子数を系統樹で模式化した．四角の中は分岐が起こった推定年，楕円形の中はそれぞれの分岐より上位の生物間のオルソログの数である．例えば細菌を結ぶ線上の 500 は，細菌からヒトまで全生物種に共通のオルソログの数，ホヤを結ぶ線上の 5000 はホヤからヒトまでの生物種に共通のオルソログ数である．

子システムの進化研究が進められている．例えば，原始的な多細胞化を起こすことが知られている粘菌ゲノムと単細胞微生物との比較から多細胞の進化を，ホヤやナメクジウオのゲノムから脊索動物への進化を，さらにはヒトを含む霊長類のゲノムの比較研究によって，直立歩行，大脳の発達，言語中枢など"人らしさ"への遺伝子システムの進化が理解できるようになるであろう．

6-4　システム生物学

　物質代謝，細胞成長・分裂，生物時計，発生と形態形成などさまざまの生物現象は多数の要素が同時進行的に相互作用しながら全体として特定の機能を遂行するように統合されているシステムである．これらの生物システムを全体として解析し，システムを統合する原理を発見することを目的とする研究を**システム生物学**（システムバイオロジー）という．これまでは理論的，数理的研究が中心で，複雑な現象を抽象化，モデル化して表現することにはある程度成功していたが，要素の分子的な実体が不明であったためにモデルを実験的に検証することは困難であった．ゲノム研究の進歩はこの状況を一変し，システム生物学が生物学の主流になることが予想されている．

　システム生物学の推進者のひとりであるフッド（L. Hood）はゲノム研究のもたらした影響を以下の5点にまとめている．

(1) ヒトおよび重要なモデルゲノムの配列からすべての遺伝子とタンパク質というシステムの遺伝的要素のリストを手にしたこと

(2) マイクロアレイのような遺伝子発現や相互作用の全体像を高速に解析する技術が開発されたこと

(3) 生物情報を入手，保存，解析，統合，提示，モデル化する強力な計算手段が開発されたこと

(4) 生物システムを実験的，遺伝的，または環境的に撹乱させて生じる変化の全体を解析できるモデル生物が使えること

(5) 個別の生物の生命原理を決定し，進化的に異なる系譜に属する生物との違いを明らかにする比較ゲノム研究が可能であること

　これらの条件がみたされると，特定の生物システムについて入手可能なデータと知識をもとに数学的モデルを作り，それを実験的に検証して新しい要素や

関係を発見し，モデルをつくり替えるという操作を繰り返しながら，最終的にあらゆる攪乱に対応するシステムの挙動を予想し，システムの未知の性質をも予想できるような数理的モデルを作ることができる．このようなシステム生物学はゲノム科学そのものと言えるだろう．

6-5　ヒトのゲノム科学

2003年米英日独仏など国際協力によるヒトゲノム解読宣言が行なわれ，誤差が1万分の1という高精度で28億5000万塩基対のヒトゲノムの全貌が明らかになった．これまでの研究でわかった主なことは以下のようなものである．

(1) タンパク質をコードする遺伝子は2万3000程度と推定される．
(2) 機能を失っている偽遺伝子が2万余り存在する．
(3) 機能するであろうRNAをコードする遺伝子は約2000である．
(4) 機能未知の非コードRNAが1200個ほど存在する．
(5) 複雑精妙な選択的スプライシングにより1個の遺伝子から複数のタンパク質が作られる．
(6) 多種類のパラログ遺伝子ファミリーが散在，またはクラスターを作っている．
(7) 2万9000個のGCの塊の分布と遺伝子の分布がよく一致する．
(8) 45%は反復配列で，その中には多種類の動く遺伝子が含まれている．
(9) 1塩基のみが異なるタイプの多型(SNP，スニップと発音)は1000塩基に1回の頻度で検出される．

これらの基礎データに加えて，各種の細胞や組織，器官の遺伝子発現データ(トランスクリプトーム，プロテオーム)，さらに代謝物のデータ(メタボローム)が急速に蓄積している．

これらのゲノムデータベースと生物学的知識が統合されて，ヒトを対象にしたシステム生物学はあらゆる生物と並行して進歩するであろう．言い換えればヒトはゲノム科学の優れたモデル生物なのである．その結果，多種類のがんの生物学，単因子の遺伝病と複数の因子と環境要因が絡み合う生活習慣病の生物学にくわえて，運動能力，音楽などの感性，意識や知性などの高次の脳機能がシステム生物学として理解されることが期待できる(図1-20)．

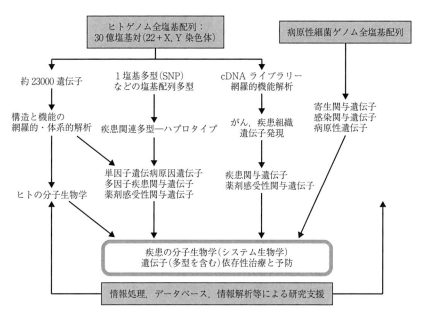

図 1-20　21 世紀のゲノム医科学.

　ヒトのゲノム科学が他の生物学と異なる特徴はホモサピエンスという種の内部の多様性，個性が研究対象となることである．原理的には世界中の 66 億人のゲノムが解析の対象になりうるからである．実際，2003 年には 3 つの民族 24 人のゲノム解析から，150 万個の 1 塩基多型（SNP）の位置がゲノム上に決定され，2005 年には 16 のヒト集団について 1000 万を超える SNP が国際データベースに登録されている．2007 年には米国立保健研究所の呼びかけで，1000 人のゲノムを解読する国際プロジェクトがスタートした．1986 年に 500 個のリフリップ多型（5-8 節参照）がマッピングされたことが注目を浴びたことを思うと隔世の感がある．この多型と上述の各種システム生物学が結びつけば，がんや生活習慣病の罹りやすさ，運動能力，感性，知性などについて民族や個人の違いを明らかにすることができるであろう．

6-6　おわりに

　地球のすべての生物は 1 種類の始原細胞から 35 億年の時間をかけて変化・

多様化してきた．したがって，すべての生物は共通性（**普遍性**）と個性（**多様性**）を遺伝形質として維持し表現型として発現している．現代生物科学は生物の本質であるこの普遍性と多様性を理解するための科学者の遍歴であったといえよう．19世紀の博物学は多様性に対する科学の初めての挑戦であり，ダーウィンの進化理論とメンデルの遺伝エレメントという普遍性理解への道を開拓した．20世紀の前半，科学者は遺伝因子という物質の存在を求め，個体から細胞へ，細胞から分子へと普遍性を生命の極限まで追求し，DNAという分子とDNAからタンパク質への遺伝情報発現のセントラルドグマを発見した．20世紀の後半，DNA組換えという技術革新によって，遺伝子研究の時代が到来した．真核生物の遺伝子は原核生物との違いを鮮烈に示し，遺伝情報自身がもつ普遍性と多様性が明らかになった．さらに生物が示す複雑な表現型が遺伝子レベルで解析されるようになり，遺伝子の使い方も細胞や生物種の違いによってさまざまであることが明らかになり，多様性の分子生物学が本格的に開花したのである．

　分子生物学のこのような展開の帰結としてヒトゲノム研究という最も個性的な研究が生まれた．その結果として多種類の生物の全遺伝情報が解読され，"ゲノム"というすべての生物に普遍的でかつきわめて多様な生物情報を単位とする新しい科学が誕生した．21世紀のゲノム科学がどのような技術と知識を生産するか，まったく予想不可能である．ジャコブは著書『ハエ，マウス，ヒト——一生物学者による未来への証言』の中で「未来も科学も予見不可能である．研究は終わりなき過程であり，どんな道筋をたどるかは誰にもわからない．予見不可能性は，科学的探究の性質そのものに属している．発見されるものが真に新しいものならば，それは定義からして未知である」と述べている．この章で述べたことは分子生物学100年の驚きの連続であった．今後おとずれる未知の世界の探究から生まれる新発見を読者と共に期待をもって見守りたい．

参考図書

[1]　ノーベル賞受賞講演：http://nobelprize.org/nobel_prizes/
[2]　Hartwell, L., Hood, L., Goldberg, M., Reynolds, A., Silver, L., Veres, R. (2004)：Genetics: From Genes to Genomes, 2nd ed., McGraw-Hill.

[3]　渡辺政隆(1998)：DNA の謎に挑む――遺伝子探究の一世紀，朝日選書，朝日新聞社．
[4]　Bishop, J. E., Waldholz, M.(1992)：遺伝子の狩人，牧野賢治他(訳)，化学同人．

2 ゲノムから細胞へ

　生命の基本単位は細胞である．人々の耳目を集める大腸菌O157もiPS細胞もみな細胞である．細胞が分裂する様子を撮影したビデオを目にしたことのある方も多いだろう．原初の細胞から今日に至るまで細胞は連綿と分裂を続けてきた．それがあらゆる生命現象を支えている．そう考えると何だか不思議な感慨が湧いてくる．では，生命の基本単位である細胞を我々はどこまで理解できているのだろうか？　細胞の理解において先導的役割を果たしてきたのが，大腸菌や酵母などの微生物の研究であり，それに大きな変革をもたらす契機となったのが，ゲノム配列の決定であった．

　1996年，EU，米国，カナダ，日本の研究者の協力により，出芽酵母(パン酵母)の全ゲノム配列が解読された．ひとつひとつは決して大きいとは言えないEUの研究室の連携から始まった出芽酵母のゲノムプロジェクトは，やがて米国や日本のゲノムセンターと呼ばれる大きな組織も巻き込むうねりとなって，このゴールを迎えた．出芽酵母は，真核生物としてのみならず，いわゆる「モデル生物」としても，最初にゲノムが解読された生物となった．その成果の概要を報じた論文のタイトル"Life with 6000 Genes"が示すように，真核細胞である出芽酵母は約6000個の遺伝子を持つことがわかった．翌97年には，大腸菌と枯草菌という2つのモデル細菌のゲノムが相次いで解読されて，ともに約4000個の遺伝子を持つことが明らかになった．

　長い研究の歴史を誇るこれらの微生物に関しては，豊富な知見が蓄積されており，さまざまな実験手法も整備されてきた．そして，とうとう生命の最重要パーツとも言える遺伝子の全体までもが把握された．これらのモデル微生物に

は，個別の生命現象のみならず，細胞の全体像を分子のシステムとして理解するためのフロントランナーとしての期待が高まった．

本章では，ゲノム科学の登場によって細胞システムの理解がどのように進んできたのかを，モデル微生物を中心に，新しいアプローチやその基にある考え方に力点を置きながら見てゆくことにしよう．

1 ゲノム配列決定から機能ゲノム科学へ

ゲノムとは，それぞれの生物が子孫に伝達する染色体の1セットを意味しており，ある種のウイルスを除くとそれはDNAでできている．そのDNAの中でmRNA, rRNA, tRNAなどをコードする領域が遺伝子と呼ばれる（図2-1）．ゲノム配列決定の直接の産物は，ACGTの4種類の文字で記された膨大な文字列（塩基配列）である．どれくらい膨大かというと，大腸菌で約460万文字，出芽酵母で約1200万文字である．この配列データ，普通の生物学者にとってはどうにも手がつけられない代物である．膨大な配列のどこからどこまでが遺伝子なのか，それぞれの遺伝子の産物であるタンパク質あるいはRNAにはどんな働きがあるのか，そういう「注釈」があって初めて，塩基配列は生物学者にとって有用な情報になる．したがって，ゲノムの配列が決まると，次はそれに注釈（アノテーション）を付けることになる．

1-1 ゲノム配列に注釈を付ける

ゲノム・アノテーションの基本は，言うまでもなく遺伝子の同定である．膨大な塩基配列の中から遺伝子を発見する問題は，今も昔もバイオインフォマティクス（第5章参照）の最重要課題のひとつである．微生物ゲノムの場合には，真核生物であっても一般にイントロンが少ないし，あったとしても小さい．したがって，タンパク質をコードする領域の同定は比較的容易である．翻訳の開始コドンATGから3文字ずつ読み枠をずらしていって終始コドン（TAA, TAG, TGA）に出会うまでの領域をオープン・リーディング・フレーム（ORF）と呼び，これがタンパク質をコードする領域の候補となる．

もちろん，ゲノム中に無数に出現するORFのすべてがタンパク質をコード

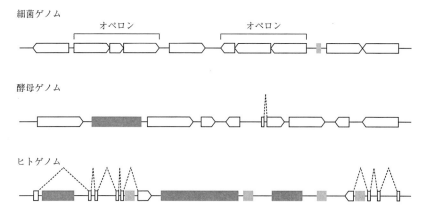

図 2-1 ゲノムと遺伝子のイメージ．ゲノムは DNA 分子からできており，その中で mRNA, rRNA, tRNA などをコードする部分を遺伝子と呼ぶ．原核生物（細菌）ゲノムには，遺伝子（白抜き）がぎっしりと充填されていて，反復配列（着色）は少ない．機能的に関連する遺伝子がゲノム上で縦列に並んでいて 1 本の mRNA に転写されることもしばしばである．このような構成単位をオペロンと呼ぶ．一方，真核生物ゲノムは遺伝子の密度が低く，例えばヒトゲノムではその半分が反復配列によって占められている．mRNA をコードする遺伝子はしばしばエクソンとイントロンに分断されており，RNA のレベルでイントロンがスプライシングで取り除かれて，エクソンだけつながった mRNA ができる．点線はスプライシングのパターンを示す．真核生物でも酵母のような微生物では，反復配列もイントロンも少なく，コンパクトなゲノム構造を取っている．

するわけではない．出芽酵母の場合，コードするタンパク質が 100 アミノ酸よりも短い ORF は，他に有力な証拠がない限りは，遺伝子として注釈しないことになった．これはかなり機械的な足切りなので，後になって証拠が出てきて遺伝子と認定されたものもたくさんある．逆に，当初は遺伝子とされていたのに，そうではなさそうだという証拠が出て，認定を取り消されたものもある．

というわけで，一般にはあまり知られていないことであるが，遺伝子の総数はゲノムが決まってもなかなか確定しない．ゲノム配列決定には明確なゴールがあるが，ゲノム・アノテーションにはある意味でゴールがない．良質のゲノム・アノテーションには，研究者コミュニティからの不断のフィードバックと，その受け皿となる基盤データベースが欠かせない．出芽酵母ゲノムデータベースを覗いてみると，ゲノム配列決定以来これまでに 1000 カ所近い配列の修正と 500 以上に及ぶアノテーションの改善が加えられ，それが今も続いていることがわかる．この数字を見て，「そんなに間違っていたのか」と思われる向き

もあるかも知れない．しかし，この数字こそが，出芽酵母の研究者コミュニティがゲノム配列を読みっぱなしにせず，大切に育て上げてきたことを物語る何よりの証拠なのである．

1-2 相同性から見えてくるタンパク質のドメイン

　ゲノム配列から ORF を抽出し，それを遺伝暗号表に基づいて翻訳すると，その遺伝子がコードするタンパク質の予想アミノ酸配列が得られる．そこで今度は，それと似たものが既知タンパク質の中にないかを調べる．これを**相同性検索**(ホモロジー・サーチ)と呼ぶ．配列が似ていたら機能も似ているであろうから，既知タンパク質の機能情報が重要な注釈になり得る．相同性は，タンパク質分子の全体にわたって認められなくてもよい．タンパク質の高次構造を眺めると，全体で1つの塊のように見えるものがあるが，いくつかの塊に切り分けることができるものも多い．こうした塊は，数十から数百アミノ酸残基からなっており，**ドメイン**と呼ばれる．ドメインは，立体構造の単位であるとともに，しばしば機能の単位ともなる．例えば，タンパク質をリン酸化する酵素であるプロテインキナーゼの触媒ドメインは互いによく似ているが，それがいろいろな他のドメイン(調節ドメイン)とつながって，さまざまなプロテインキナーゼができている．調節ドメインはカルシウムイオンに結合するドメインだったり，他のタンパク質に結合するドメインだったりして，それがリン酸化という触媒機能の制御を担う．したがって，分子全体にわたって相同性を示す既知タンパク質が見つからなくても，特徴的ドメインの存在が機能の重要なヒントになる．生物は，進化の過程で成功した構造を少しずつ改変しながら，徹底的に使い廻している．そのおかげで，相同性検索やドメイン検索が有効に機能するのである．

　出芽酵母や大腸菌，枯草菌のゲノム配列から予測された遺伝子についても，相同性やドメインの検索が行われた．その結果，なんと出芽酵母では約50%，大腸菌や枯草菌では約40%の遺伝子産物が，既知のどのタンパク質とも似ていないことがわかった．つまり，長い研究の歴史を誇るこれらのモデル微生物でさえ，その遺伝子の実に半数近くは機能の推定すらできなかったのだ．しかもそれらの中には，ヒトにまで保存されているものも少なくなかった．「進化

的に保存されているものは重要な機能を持つ」という生物学の鉄則に照らすと，我々の知識はかなり基本的な部分に関してもまだまだ不十分であるらしいということになる．

1-3 遺伝子から機能を探る

遺伝子がその機能を発揮するには，まずそれが発現されなければならない．発現の第一歩である転写には，RNAを合成する酵素RNAポリメラーゼを核とする転写装置がプロモーターに結合しなくてはならない．細胞の置かれた状況を感知して，このプロセスを制御するのが**転写因子**である．転写されたmRNAは，適切なプロセシングを受けた後にリボソームによって認識されて，ORFにコードされたタンパク質の合成の鋳型となる．一方，rRNAやtRNAは，転写後にプロセシングを経て成熟し，タンパク質合成に不可欠の要素として働く．こうして合成されたタンパク質が示す多彩な分子機能が統合されて，さまざまな生命現象を支えている．したがって，それぞれの遺伝子がどのような分子機能を介してどのような生命現象を支えているかを明らかにすることが，遺伝子機能の理解ということになる．

そもそも生物学研究の出発点には，研究者が着目する不思議な生命現象や生物機能があった．そこからスタートして，それに関与する分子・遺伝子を探る方向，いわば「機能から遺伝子へ」という方向で従来の研究は進んできた．ところが，ゲノムが読まれるようになり，遺伝子の全リストのほうがまず手に入るようになった．しかし，そこには機能の推定すらおぼつかない新規遺伝子がズラッと並んでいる．となると，従来とは逆に，それぞれの遺伝子が関わる生命現象を探る方向，いわば「遺伝子から機能へ」という方向の研究が必要になってくる．新規遺伝子の中には，従来の方法論では捉えることができなかったものも含まれていて，それが既存の研究の壁を打ち破る契機になるかも知れない．逆に，これらの遺伝子は，未だかつてどんな研究者も惹きつけなかったくらいに地味な生命現象に関わっているのかも知れないし，ことによると現在の生物学の視野にまだ入っていない生命現象の存在を示しているのかも知れない．いずれにせよ，その数は無視するには大き過ぎて，細胞の全体像を理解する上では避けて通ることができない．しかも，これらの遺伝子は長い歴史を持つ研

究の網をくぐり抜けてきたものなので,従来と同じ発想に基づく個別的研究の進展を待っていても,効果的に情報が得られるとは期待しにくい.そこで,新しい発想の下にすべての遺伝子について,機能解明に重要な情報を組織的に収集しようとするアプローチが始まった.これを「機能ゲノミクス」という.

1-4 機能ゲノミクスはどこが新しいのか

機能ゲノミクスと従来型研究のスタイルの違いを考えてみよう.従来型のオーソドックスな研究では,ある遺伝子の機能を解き明かすために,研究者がいろいろと知恵を絞る.目指すのは,もちろん満点の答えだ.解法もできるだけユニークなほうがいい.一方,機能ゲノミクスは,それとは対照的なスタイルを取る.そこで重視されるのは,できるだけ多くの遺伝子について,満点でなくとも合格点あるいは部分点が取れるようなアプローチである.どんなにエレガントな解法であっても,それがごく少数の遺伝子にしか有効でなければ,機能ゲノミクスでは評価されない.例えば,分子機能が不明でも,まずは複製なのか,分泌なのか,代謝なのか,それが関わる生命プロセスがわかることが大切なのである.あるいは,どんな生命現象に関与するかわからなくても,転写因子であるとわかることがまずは大切なのである.詳細はそこを出発点にして個別的な研究で探ればよい.機能ゲノミクスの当面の目標は,個別的研究に向かうべき方向を指し示すことでもある.

と同時に,機能ゲノミクスは,全体像の把握も目指す.細部に立ち入らず,全体を俯瞰することによって初めて明らかになる特性を探る.そのため,要素間の関係に着目し,ネットワークという視点を特に重視する.つまり,機能ゲノミクスは,個別要素の機能と全体像の双方を明らかにしようとする.しかし,この2つは,決して相反するものではない.何をしているのか見当がつかない部品でも回路上の位置がわかるとその意味がわかってくるように,部分の理解と全体の理解は表裏一体である.

こうした特徴があることを念頭において,機能ゲノミクスの分野でどのような戦略が取られているのか,そして分子のシステムとしての細胞の全体像がどのように明らかにされつつあるのかを見てゆこう.

2 変異体から探る遺伝的相互作用ネットワーク

2-1 遺伝子を破壊する

部品の働きを調べるときに，最も単純かつ直截なやり方とは何だろう？　とりあえずその部品を引き抜いてみることではなかろうか．テレビの裏の蓋を開けてみると，何をしているかわからない部品がある．あるものを引き抜いてみると画像が乱れた．別の部品を引き抜くと，今度は音声が消えてしまった．乱暴なやり方だが，大きなヒントになる．これと同様に，細胞というシステムから遺伝子という部品を引き抜いてみて，何が起こるのかを観察すれば，その遺伝子の働きが大まかには分かるはずである．このような相当に単純な発想と期待に基づいて，遺伝子破壊実験が盛んに行われている．ノックアウトマウスはそのよい例である．

この発想をさらに推し進めて，ゲノム中のすべての遺伝子を個別に破壊した細胞のコレクションを作ってしまおう，という壮大なプロジェクトが出芽酵母や枯草菌で始まった．微生物の場合，こうした細胞を**遺伝子破壊株**と呼ぶ．酵母や枯草菌は，ゲノムの改変が容易であるというモデル生物としての優れた特性を備えており，遺伝子破壊が活用されてきた歴史がある．しかし，そのやり方にはそれぞれの研究者に独特の癖や流儀があって，統一されてはいなかった．研究者の個性や流儀が出るのは仕方がない．個々の研究者が，興味の対象である比較的少数の遺伝子について，自己の流儀で統一して実験を行い，それらの破壊株を相互に比較する「局地戦」的な研究であれば問題はない．しかし，機能ゲノミクスは違う．機能ゲノミクスは，全遺伝子を対象にして，すべての結果を統合して全体像を見たい．だから，破壊されている遺伝子以外，他はまったく同じという厳密な条件での比較でないと意味がない．つまり，すべての遺伝子を決まったやり方で破壊した細胞のコレクションを作らなければならない．

では，遺伝子の破壊は，具体的にはどうやって行うのだろうか？　そこでは，生物の持つ相同組換えという能力を活用する．今，ゲノム上のある遺伝子YFGを削除することを考えよう（図2-2）．YFGとはYour Favorite Geneの略である．図に示すように，YFGの上流配列（U）と下流配列（D）を取り出し

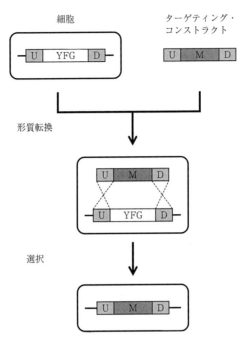

図2-2 相同組換えによる遺伝子破壊．選択マーカー遺伝子(M)の両側に，目的の遺伝子(YFG)の上流(U)および下流(D)に由来する配列を持つDNA分子(ターゲティング・コンストラクト)を作成する．これを細胞内に導入(形質転換)すると，UおよびDで相同組換えが起こり，ゲノム上のYFGがMで置換されることで破壊される．破壊された細胞は選択マーカーを利用して選び出すことができる．

てきて，選択マーカー遺伝子(M)の両端に付ける．これを**ターゲティング・コンストラクト**と呼ぶ．**選択マーカー遺伝子**とは，例えば細胞に薬剤耐性を付与する遺伝子で，これを持った細胞は抗生物質に対する耐性を獲得する．こうして作成したDNA断片を細胞に導入する．この断片とゲノムは，UとDの領域を共通に持つ．生物には相同な配列間で組換えを起こす性質があるので，この間でも組換えが起こる．その結果，ゲノム上のYFGがMで置き換えられる．もちろんこの組換えは100%起こるわけではないが，起こった細胞は薬剤に対する耐性を獲得するので選択することができる．相同組換えを利用してゲノム上の遺伝子(あるいはその一部)を選択マーカーで置換するこの方法は，微生物のみならず，ノックアウトマウス作成の第一段階であるES細胞における遺伝

子破壊でも用いられている．

　相同組換えによる遺伝子破壊が，最も進んだのが出芽酵母である．出芽酵母では，相同性領域（図でいうとUとD）の長さがそれぞれ40ヌクレオチドもあれば，十分に実用的な頻度で相同組換えが起こる．40ヌクレオチドというと，DNA合成機で簡単に合成できる長さである．したがって，薬剤耐性マーカー遺伝子をPCR（ポリメラーゼ連鎖反応）で増幅する際にプライマーとして用いる短い人工合成DNAに，あらかじめYFGの両脇の配列40ヌクレオチドを付加しておけば，PCRを行うだけでターゲティング・コンストラクトができあがる．付加する相同性領域は自由に選べるから，ORFをきれいさっぱりと削除することができる．かつては，制限酵素で切りだした断片をつなぎ合わせてターゲティング・コンストラクトを作成していた．したがって，そのデザインは制限酵素部位の有無に大きく左右された．ORFの一部が残ってそれが部分的な機能を持つタンパク質として発現して，結果の解釈を困難にすることも少なくなかった．しかし，この新しい方法であれば，ORFを1文字残さず削除できるので，そんな心配も一切なくなる．

　こんな便利な方法が，出芽酵母ゲノム配列決定とほぼ同じ時期に確立した．そこで標準となる細胞株と選択マーカー遺伝子を定めて，6000個の遺伝子のおのおのについて遺伝子破壊が開始された．この作業もゲノム配列決定と同様に，国際的な協力分担体制の下に進められた．己の興味の赴くまま，好きなことを自分流のアプローチで行うのが，研究者という生きものである．そんなプロフェッショナルたちが，貴重な研究リソースを生み出すために，己の流儀を捨てて協力したわけである．そして，その成果は期待通りに大きなものとなった．

2-2　細胞の生存に必須の遺伝子

　組織的な遺伝子破壊実験によって，まずわかるのは必須遺伝子である．**必須遺伝子**とは細胞の生存に欠かせない遺伝子である．必須である以上，その遺伝子の破壊株を作成することはできない．だから，破壊株ができないものは必須だろう，という理屈になる．しかし，本当に必須なのか，遺伝子破壊実験が失敗しているだけではないのか，という疑問も湧く．これをどうやって見分ける

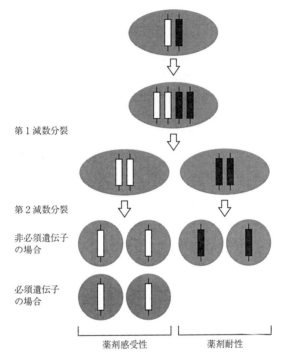

図 2-3 減数分裂による必須遺伝子の確認．2倍体細胞で，標的遺伝子(白)のうちの1コピーを薬剤耐性マーカー遺伝子(黒)で置換することによって破壊する．この細胞に減数分裂を誘導すると，4つの胞子(1倍体細胞)が生じる．このうちの2つは標的遺伝子を保持していて薬剤感受性を示し，残り2つは標的遺伝子が破壊されていて薬剤耐性を示す．標的遺伝子が必須遺伝子であった場合には，4つの胞子のうち2つのみが生育可能であり，それらはいずれも薬剤感受性を示す．

のだろう？

　出芽酵母では2倍体を利用する(図2-3)．2倍体とは，ゲノムを2セット持つ状態をいう．例えば，我々ヒトでは，体細胞は2倍体であり，生殖系列細胞(卵と精子)は1倍体である．同様に，出芽酵母にも2倍体と1倍体の状態がある．そこで，まず2倍体の状態で遺伝子破壊実験を行う．すると2コピーある遺伝子のうち，どちらか一方だけが破壊された細胞が得られる．破壊された遺伝子が必須遺伝子であっても，もう1コピーあるので細胞は，大抵の場合，生育できる．この細胞を飢餓状態におくと減数分裂が始まり，1個の2倍体細胞から4個の1倍体細胞(胞子)が形成される．4個の胞子をひとつずつ顕微鏡下

で取り分けて栄養状態のよい培地に移すと，1倍体細胞として増殖を始める．4個の胞子のうち，2個では遺伝子が破壊されていて，代わりに薬剤耐性遺伝子を持っている．したがって，破壊された遺伝子が非必須遺伝子であれば，4個の胞子がそれぞれ生育し，そのうちの2個が薬剤耐性を示す．ところが破壊された遺伝子が必須遺伝子であれば，4個の胞子のうち2個しか生育せず，しかもその2個は必ず薬剤感受性になる．この理屈を利用して，出芽酵母では必須遺伝子が確定された．

一方，枯草菌などの細菌では，必須遺伝子の候補（相同組換えで破壊できなかった遺伝子）の転写を止めた場合の効果を調べることで，必須遺伝子の判定がなされた．遺伝子の中には，細胞の状況に応じて発現が完全にシャットオフされるものがある．そこで，必須遺伝子候補のプロモーターをそういう遺伝子のプロモーターに置き換えて，発現がシャットオフされる条件に晒してみる．それで細菌が死滅すれば，その遺伝子は生育に必須であると判定された．

さて細胞の生育に必須な遺伝子とは何個くらい見つかったのだろうか？　大腸菌と枯草菌ではそれぞれ303個と262個，出芽酵母では1105個と報告された．前者と後者の遺伝子総数は，それぞれ約4000と約6000であるから，真核細胞のほうが，数としても比率としても，多くの遺伝子を必須とするようだ．ただし，ここでいう必須遺伝子とは，栄養状態がよい条件で培養した場合に生育に必須になる遺伝子であることに注意したい．培養条件が変われば必須遺伝子も変わる．例えば，ヒスチジンというアミノ酸の合成に関わる酵素の遺伝子が破壊された株は，ヒスチジンを含む培地上では何不自由なく生育できるが，ヒスチジンを欠く培地上では生育できない．したがって，ヒスチジン欠乏下では，この遺伝子も必須遺伝子となる．もうひとつ注意したいのは，必須遺伝子とはいわば必要条件であって，何個の遺伝子があれば細胞が生きてゆけるのかという十分条件はまだわかっていないことである．この興味深い問題にアプローチするべく，細菌ゲノムを削って最小化する試みや，あるいは逆に化学合成する試みなど，合成ゲノミクスとも呼ばれる新しい分野も立ち上げられている．

2-3　表現型から探る遺伝子の機能

遺伝子破壊株の中には，生育はできるがさまざまな「症状」を示すものが当

然出てくる．通常の培養条件で症状を示すものもあるが，例えば高浸透圧などの特殊な条件下でないと症状を示さないものもある．このような症状を「表現型/フェノタイプ」と呼び，遺伝子破壊株セットを用いて，網羅的に表現型を調べることをフェノーム解析と呼ぶ．

　従来の変異体解析では，DNA 障害性の化学物質や放射線による突然変異をランダムに誘発した集団を用いて，その中からそれぞれの研究者が興味を持つ表現型を示す変異株を探していた．このやり方では，すべての遺伝子に洩れなく変異が入ったという保証はないし，変異が入ったとしても機能に影響するには至らない場合もある．たとえ望みの表現型を示す変異株が見つかっても，どの遺伝子に変異が入っているのかを明らかにするには，大変に骨の折れる複雑な解析が必要である．したがって，変異株が複数取れても，表現型が顕著なものに解析が集中し，そうでないものは解析されないままになることも少なくなかった．

　これに対して，フェノーム解析では，遺伝子とアノテーションされたものは洩れなくチェックされる．しかも，ORF を完全に欠失してあるので，基本的には強い表現型が出るはずである．したがって，二重の意味で見落としが少なくなる．さらに，それぞれの株でどの遺伝子が破壊されているかが予めわかっているので，原因遺伝子を探す手間がまったくかからない．

　網羅的遺伝子破壊実験の最大の意義は，このように貴重な破壊株コレクションという研究リソースが整備され，それが全世界の研究者で共有されるようになった点にある．共通の破壊株コレクションなので，それぞれの研究者が得た結果を相互に比較参照したり統合したりできる．したがって，研究者コミュニティ全体にとってのメリットが非常に大きい．

　ただし，表現型を調べるといっても，昔から散々やられた条件で調べてみても，大きな効果は期待できない．例にあげた高浸透圧などは，幾多の研究者が試みた条件である．そういうスクリーニングの網を潜り抜けたものが機能未知遺伝子として我々の前に姿を現したわけだから，破壊株コレクションを用いたからといって，破壊すると高浸透圧に弱くなる新規遺伝子がどんどん見つかってくるはずはないのである．そこで，これまでとは異なる視点での表現型解析が，いろいろと工夫されるようになった．

ひとつは微妙な差異を検出するための工夫である．微生物の生育は，多くの場合，寒天培地上でのコロニー形成で評価されるが，より微妙な生育速度の違いを検出するためには，液体培地で生育させて培地の濁り具合を経時的に追跡し，生育曲線を描く必要がある．これは手間のかかる実験であるから，人手ですべての破壊株について，しかもさまざまな培養条件下で行うのは不可能である．そこで自動の培養装置と計測装置を使った大規模解析が行われている．こうして生育曲線を描かせると，新しい培養条件に移して増殖を始めるまでのラグタイム，増殖のスピード，最終的な細胞密度などが定量的な値として記録されるので，破壊株を細かく分類することが可能になる．また，細胞の形態に関しても，顕微鏡画像をコンピューターに解析させることにより，人間の目では判別できないような微妙な差異を定量的に捉えることも可能になった．形態の微妙な差異は，それこそ形態のエキスパートにしかわからなかったのが，このソフトウェアを使えば誰もがかなり高度な解析を行える．

　いまの2つの例は，従来型研究とのスタイルの違いをよく表わしている．従来は，解くべき問題を抱えたエキスパートが，比較的少数の変異株の表現型を解析し，その結果を写真や言葉を使って表現し，それを論文として発表していた．形態の表現では巧みな比喩や文学的な表現すら用いられた．そして，その論文は，著者と興味が近い専門家にとって非常に貴重な財産になった．一方，機能ゲノミクスでは，全遺伝子破壊株の表現型が分け隔てなく，しかもしばしば定量的に自動的に計測され，その結果がデータベースとして公開される．このデータベースにはすべての遺伝子について，破壊されたときの表現型データが収められているので，あらゆる研究者がそれぞれの視点から眺めて，新しい知識を取り出すことができる汎用性の高いものになっている．

　こうした計測面の工夫の一方で，生物学的な工夫としては，破壊株を野生株（その遺伝子が破壊されていない親株）と競合的に培養することが盛んになった．つまり，単独では野生株と遜色なく生育できる破壊株でも，野生株と競合下で培養してみると，競り負けて集団中に占める割合が時間とともに減少してゆくことがある．これを使えば微妙な表現型の差異を検出できる．もうひとつの工夫は，これまでにはない条件下での表現型解析である．最近，盛んに行われるようになったのは，さまざまな薬剤や化合物に対する感受性の評価である．出

芽酵母を用いた最近の研究では，なんと97%の遺伝子について何らかの表現型が見出されるに至ったという．

しかし表現型が出たといっても，直ちにそれが意味するところがわかるわけではない．例えば，ある新規遺伝子を破壊したところ，作用機序のよくわかっていない精神安定剤に対する感受性が上昇したとしよう．これが何を意味するのかは，おおよそ見当もつかない．しかし，すべての破壊株をテストして，感受性が上昇した破壊株が他にも見つかると話が変わってくる．何故なら，それらの中には，きっと機能既知遺伝子の破壊株も含まれているだろうからである．それらの機能既知遺伝子が，いずれも例えば細胞骨格に関係していたら，残りの機能未知遺伝子も細胞骨格に関与していることが強く疑われる．ひとつだけを調べていてもわからないことが，全部を調べることによって見えてくる，という一例である．

こうした解析の根本にあるのは「破壊した際に類似した表現型を示す遺伝子は機能を共有しているに違いない」という発想である．この発想が有効になるには，表現型の特異性が高いものでないといけない．単に生育が遅いというだけでは，どこが悪いのかよくわからない．細胞骨格を障害する薬剤があると特に具合が悪いとか，そういう絞り込んだ情報が必要になる．その意味でさまざまな化合物を用いた解析は有効性が高いと期待される．

2-4 遺伝的な相互作用を探る

さまざまな条件下で表現型を調べてゆくと，お互いに似た表現型を示す遺伝子のグループが浮かび上がり，グループ内の既知遺伝子の機能から新規遺伝子の機能に対する示唆も得られる．しかし，さらに深い情報を得るには，それぞれの遺伝子の間の機能的な関係を調べる必要がある．その際に，有効な指標となるのが遺伝的相互作用である．

遺伝的相互作用には，いろいろなパターンがある．例えば，ある遺伝子が破壊されて生育が悪くなった細胞でも，別の遺伝子を過剰に発現させたり，あるいはさらにまた別の遺伝子を欠失させると元通りに元気になる．だとすると，これらの3つの遺伝子の間には何らかの機能的連関がある，と考えることができるだろう．このような関係を**遺伝的相互作用**と呼び，分子遺伝学の研究にお

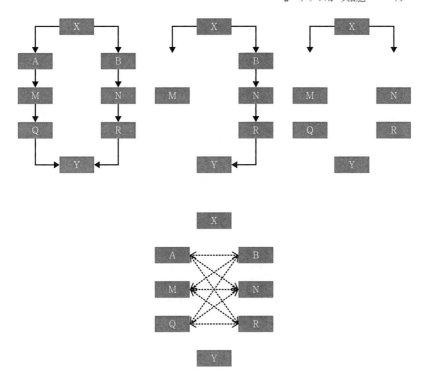

図 2-4 合成致死性による遺伝的相互作用ネットワーク．X から Y へとシグナルが流れることが生存に必須であり，それには A, M, Q からなる経路と B, N, R からなる経路があるとする（上左図）．A と B が単独で破壊されても，それぞれ B と A を含む経路のおかげで生育が可能である．同様に，A と Q が同時に破壊されても B, N, R からなる経路があるために細胞は生存できる（上中図）．しかし，A と B が同時に破壊されると，両方の経路が途絶して細胞は生存できなくなる（合成致死性）（上右図）．したがって，下図のように，それぞれの遺伝子は，自身が含まれる経路と平行する経路の構成成分である遺伝子と合成致死性を示す（点線）．

ける数々の謎を解く際に，重要な役割を果たしてきた．

そこで遺伝子破壊株コレクションを活用して，遺伝的相互作用を組織的に探る試みが始まった．それらの中で，最も進んでいるのは2重破壊株の作成である．例えば，遺伝子 A と遺伝子 B の破壊株を掛け合わせて，A と B の双方が破壊された株の作成を試みたとしよう．しかし，どうしてもできないことがある．つまり，それぞれ単独では破壊できるのに，一緒に破壊すると致死になる．こういう関係を「**合成致死性**」と呼ぶ．この現象をどう解釈したらよいのだろ

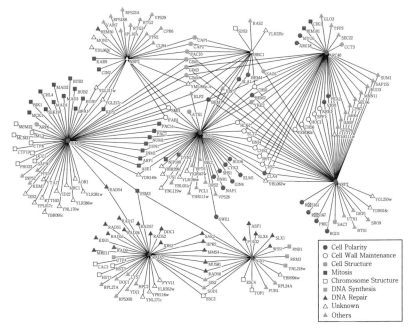

図 2-5 出芽酵母の合成致死性による遺伝的相互作用ネットワークの一部．(*Science*, **294**, 5550(2001), 2364-2368.)

うか？

　最も単純なケースは，必須遺伝子の重複である．A は必須遺伝子だったのだが，ゲノム中にそれとよく似た B があったために，破壊しても生育可能だったというケースだ．これは A と B に相同性があるかどうかを調べれば簡単にわかる．相同性がなかった場合には，A と B のそれぞれが生存に必須な経路の 2 つのバイパスを構成している可能性が高い．図 2-4 に示すように，X から Y に情報が流れることが生育に必須であり，それには A を経由する経路と B を経由する経路があるとしよう．A が失われても B を経る経路があるので細胞は生育できるし，その逆も成り立つ．しかし，A と B が同時に失われると，X から Y への流れが完全に途絶されて細胞は生育できなくなる．

　一方，A と Q のように同じ経路を構成する遺伝子は，一緒に破壊することができる．したがって，合成致死性は，基本的には，同一経路を構成する遺伝

子の間ではなくて，平行経路を構成する遺伝子の間に生じる．したがって，合成致死性を調べると，どの遺伝子とどの遺伝子が平行経路を形成しているかを推定できる．さらに，この考えを推し進めると，Aと合成致死性を示す遺伝子がB以外にN,Rと見つかってくれば，NとRはBと同じ経路を構成していると推測することもできる．

こうして合成致死性を示す遺伝子のペアをどんどん同定してゆくと，それらが互いに繋がりだして，遺伝的相互作用のネットワークが浮かび上がる．そのネットワークの中には，当然，機能未知の新規遺伝子も含まれる．その遺伝子が他のどんな遺伝子と遺伝的相互作用があるのかを眺めれば，機能に対する重要なヒントが得られる．例えば，単独破壊株では生育が遅くなることくらいしかわからなかった遺伝子であっても，合成致死性を示す相手がみな細胞骨格関連の遺伝子であることがわかれば，それ自身も細胞骨格に関わることが推測される．つまり単独破壊の表現型だけではわからなかった機能も，遺伝的相互作用ネットワークの中に位置づけられると，その意味がよくわかるようになる．図2-5に示すのは，巧妙な遺伝的トリックと自動化装置を駆使して，出芽酵母遺伝子の全ての組み合わせで合成致死性を検討するプロジェクトの結果の一部である．

3 DNAチップで探る遺伝子発現制御ネットワーク

3-1　トランスクリプトーム解析の誕生——検証型から発見型実験へ

ゲノムの機能は，先祖から受け継いだ遺伝情報を子孫に伝える過去と未来をつなぐ仕事（複製）と，現在を生きるために必要な指示を出す仕事（遺伝子発現）に大別できる．後者の第一歩は転写によるRNA合成である．RNAの総体を転写物（transcript）の全体という意味で**トランスクリプトーム**と呼び，転写物の網羅的解析を**トランスクリプトーム解析**と呼ぶ．ここで注意して欲しいのは，現在を生きるための仕事の中身は，細胞を取り巻く環境の変化によっても，それぞれの細胞が増殖サイクルのどこに位置するかによっても，大きく変わってくることである．したがって，トランスクリプトームは，ゲノムとは異なり，細胞が置かれた状況に応じて時々刻々と変化するものであり，逆に言うと，置

かれた状況に対する細胞の遺伝子発現レベルでの対応の全体を物語るものである.

トランスクリプトーム解析が実現したのは，90年代の半ばに開発されたDNAチップ(DNAマイクロアレイとも呼ぶ)によるところが大きい．DNAチップによる解析を簡単に説明しよう(図2-6)．まず，スライドグラスの決まった場所に，決まった遺伝子断片を順番にスポットしてゆく．これがDNAチップである．次に，蛍光色素で標識したRNA，あるいはそれをDNAにコピーした**相補性**DNA(cDNA)をDNAチップにかけると，チップ上のDNAとの間で相補性のルールに基づく2本鎖の形成(ハイブリダイゼーション)が起こる．つまり相補的なRNA(あるいはcDNA)が存在したスポットには，蛍光色素で標識されたRNA(あるいはcDNA)が水素結合を介して結合するので，蛍光スキャナーで見るとそこが光って見える．異なる波長の蛍光を発する色素で標識したサンプルを同時にかけることもできる．例えば，がん細胞由来のRNAを赤い蛍光色素で，正常細胞由来のRNAを緑の色素で標識したとしよう．これをDNAチップにかけると，がん細胞で特異的に発現している遺伝子を載せたスポットは赤く光り，正常細胞でしか発現していない遺伝子のスポットは緑に光る．どちらの細胞でも同じくらい発現している遺伝子のスポットには，赤と緑が半々の割合で貼りつくので，そこは黄色く光って見えるし，どちらでも発現していない遺伝子のスポットは光らない．したがって，1回の実験操作で何千，何万という遺伝子の発現状況を一気に把握できるわけである．出芽酵母ゲノム配列が決定された翌年には，ほとんどすべての遺伝子をスポットしたDNAチップが作成されて，最初のトランスクリプトーム解析が行われた．現在では，ガラスやシリコン基板上で直接DNAを合成する技術が進歩して，数万から数百万種類のDNAを搭載したチップが作成されて活用されている．

遺伝子発現パターンを調べることは以前から行われてきたが，従来の解析では研究者が興味を持った少数の遺伝子について，さまざまな条件下での発現が比較されていた．この場合，変化しそうだ，或いは変化しなさそうだ，と予測された遺伝子が選ばれて調べられているわけで，多くの場合，研究者の頭の中には結果の予測とその説明も準備されていた．極論すると，仮説を検証するための，いわば「検証型」の実験と呼んでもよい場合も少なくなかった．これに

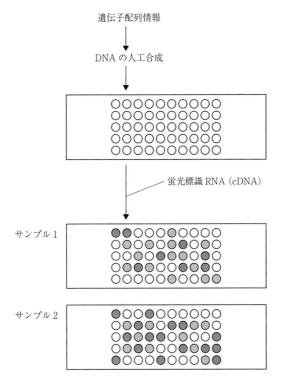

図2-6 DNAチップ/DNAマイクロアレイの原理．遺伝子配列情報に基づいて設計したDNAを人工合成し，スライドグラス上の決まった位置に稠密にスポットしたのがDNAチップ/DNAマイクロアレイである．これに，サンプル由来のRNA(あるいはcDNA)を蛍光標識したものをかける．するとサンプル中に相補的なRNAが存在したスポットには，標識RNAあるいはcDNAが水素結合を介して結合するので，蛍光を発する．その蛍光量からそれぞれの遺伝子発現量を知ることができるので，一気に多数の遺伝子の発現状況を把握することができる．

対して，トランスクリプトーム解析では，その研究者が知らない遺伝子も含めてすべての遺伝子について，ある条件における発現の変動が明らかにされる．変動を予想(期待)していた遺伝子よりも，思いもよらない遺伝子のほうが大きく変動していたりするわけで，「発見型」の実験とも言える．

こうして集積される莫大な遺伝子発現情報を整理して理解するには，情報科学的手法の助けが欠かせない．そこで盛んに用いられるのが「クラスタリング」という手法である(図2-7)．この手法は，発現パターンに基づいて遺伝子

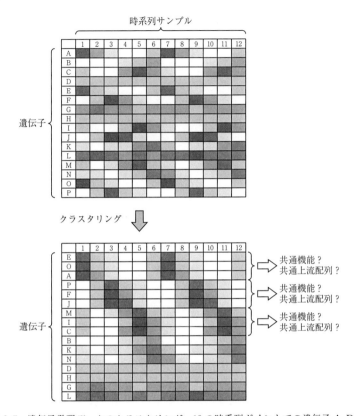

図 2-7 遺伝子発現データのクラスタリング．12 の時系列ポイントでの遺伝子 A-P の発現データを行列として表示する（上）．各行は遺伝子を表わし，各列は時系列の各ポイントを表わす．色が濃いほど，発現量が高いことを示す．時系列に沿った発現の増減パターンが類似した遺伝子が隣り合うように，行を並べ替えるといくつかの特徴的な発現パターンを持った遺伝子のグループ（クラスター）が浮かび上がる（下）．各クラスターを構成する遺伝子は，共通の目的を達成するために，共通の制御機構を介して，共発現していると考えられる．そこで，クラスター中の既知遺伝子機能に基づいて共通機能を探ったり，シス配列の候補として上流に出現する共通配列の探索が行われる．

をグループ分けするものである．そうすることによって，一見ランダムにしか見えない発現データ（図 2-7 上）も，整理されて理解がしやすくなる（図 2-7 下）．

ではなぜ，発現パターンを共有する遺伝子グループを探すのだろうか？　その理屈は至って簡単である．さまざまな条件下で，常に行動をともにしている遺伝子群は，きっとある共通の生物学的目的を達成するために一緒に転写され

ているのだろうと考えるからである．したがって，クラスターが得られるとその中に含まれる既知遺伝子から，それらが共有する生物学的な機能を考えることになる．実際にクラスタリングを行うと，リボソームタンパク質など翻訳に関わるタンパク質をコードする遺伝子群，あるいは解糖系の酵素など特定の物質代謝に関わるタンパク質をコードする遺伝子群など，それぞれ機能を共有する遺伝子群がさまざまな実験条件下で発現を共にしている，つまりクラスターを形成していることがわかる．既知の遺伝子だけを抜き出して，発現パターンの類似性を確認することは従来からよく行われていた．それに対して，トランスクリプトーム解析では，機能の既知・未知に関わりなくすべての遺伝子を，純粋に発現パターンの類似性だけから分類していることに注意して欲しい．したがって，得られたクラスターには，大抵の場合，機能未知遺伝子も含まれてくる．上にあげた例でいうと，リボソームタンパク質の遺伝子と同じクラスターに分類された機能未知遺伝子はタンパク質合成への関与が強く疑われるし，解糖系酵素の遺伝子と同じクラスターに分類されたものは糖代謝への関与が疑われるであろう．つまり，発現パターンを共有する既知遺伝子の機能がその遺伝子の機能解明のヒントになる．これは，フェノーム解析において既知遺伝子との破壊表現型の共有がヒントになるのとまったく同じ理屈である．

　DNAチップによるトランスクリプトーム解析が特に際立つのは，時系列に沿った計測であろう．例えば，DNAチップ導入の初期に行われた出芽酵母の細胞周期データをクラスタリングしてみると，細胞周期の進行に沿ってそれぞれ数個から数百個の遺伝子からなるクラスターが，次々と打ち寄せる波のように誘導される様子が見て取れる．考えてみれば当たり前のことかも知れないが，それを目の当たりにするとやはり印象的なものである．こういうデータを目にしたときに初めて，多くの研究者はゲノムがシステムとして機能している様子を実感できたのではなかろうか．

3-2　転写制御機構を探る

　遺伝子発現パターンを共有するということは，それらの遺伝子が同一の発現制御機構下にあることを強く示唆する．その最も端的な例は，細菌のオペロンであろう．有名なラクトース・オペロンであれば，ラクトースの代謝に関わる

3つの遺伝子がゲノム上に隣接して存在しており，それらが1本のmRNAとして転写される．その転写は，ラクトース・リプレッサーというタンパク質がオペレーターという配列に結合することによって抑制される．オペレーターのように，制御される遺伝子と同じDNA分子上にある制御配列を一般に**シス配列**と呼ぶ．一方，ゲノム中の異なる場所に散在している遺伝子群でも一緒に発現が制御されている場合もあり，それらは**レギュロン**と呼ばれる．真核生物では，オペロンは非常に稀で，ほとんどがレギュロンとして制御されている．レギュロンの場合，その構成メンバーである遺伝子の上流領域には共通のシス配列があって，そこに転写因子が結合する．遺伝子発現データの解析から同定されるクラスターは，まさにレギュロンの候補である．したがって，クラスターが同定されると，それを構成する遺伝子の上流に共通の配列がないかどうかが探られる．転写因子が認識するシス配列は数塩基から10塩基程度で，しかも一義的に決まらないことも多いので，それを効率よく見出すためにさまざまなバイオインフォマティクスの手法が開発されている．

　こうしたアプローチとは逆に，転写因子からそれぞれの標的遺伝子を洗いだすことによって，制御関係を明らかにしようとする研究も盛んである．特に転写因子の標的遺伝子を網羅的に同定する新しい実験手法が開発されて，研究が大きく進むようになった．その方法は，クロマチン免疫沈降(Chromatin Immuno-Precipitation; ChIP)という実験法をDNAチップと組み合わせて用いるので，ChIP-ChipとかChIP-on-Chipと呼びならわされている．ChIP-Chipの原理を図2-8に示す．転写因子が機能するときには，標的遺伝子のシス配列に結合する．この状態で細胞にホルムアルデヒド処理を加えると，転写因子とDNAとの間で共有結合が生ずる(クロスリンキング)．そうしておいて，DNAを物理的に断片化した上で，転写因子に対する抗体を用いて転写因子を集める(免疫沈降)．標的DNA配列は転写因子にクロスリンクされているので，こうした実験操作中も転写因子から離れることはない．回収された転写因子と標的DNAの複合体に熱処理を加えると共有結合が解除されて，DNAを回収することができる．こうして回収されたDNAをDNAチップにかけると，その転写因子が結合していた遺伝子のスポットが光る．したがって，標的遺伝子を一網打尽に明らかにすることができるわけである．

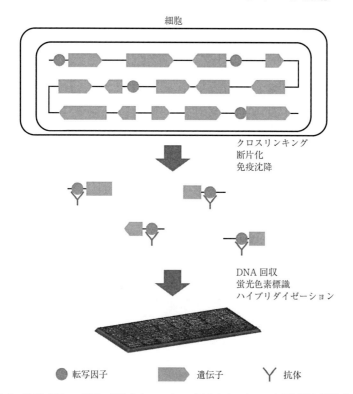

図 2-8 ChIP-Chip の原理．細胞をホルマリンで固定することで，転写因子と標的配列をクロスリンクする．DNA を断片化したのちに，転写因子に対する抗体を用いて免疫沈降反応を行い，転写因子を回収する．転写因子に結合していた DNA を回収し，蛍光標識して DNA チップにかける．すると蛍光シグナルが検出されたスポットから，細胞内で転写因子が結合していた遺伝子を一網打尽に同定できる．

　ChIP-Chip 解析を行うには，転写因子を効率的に免疫沈降できる良質の抗体が欠かせない．しかし，良い抗体はそうそう簡単には得られない．そこで，優秀な抗体が存在する短いアミノ酸配列（タグ）を転写因子に付加して実験を行うことも多い．特に，微生物の場合，相同組換え（図 2-2 参照）を応用すればゲノム上の転写因子遺伝子にタグをコードする DNA 配列を付加することが容易にできるので，転写因子の発現量が自然な状態での解析が可能である．出芽酵母では，この方法を駆使してほとんどすべての転写因子（250 種以上）に対する解析が行われた．その結果，それぞれの転写因子がどんな遺伝子の上流に結合

するのか，逆にそれぞれの遺伝子の上流にはどんな転写因子が結合するのか，という情報が相当明らかにされている．

3-3 遺伝子発現制御ネットワークの全体像

　遺伝子発現および転写因子の結合状況に関する情報が蓄積してくると，どの転写因子が何を支配しているかという個別的理解が進むと同時に，制御関係の全体的な特性を探ることも可能になる(図2-9)．例えば，最も素朴な疑問として，そもそも転写因子は何個くらいの標的遺伝子を制御しているものだろうか，と問いかけることもできる．出芽酵母のデータを整理したある研究によると，平均41遺伝子という結果が得られている．しかし，その分布を調べてみると，図2-9の左上に示すような釣鐘型の分布ではなくて，右上に示すような分布であった．つまり，多数の標的遺伝子を持つ転写因子が少数存在する一方で，大多数の転写因子は少数の標的遺伝子しか持っていない．さらに，この関係は，標的遺伝子数の対数を横軸に，転写因子数の対数を縦軸にとると，直線関係にあることがわかった(べき乗則分布，図2-9左下)．だとすると，平均値を議論してもあまり意味がなさそうである．

　逆に，そもそも遺伝子は何個くらいの転写因子によって支配されているものなのだろうか，と問いかけることもできる．出芽酵母のデータによると，平均2個強という結果が得られている．しかし，その分布を調べてみると，やはり釣鐘型ではなくて，多数の転写因子によって支配される遺伝子が少数存在する一方で，大多数の遺伝子はごく少数の転写因子にしか支配されていないことがわかった．ただし，プロモーターに結合する転写因子の数を横軸に，遺伝子の数を縦軸にプロットした場合，今度は縦軸だけを対数表示した場合に直線関係が得られた(指数分布，図2-9右下)．

　さらに，転写因子が別の転写因子の遺伝子を支配する様子，つまり転写因子間のカスケードの全体像も見えてくる(図2-10)．データが最も充実している出芽酵母を例に，これまでに蓄積されたデータから転写因子間のカスケードが詳しく解析された．まず，標的遺伝子の中に自分以外の転写因子遺伝子を含まないような転写因子A1を一番下の層に置く．次に転写因子A1の遺伝子を支配している転写因子B1をそのひとつ上の層に置く．さらに，転写因子B1の

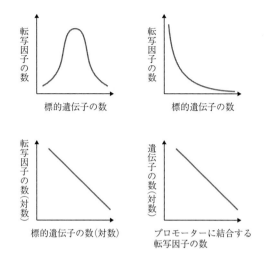

図 2-9 転写制御ネットワークの構造の特徴．横軸に標的遺伝子の数を，縦軸に転写因子の数をプロットすると(左上，右上，および左下)，左上のような釣鐘型の分布にはならず，右上のような長い尾を引く分布となる．両軸を対数表示にすると，左下のような直線が得られる(べき乗則分布)．横軸にプロモーターに結合する転写因子の数を，縦軸に遺伝子の数の対数をプロットすると(右下)，直線関係が得られる(指数分布)．

遺伝子を支配する転写因子Cをもう一段上の層に置く．こういうやり方で，転写因子間の制御関係を整理してゆくと，4層からなるピラミッド状の階層構造が浮かび上がってきた．ピラミッド状というのは下の層に行くほど，構成メンバーが多いという意味である．

さて，それぞれの転写因子は，当然ながら転写因子遺伝子以外にも多くの標的遺伝子を持っている．そこで，各階層に属する転写因子が持つ標的遺伝子の数が比較された．すると，その数が最も多いのは遺伝子発現全体に最も幅広い影響を与える最上層ではなくて，下から2番目の層の転写因子であることがわかった．次に，必須遺伝子の産物の分布を調べてみると，やはり最上層ではなくて，むしろ最下層に多いことがわかった．大腸菌でも同様の解析が行われたが，やはり4層からなる転写因子の階層構造と同様の特性を示すことがわかった．

興味深いことに，ここで明らかにされた転写因子の階層構造は，人間が作り出す会社組織や官僚組織などのそれとよく似た特徴を備えている．会社組織を

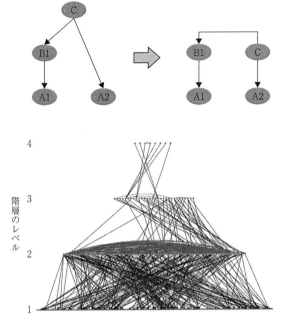

図 2-10 転写因子カスケードの階層性．標的遺伝子の中に，他の転写因子遺伝子を含まない転写因子を最下層に置く．それを制御する転写因子をその上の層に，さらにそれを制御する転写因子をもうひとつ上の層へとおいてゆく．なお，最下層の転写因子 A1 と A2 が，それぞれ C→B1→A1，C→A2 という関係で C に支配されている場合には，C と B1 はともに下から 2 番目の層に置き，同じ階層の中で C から B1 へと矢印を引くことにしてある．このルールにしたがって，出芽酵母の転写因子の相互制御関係を整理すると，4 層からなるピラミッド構造が得られる（下）．(*Proc. Natl. Acad. Sci.*, **103**, 40 (2006), 14724-14731.)

例にすると，間接的にせよ一番多くの社員に影響力を持つのはもちろん社長（最上層の転写因子）だが，直属の部下を一番沢山抱えていて最も多くの情報が出入りするのは中間管理職（下から 2 番目の層の転写因子）である．そして，欠けたときに会社の業務にもっとも直截かつ深刻な影響を与えるのは，現場の専門職（最下層の転写因子）なのである．

また，ネットワークの局所構造を細かく見てゆくと，偶然よりも明らかに高い頻度で出現するパターン（ネットワークモチーフ）も浮かび上がってくる．最も単純な例で言えば，転写因子が自分自身の遺伝子の発現を正あるいは負に制

御するというモチーフが頻出する．前者(正のフィードバック)は「火に油を注ぐ」仕組みであるから全か無かというスイッチ的な制御を可能にするし，後者(負のフィードバック)は「出る杭は打たれる」仕組みであるから発現量のバラツキをなくす制御を可能にする．そういう観点も取り入れることによって，それぞれの生命プロセスに関わる遺伝子回路の設計原理を理解することも可能になりつつある．

上に述べたような解析は，個別の遺伝子制御機構を掘り下げるオーソドックスな研究とは対照的なものである．個別の遺伝子発現ネットワークには，それぞれに巧妙な仕組みがあり，合目的的な応答があり，それが研究者の心を捉えてきた．そして，転写因子の織りなすカスケードも，そういう研究の積み重ねによるいわばボトムアップ方式で解明されてきた．一方，機能ゲノミクスの研究は，個々の転写制御機構の詳細には立ち入らずに，トップダウン式に全体を俯瞰することを可能にした．そういう視点を持つことで，個別には見えてこなかったこと，つまり個別の転写制御機構のもう1つ上の階層での特性のようなものを探ることが可能になってきたことに注意して欲しい．機能ゲノミクスによる成果では，どうしても網羅性や量的な側面に目が行きがちであるが，質的にも新しい視点が得られつつある．

4 プロテオミクスで探るタンパク質ネットワーク

4-1 プロテオミクスの誕生

さまざまな生命現象の現場を担っている最も多才な分子はタンパク質である．その個性は千差万別，実にさまざまな仕事をやってのける．そんな個性あふれるタンパク質の総体を**プロテオーム**と呼び，その組織的・系統的解析を行う分野を**プロテオミクス**と呼ぶ．プロテオームは，トランスクリプトームと同様，時々刻々と変化し，そのときどきの細胞の状態を雄弁に物語ってくれる．しかし，プロテオームという言葉は，その生物が持つすべてのタンパク質という意味で用いられる場合もあることに注意して欲しい．その場合のプロテオームはゲノムと同様に不変のものとなる．

プロテオミクスの誕生を支えたのは，ひとつは**質量分析**技術であり，もうひ

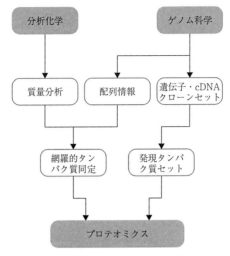

図 2-11 プロテオミクスの起源．プロテオミクスには，質量分析データと配列情報の照合によるタンパク質同定に基づく流れ(左側)と，ゲノム情報に基づいて合成したタンパク質セットを用いて機能解析を行う流れ(右側)がある．その意味でプロテオミクスは，分析化学とゲノム科学によって生まれた領域とも言える．

とつはゲノム情報であった(図 2-11)．質量分析の技術自体は，従来から低分子の構造解析に活用されてきたが，タンパク質の解析には用いられていなかった．その理由は，タンパク質あるいはその分解物であるペプチドを適切にイオン化する方法がなかったからである．そもそも質量分析とは，対象物質をイオン化して質量電荷比を計測する技術であるから，イオン化できない物質には手も足も出ない．そこに突破口を切り拓いたのが，2002 年にノーベル化学賞を受賞した田中耕一とフェン(J. B. Fenn)であった．彼らが開発した 2 つの方法によってペプチドのイオン化が可能になり，タンパク質やペプチドの質量や部分アミノ酸配列を高速に決定することが可能になった．

その一方でゲノム配列の解析が進み，さまざまな生物が持つタンパク質の予想アミノ酸配列がデータベースに蓄積され始めた．したがって，実験で得られたペプチド質量や部分アミノ酸配列を，配列データベース中のタンパク質について予め計算しておいたペプチド質量の理論値や部分アミノ酸配列に照合すると，迅速にそのタンパク質の正体を明らかにすることが可能になった．つまり，タンパク質から質量分析データが取れるようになると同時に，そのデータを解

釈するためのデータベースが整備されたからこそ，高速かつ大量のタンパク質同定が実現したわけである．しかも，質量分析に必要とされるタンパク質の量は，従来の化学的手法によるものに比較すると格段に少なくて済むし，個々のタンパク質を純化することなく複雑な構成のタンパク質集団のままで解析することもできるので，その適用範囲が大きく拡がった．こうしてタンパク質を網羅的に扱うプロテオミクスという分野が誕生した．

しかしながら，タンパク質の発現量はこれまた千差万別で，細胞内に極微量しか存在しないタンパク質は，高感度の質量分析技術をもってしても捉えることが困難である．こうした発現量の壁を乗り越えるために，すべてのタンパク質をそれぞれの遺伝子を操作することで十分量発現させた上で，網羅的な機能解析に供するという新しいスタイルの研究も始まった．こうしたアプローチも広義のプロテオミクスに含まれるが，こちらで対象とされているプロテオームは，時々刻々変化するほうではなくて，その生物が持つすべてのタンパク質という意味でのプロテオームになる．

4-2 タンパク質の相互作用を調べる

タンパク質は多くの場合，他のタンパク質と結合しながら機能を発揮する．したがって，相互作用パートナーの同定は，そのタンパク質の機能を理解する上でとても貴重な情報になる．そこで，タンパク質間の物理的な相互作用を網羅的に解明しようとする試みが始まった．タンパク質が生命の部品だとすると，この試みは，まさに部品同士の繋がり具合を調べて配線図を明らかにしようとするものと言えるだろう．では，一体どのようにしてタンパク質間の相互作用を調べるのであろうか？

最初に取られたアプローチは，巧妙な分子遺伝学的トリックである酵母2ハイブリッド法を駆使するものであった（図2-12）．**酵母2ハイブリッド法**の基本にあるのは，転写因子のドメイン構造である．転写因子は，DNA上のシス配列に結合するDNA結合ドメイン（DBD）と，RNAポリメラーゼを中心とする基本転写装置を活性化する転写活性化ドメイン（AD）から構成されている．DBDの役割は，ADを標的遺伝子のシス配列の近傍にリクルートすることにある．だとすれば，DBDとADが共有結合でつながっていなくても，つまり

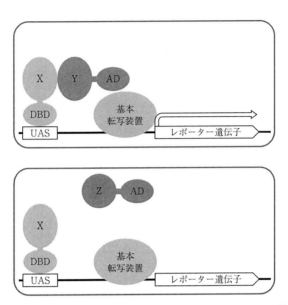

図2-12 酵母2ハイブリッド法の原理．タンパク質Xを転写因子のDNA結合ドメイン（DBD）とのハイブリッドタンパク質DBD-Xとして，タンパク質Yを転写活性化ドメイン（AD）とのハイブリッドタンパク質AD-Yとして発現させる．XとYが相互作用すると，転写因子の結合配列UAS上で，DBD-XとAD-YがXとYの相互作用を介して複合体を形成し，レポーター遺伝子の発現が誘導される．Xと相互作用しないZでは遺伝子の発現は誘導されない．レポーター遺伝子とはその発現が簡単にモニターできる遺伝子である．例えばヒスチジン欠乏下での生育を可能にするヒスチジン合成経路の遺伝子をレポーター遺伝子として用いると，細胞がヒスチジンを含まない培地でも生育できるか否かを見るだけで，相互作用の有無を知ることができる．

同じ分子上になくても，相互作用さえすれば転写因子として機能するのではなかろうか？ そうした発想に基づいて，既に相互作用することが知られていたタンパク質XとYを，それぞれDBDとADに融合させたハイブリッドタンパク質DBD-XとAD-Yとして，酵母細胞の中で同時に発現させる実験が行われた．すると予想通り，XとYの相互作用を介して，標的遺伝子上流に結合したDBD-XのところにAD-Yがリクルートされて，下流の遺伝子の発現を誘導できることがわかった．つまり，DBDとADに切り分けられることで失われた転写因子の機能が，XとYの相互作用を介して蘇ったわけである．

そこでこの実験系にもうひとひねりを加える．標的遺伝子として，ヒスチジン合成経路の遺伝子を用いる．するとDBD-XとAD-Yが相互作用しない限

り，その細胞ではヒスチジン合成が起こらず，ヒスチジンを含まない培地での生育が不可能になる．つまり，酵母が生育できたか否かを見るだけで，相互作用が起こったかどうかを知ることができる．酵母の中で2種類のハイブリッドタンパク質を用いて相互作用を調べるこの方法は，酵母2ハイブリッド法と呼ばれるようになった．

酵母2ハイブリッド法を使えば，取り扱いが難しいタンパク質に一切さわることなく，格段に取り扱いの容易なDNAを操作するだけで，酵母細胞という生体内でのタンパク質間相互作用を検出できる．したがって，すべての遺伝子産物をDBDとADとの融合タンパク質として発現させ，それらの間の全組み合わせを試せば，どのタンパク質とどのタンパク質が相互作用するかを網羅的に調べあげることも可能になるはずである．実際，出芽酵母を対象に，日米の2グループによってこの系統的酵母2ハイブリッド解析が行われ，1000を越える相互作用データが得られた．これは，その生物が持つすべてのタンパク質という意味でのプロテオームを，相互作用という観点から網羅的に解析した例である．

さて，酵母2ハイブリッド法で取得できるのは1対1の相互作用に関する情報であるが，生体内ではタンパク質がしばしば大きな複合体を形成して機能している．転写を行う基本転写装置も，スプライシングを行うスプライソソームも，翻訳を行うリボソームもそうである．これらの複合体を細胞から取り出して，質量分析で解析するとその構成メンバーを一気に明らかにすることができる．実際には，ChIP解析と同様に目的のタンパク質にタグをつけて，これを利用してそのタンパク質を温和な条件下で精製し，質量分析に供する（図2-13）．この手法を用いた解析も，出芽酵母を対象にEUと米国のグループによって大規模に行われた．これは，そのときどきの状態の細胞のプロテオームにおける相互作用を調べたものと言える．

これら2つのアプローチによる解析の結果，出芽酵母のタンパク質を結ぶ複雑な相互作用ネットワークが描きだされた（図2-14）．そのネットワークをつぶさに見てゆくと，いろいろと有益な情報が見つかる．例えば，図2-14の下はネットワークの一部を抜き出したものである．今ではDAD1とDAD2と呼ばれている2つのタンパク質は，当時，機能がまったく不明のタンパク質で

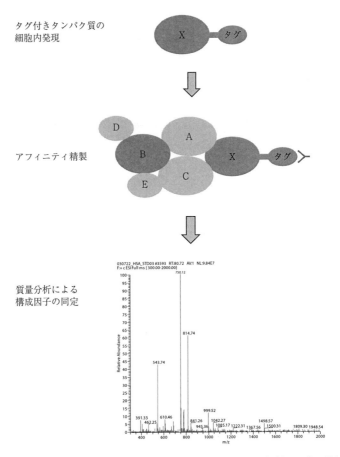

図 2-13 タンパク質複合体のアフィニティ精製と質量分析による解析. 興味の対象とするタンパク質を, アフィニティ精製用のタグ (短いアミノ酸配列) が付加された形で, 細胞内で発現させる. 細胞を温和な条件で破砕してタグに対する親和性試薬を用いて精製すると, 対象タンパク質と相互作用しているタンパク質も一緒に精製されてくる. 質量分析に供することで, それらのタンパク質の正体を明らかにする.

あったが, 網羅的酵母2ハイブリッド解析により, SPC19, SPC34, DAM1, DUO1 という既知タンパク質と相互作用することがわかった. 面白いことに, これらの既知タンパク質はいずれも染色体分配に関わるものであったので, 2つの未知タンパク質も同様の機能を持つことが予測された. この予測は後に実証され, さらに詳細な相互作用も明らかにされた. この例が示すように, 配列

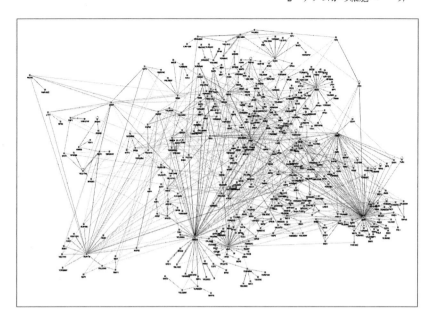

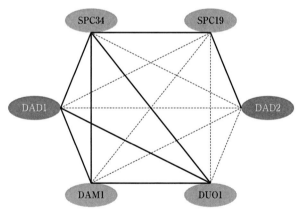

図2-14 タンパク質相互作用ネットワークと新規タンパク質の機能推定.上図は出芽酵母の網羅的酵母2ハイブリッド解析の結果,明らかになった相互作用ネットワークを示す.下図はその一部を抜き出したもので,太い線は網羅的酵母2ハイブリッド解析で明らかにされた相互作用.DAD1とDAD2は当時機能不明のタンパク質であったが,SPC19, SPC34, DAM1, DUO1がいずれも染色体分配に関わるタンパク質であったことから,同様に染色体分配に関わることが予測された.この予測は個別的な実験で検証され,点線で示すような相互作用も明らかにされた.

からは機能がまったく予測できなかったタンパク質であっても，相互作用ネットワーク上に位置づけられると，その周囲の状況から機能が推定できるようになる．これは，意味がさっぱりわからない英単語でも，文章中で出くわすと前後の文脈から何となく意味が推定できるのとよく似ている．部分の理解と全体の理解は，表裏一体なのである．

4-3 タンパク質相互作用ネットワークの特性

　タンパク質相互作用ネットワークを局所的に見てゆくと，上に述べたような新規タンパク質の機能へのヒントがここかしこにちりばめられている．これは個別的研究にとっては大変に有用な情報であり，多くの研究者によって活用されている．その一方で，ネットワーク全体を俯瞰することによって，その構成に関する面白い知見も浮かびあがってきた．

　そもそもタンパク質は平均何個の別のタンパク質と相互作用するものなのだろうか？　蓄積されたデータに基づいて，相互作用タンパク質数の分布を調べてみると，転写因子の標的遺伝子数と同様に，べき乗則に従う分布を示すことがわかった．つまり，タンパク質間相互作用ネットワークは，多数の相互作用パートナーを持つ少数のタンパク質と，少数の相互作用パートナーしか持たない大多数のタンパク質から構成されているらしい．前者のようなタンパク質は，ハブタンパク質と呼ばれるようになった．というのも，機能ゲノミクスの研究がこうしたデータを生み出していたのと同時期に，複雑系の分野ではネットワークの研究が大きく開花しつつあり，そこでハブという概念が登場し注目されていたからだ．

　ネットワークとは，頂点と頂点とを線で結んだものであり，沢山の線と結ばれている頂点をハブと呼ぶ．ネットワークには，ハブを持つネットワークと，ハブを持たずにどの頂点も平均して同じくらいの数の線で結ばれているネットワークがある．2つのネットワークの比較研究が進められた結果，ネットワーク上の2点を結ぶ線がランダムに切断されても，前者では最寄りのハブを経由するとすぐに代替経路が見つかるので，ネットワーク構造が後者に比較して壊れにくいことがわかった．その反面，ハブを狙って攻撃されるときわめて脆い構造であることも明らかになった．この性質は，例えば，航空網を考えてもら

えばよくわかる．地方空港と地方空港を結ぶ直行便が欠航したとしよう．その場合でも，羽田とか伊丹などのハブ空港を経由すれば，乗り継ぎ1回で目的地に行くことができる．ところが，羽田や伊丹が閉鎖されると，直行便がない地方空港間を結ぶにはずっとたくさんの乗り継ぎが必要になるか，場合によっては到達が不可能になってしまうだろう．

　ではネットワークのこういう特性は，タンパク質相互作用ネットワークでも成り立つのだろうか？　ここで，出芽酵母で遺伝子破壊実験が網羅的に行われたことを思い出して欲しい．あのデータをタンパク質相互作用ネットワークと重ね合わせてみるという研究が行われた．その結果，タンパク質相互作用ネットワークのハブタンパク質には，必須遺伝子の産物が有意に濃縮されることが報告された．もっとも，この解析に利用された当時の相互作用データには偏りがあって，最新のデータを用いると必須遺伝子というよりもむしろ破壊に伴う表現型の数が多い遺伝子（多面的な表現型を示す遺伝子）の産物が有意に濃縮されるとする報告もある．いずれにせよ，ハブタンパク質が細胞システムにおいて重要な役割を果たしていることは確かで，その意味ではタンパク質相互作用ネットワークはインターネットや交通網などと同様の性質を持つらしい．

4-4　翻訳後修飾ネットワークの解明に向けて

　プロテオミクスにおけるもうひとつの重要な情報は，タンパク質の翻訳後修飾である．リン酸化に代表される翻訳後修飾は，相互作用と同様に，タンパク質の機能制御においてきわめて重要な役割を果たしており，1992年には生体制御機構としての可逆的タンパク質リン酸化の発見に対してノーベル医学生理学賞が授与された．リン酸化を司る酵素はプロテインキナーゼである．出芽酵母では120種あまりのプロテインキナーゼが知られているが，それぞれがどのタンパク質を標的としているかは，有名な酵素と基質を除いてはほとんどわかっていなかった．

　そこでその全貌に迫るべく，プロテインチップを用いた解析が行われた．**プロテインチップ**とは，DNAチップのタンパク質版であって，組換えタンパク質として発現させたすべてのタンパク質（＝プロテオーム）をスライドグラス上に整列させてスポットしたものである．このチップに，プロテインキナーゼを

リン酸の供与体であるATPとともにかけて反応させると，チップ上の基質タンパク質がリン酸化されるので，標的タンパク質を一網打尽に同定できる．この方法で出芽酵母の120あまりのプロテインキナーゼが網羅的に解析されて，その結果に基づくタンパク質リン酸化のネットワークが描かれた．

このネットワークを見ると，プロテインキナーゼの標的タンパク質の数は，べき乗則に従う分布を示すことがわかった．一方，それぞれのタンパク質が何個のプロテインキナーゼの標的になっているかを調べてみると，指数分布を示すことがわかった．この点では，リン酸化のネットワークは，遺伝子発現制御ネットワークとよく似ている．ただし，ここで計測されたリン酸化は生体内でのリン酸化ではないので，同定された標的タンパク質はあくまで候補と考えておかなければならない．細胞内で実際にリン酸化を受けるタンパク質は，質量分析を駆使したプロテオミクスによってどんどん同定されているが，プロテインキナーゼとの対応付けはまだ進んでいない．

タンパク質機能の制御機構として，リン酸化と並んで，最近，特に注目を集めているのが**ユビキチン化**である．ユビキチンは76アミノ酸からなる保存性の高いタンパク質である．ユビキチンはカルボキシル基末端で，標的タンパク質中のリジン残基側鎖のアミノ基とペプチド結合を形成する（イソペプチド結合）．さらに，ユビキチン中のリジン残基側鎖のアミノ基に，別のユビキチン分子のカルボキシル基末端がイソペプチド結合を介して付加されることで，ポリユビキチン鎖が形成される．ポリユビキチン化されたタンパク質は，プロテアソームというタンパク質分解酵素複合体によって分解される．この分解は，不要なタンパク質の除去のみならず，さまざまな生命現象の調節においても非常に重要な役割を果たしていることが近年の研究で明らかになり，ユビキチン化によるタンパク質分解の発見に対して2004年にノーベル化学賞が授与された．真核生物ゲノム中にはユビキチン化を担う酵素の遺伝子が多数見つかるが，それらの大半は何を標的としているかがわかっていない．また当初注目された分解とは別の機構でも，ユビキチン化がさまざまな生命現象の調節を担っていることが明らかになってきた．その意味で，ユビキチン化はタンパク質ネットワークの中でも，最も理解が進んでいない領域とも言える．その全貌の解明に向けて，質量分析やプロテインチップを用いたアプローチが盛んに試みられて

いる.

5 ゲノム時代の代謝マップ──代謝ネットワーク

　生体内での分子ネットワークというと，代謝経路を思い浮かべる方も多いのではなかろうか？　確かに生体内の分子ネットワークとしてもっとも古くから研究が進み，またよく理解されているのが代謝経路，今風に言うと代謝ネットワークであろう．

　代謝の研究には，経路によってさまざまな生物が用いられてきたこともあり，それぞれの生物がどの代謝経路を持っていて，どの経路は持っていないのか，という全体像は意外にきちんと理解されていなかった．それを明らかにする上で大きな役割を果たしたのが，言うまでもなくゲノム配列である．ゲノム配列が明らかになると，その生物が持つ代謝酵素の全貌が見えてくる．したがって，その生物にどんな代謝経路がありそうかを予測することができる．経路があってもどのステップが抜けているかがわかるし，そのステップを迂回するにはどんな代替経路が可能かもわかる．こうして，**代謝ネットワーク**の構築が格段に進むようになった．

　代謝ネットワークの構築は，文献情報をベースに，ゲノム情報やトランスクリプトーム，プロテオーム，そして代謝物を網羅的に調べるメタボロミクスの情報なども取り込んで積み上げてゆく地道な作業である．代謝ネットワークがこれまで述べてきたネットワークと異なるのは，ネットワークの頂点と頂点を結ぶ線，すなわち，ある物質から別の物質への代謝経路が化学反応に基づいて予測できることである．これは，タンパク質がDNA配列や他のタンパク質と結合するかどうかを予測しようにも，立体構造でも解かれていない限り，わずかな経験則しか使えないのとは大きな違いである．

　昔からよくある代謝マップと最近の代謝ネットワークの違いは，後者が慎重な吟味の上に再構築され，ネットワークがさまざまな数理的解析に供せるような形式で計算機の中に収められていることである．最も研究が進んでいる大腸菌では，1200余りの代謝関連遺伝子と約2000の反応，そして相当数の反応パラメーターが含まれたモデルが作られており，さまざまな形で活用され始めて

いる．例えば，このモデルを用いると，ある遺伝子を破壊した際の代謝の流れの変化を予測することができるし，そこから致死とか増殖遅延といった表現型を予測することさえ可能である．逆に，有用な代謝産物の含量を最大にするには，どの遺伝子をどう操作すればよいかを割り出すこともできる．こういう代謝工学的アプローチは以前から行われてきたが，人間の頭で考えることができる局所的な代謝だけを考慮して改変を行っても，予想外のことが起こってうまくゆかないことが多かった．しかし，代謝ネットワークの全体を計算することで，こうしたアプローチの成功率を上げることができる．その意味で，代謝ネットワークは，最もよく理解が進んでいる生体分子ネットワークと言えるだろう．

6 ネットワークが織りなす超ネットワーク

これまでにいろいろな観点からみた分子のネットワークを紹介してきたが，これらのネットワークの相互関係はどうなっているのだろうか？　まだよくわからないところも多く，今後の課題も多い部分であるが，いくつかの面白い関係が見えてきている（図2-15）．

6-1　遺伝的相互作用ネットワークとタンパク質ネットワーク

合成致死性による遺伝的相互作用ネットワークとタンパク質ネットワークは，ちょうど横糸と縦糸のような関係にある．必須経路のそれぞれのバイパスを構成する因子は，タンパク質間相互作用あるいはリン酸化などの翻訳後修飾で，いわば「縦」方向につながっている．同じバイパスに属する遺伝子を2つ破壊しても，他方のバイパスがあるので生育には問題がない．しかし，それぞれのバイパスの構成因子をひとつずつ破壊すると，どちらのバイパスも機能しなくなって致死になる．つまり，合成致死性はいわば「横」方向の関係を示している．したがって，遺伝的相互作用ネットワークとタンパク質ネットワークは，直交する関係にあると言えよう．

遺伝子発現制御ネットワークを構成する転写因子のカスケードにおいては，最上層よりも中間層の転写因子のほうが多くの標的遺伝子を持つことは先にも

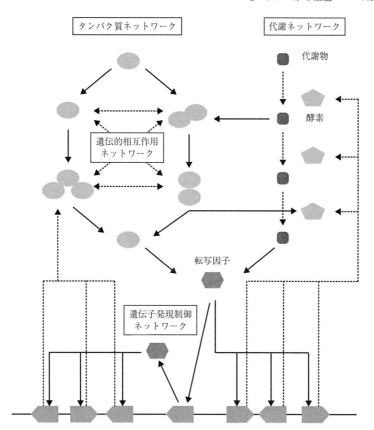

図 2-15 さまざまなネットワークの相関．遺伝的相互作用ネットワーク，遺伝子発現制御ネットワーク，タンパク質ネットワーク，代謝ネットワークの関わりを示す仮想的な分子ネットワーク．

述べた．しかし，相互作用するタンパク質の数は，最上層の転写因子が一番多い．つまり，最上層部は細胞内外からの情報を，タンパク質ネットワークから相互作用や翻訳後修飾を介して受け取り，それを直接の標的遺伝子や下層の転写因子に伝えているらしい．最上層の転写因子自体は，先にも述べたように必須遺伝子の産物ではないことが多いが，タンパク質間相互作用ネットワーク上ではハブタンパク質のすぐ近傍に位置する傾向にある．

また，タンパク質複合体の構成成分や代謝経路を形作る酵素の遺伝子は，共通の転写因子に支配されるオペロンやレギュロンを形成しており，まさに遺伝

子発現制御ネットワークの底辺を構成している．なお，代謝の調節は，遺伝子発現を介した酵素の誘導という量的側面のみならず，個々の酵素分子の活性調節という質的側面でも行われている．後者においては，リン酸化や他のタンパク質との相互作用が重要な役割を果たしているので，そこではむしろタンパク質ネットワークと接していると言えるだろう．

6-2　細胞周期制御のネットワーク

いささか話が抽象的になってきたので，さまざまなネットワークの接点を実感して貰うための具体例として，出芽酵母の細胞周期の分子ネットワークを取り上げてみよう（図2-16）．真核生物の細胞周期は，ゲノムが複製されるS期と，細胞が分裂するM期，そしてこの2つの間をなすG期からなる．前回のM期から次のS期までの間をG1期，S期とM期の間をG2期と呼ぶ．したがって，細胞周期は，G1→S→G2→Mという順序で進んでゆく．このサイクルを廻すエンジンは，サイクリンと複合体を形成するプロテインキナーゼ，すなわちサイクリン依存性タンパク質リン酸化酵素（CDK）である．出芽酵母のCDKはCDC28と呼ばれ，9種類のサイクリンのそれぞれと複合体を形成する．9種類のサイクリンは，その名の通りに細胞周期に伴って量が周期的に変動し，G1期に働くG1サイクリン（CLN1-3），S期に働くSサイクリン（CLB5, 6），M期に働くMサイクリン（CLB1-4）に大別される．それぞれのサイクリンが順次CDC28と結合してそれを活性化することが，細胞周期の進行の根本であることは明らかにされていたが，機能ゲノミクスの進歩によってゲノム全体にわたる遺伝子発現制御までも含めた細胞周期の全体像が浮かび上がりつつある．

G1期にある細胞が十分な大きさに達すると，CLN3/CDC28（G1サイクリンの一種CLN3と結合したCDC28）が活性化されて，転写因子SBFを活性化する．転写因子SBFは標的遺伝子上流のSCBというシス配列に結合しているが，G1初期ではWHI5という阻害因子とも相互作用しており，転写を活性化することができない．しかし，CLN3/CDC28がWHI5をリン酸化すると，リン酸化されたWHI5がSBFから離れて核の外に移動する．その結果，抑制が外れたSBFは標的遺伝子群の転写を活性化できるようになる．タンパク質のリン酸化とそれによる相互作用と局在の変化が遺伝子ネットワークの活性化を

2 ゲノムから細胞へ——105

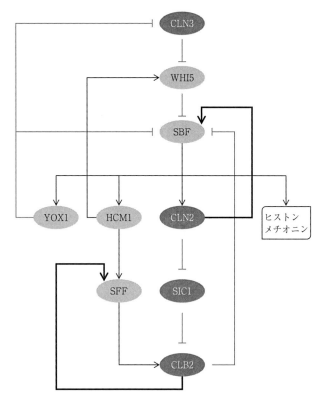

図 2-16 出芽酵母の細胞周期制御ネットワークの一部. 楕円はタンパク質を示し, 黒字で名前が記されたものは転写因子を, 白字で示されたものは非転写因子を示す. 矢印は活性化を, T字は抑制を示す. ヒストンおよびメチオニンはそれぞれ発現が誘導される遺伝子クラスター.

起こしていることと, 阻害因子の抑制による活性化(脱抑制)という形がとられていることに注意して欲しい.

　DNAチップを用いた解析によると, G1後期からS期にかけて200を越える遺伝子の発現が誘導され, それらはいくつかの特徴的なクラスターに分けられる. ひとつはSBFによって活性化されるCLN2クラスターであり, そのメンバーはシス配列SCBを共有している. このクラスターには, その名の通りG1サイクリンCLN2が含まれている. CLN2/CDC28は, 自分自身の遺伝子発現を活性化する正のフィードバック機構によって, G1期からS期への不可

逆的な進行を促す．その一方で，CLB2/CDC28 の阻害因子である SIC1 をリン酸化する．リン酸化された SIC1 はユビキチン化を受けてプロテアソームで速やかに分解されてしまう．したがって，CLN2/CDC28 は，阻害因子 SIC1 の分解を促すことで，結果的に CLB2/CDC28 の活性上昇をもたらし，G2/M 期への進行の準備も進めている．ここでもまた阻害因子の抑制による活性化というパターンが使われている．なお，こうして蓄積した CLB2/CDC28 は，今度は SBF を抑制することで，CLN2 の発現に負のフィードバックをかけて，G1 期の終息に一役買う．

さて，CLN2 とともに誘導される遺伝子の中には，転写因子 YOX1 と HCM1 が含まれている．YOX1 は SBF の構成因子や CLN3 の発現を抑制することで，HCM1 は WHI5 の発現を誘導することで，それぞれ SBF に負のフィードバックをかけて G1 期の終息を促す．その一方で，HCM1 は CLB2 の遺伝子発現を誘導する転写因子 SFF の構成因子を誘導することで，G2/M 期への進行の準備も進める．CLB2/CDC28 は SFF を活性化するので，自分自身の発現に正のフィードバックをかけることになり，G2/M 期への不可逆的な進行を更に促す．

サイクリンや転写因子のように細胞周期進行の制御に直接関わる分子以外にも，この時期には S 期進行の現場で必要とされる遺伝子が多数誘導される．それらの中で直感的に一番わかりやすい例は，9 つの遺伝子からなるヒストン・クラスターであろう．ヒストンはゲノム DNA をパッキングする核タンパク質のファミリーなので，ゲノムの複製に合わせてその量が 2 倍になる必要がある．したがって，DNA 合成と同期してヒストン遺伝子群の発現が誘導されるのは納得がゆく．一方，まったく予想外だったのは，アミノ酸の一種であるメチオニンの合成経路を形成する酵素の遺伝子群の誘導である．メチオニンは DNA を構成するヌクレオチド dTTP の合成に不可欠の S-アデノシルメチオニンの前駆体なので，この誘導は S 期に備えたメチオニン合成経路の活性化のためであろう，と今では解釈されている．

たくさんの遺伝子・タンパク質の名前が登場したので混乱したかも知れないが，CDK によるリン酸化が惹き起こすタンパク質の相互作用・局在・安定性の変化が，転写因子のカスケードと複雑に絡み合いながら，細胞周期を進行さ

せてゆく様子の一端を感じ取っていただけただろうか．それぞれのステージに必要な遺伝子発現やタンパク質の活性化が起こる一方で，前のステージの幕引きと次のステージの開幕準備が着々と進む巧妙な仕組みは驚くばかりである．

　こうした複雑な制御関係は，細胞周期変異体の解析に基づく研究の積み重ねによって解きほぐされてきたが，機能ゲノミクスの手法が導入されたこの10年あまりで，さらに大きな拡がりと深まりを見せた．例えば，細胞周期に伴って発現が変動する遺伝子は100個あまりしか知られていなかったが，DNAチップの導入によってその数は一気に10倍以上にも増えた．それまでは，ヒストン遺伝子のようにいかにも発現が変化しそうなものが調べられていたが，すべての遺伝子を分け隔てなく計測するトランスクリプトーム解析のおかげで，S期におけるメチオニン合成の活性化などの予想外の現象も発見され，細胞周期における代謝ネットワーク活性化という新しい視野が開けた．発現データのクラスタリングと上流配列解析やChIP-Chip解析から，HCM1などの重要な転写因子も見出されて，転写因子カスケードの理解は格段に深まった．またプロテオミクスによる相互作用やリン酸化情報の充実も，それぞれのステージにおけるイベントの理解を深める上で貢献してきた．こうして，タンパク質ネットワークと遺伝子発現制御ネットワーク，そして代謝ネットワークが密接に関わりながら，細胞周期を動かしてゆく様子の全貌が，次第に理解できるようになりつつある．

　本節では，細胞周期のほんのさわりを，しかもかなり思い切って簡略化して説明したに過ぎない．それでも，活性化と抑制の矢印が錯綜する回路図から，その動きを直感的に予測するのが意外に困難であることを実感されたのではなかろうか．動的で複雑な分子回路の挙動を理解するには，どうしてもコンピュータの力を借りざるを得なくなっている．

7 本質の理解に向けて——分子ネットワークの動態と多様性

　これまでに述べてきたように，ゲノム配列決定によって我々の眼前に提示された遺伝子という生命システムの部品リストは，機能ゲノミクスの進展によって回路図という形にまとめ上げられつつある．出芽酵母に関するさまざまな機

能ゲノミクスデータ，そしてこれまでの研究の蓄積を反映する文献データを統合して，遺伝子間の機能的関連性を解析したある研究によると，出芽酵母の6000遺伝子のうち5500近くを10万本あまりの線で結んだネットワークを描き出すことができるという．6000遺伝子の半数しか機能推定ができなかった時分から，10年余りの歳月を経て，ここまで理解が進んできたことになる．こうして回路図が明らかにされたことによって，個々の部品の持つ意味の理解も大きく進んだし，回路図の全貌を俯瞰することによって，従来の詳細な，しかし局所的な研究からでは得にくかった新しい視点も獲得されつつある．

　しかし，機能ゲノミクスの手法によって初めて光が当てられた部分では，分子生物学によって深く掘り下げられた部分とは対照的に，詳細な分子機構は不明のままである．また，機能ゲノミクスにおける計測は，特定の遺伝子やタンパク質のために最適化された条件で行われているわけではないので，的を絞って行われた個別的研究における計測に比較するとどうしてもその質が低くなりがちである．そうした欠点を複数のデータやさまざまな情報科学的手法で補いながら，ネットワークを描きだしている部分も多いことにも注意しなくてはならない．その意味で，描き出されたネットワークは仮説あるいはモデルと呼ぶべきものであり，そこから出発した個別的研究があって初めて真の理解に至ることができる．その意味で，個別的なオーソドックスな研究の重要性は，いささかも衰えることはないのである．

　もうひとつ注意したいのは，現在，我々が把握している分子ネットワークは，その大半が静的なものであって，時間・空間分解能と定量性を欠いているという点である．例えば，CDC28はステージによって9種類の異なるサイクリンと順次結合するが，タンパク質ネットワークではすべてがつながった形で表現されている．しかも，ある特定の時点の細胞を抜き出してみても，すべてのCDC28分子が特定の1種類のサイクリンと結合しているわけではなく，それぞれのサイクリンと結合したCDC28分子のポピュレーションの比率が時間とともに推移してゆく（図2-17）．つまり，ネットワークのそれぞれの線は太さが異なるし，同じ線であっても状況に応じてその太さが変わるのである．構成要素が線で結ばれたネットワーク図を見ると，ついつい理解できた気になりがちである．しかし，それが実際にどのように動くのかという動的側面の理解は

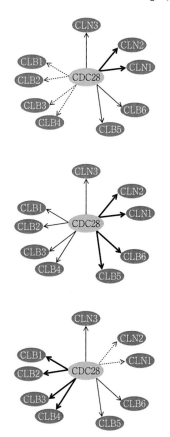

図 2-17 動的ネットワークの一例．CDC28 は 9 種類のサイクリンと相互作用するが，その度合いは細胞周期のステージにおいても，サイクリンのメンバーによってもさまざまに変動する．

依然として進んでいない．そして，そこを削ぎ落して表現された静止画のネットワークには，さまざまな誤解の種が潜んでいることに気を付けたい．

　また，先導的なモデル生物で古くから研究され，教科書にも載っているような分子ネットワークは，一種のパラダイムとして，無意識的に重要なものとして我々の意識に刷り込まれがちである．しかし，それらは果たして他の生物でも本当に保存されているのだろうか？　最近のゲノム解析の進展によって，いわゆるモデル生物だけでなくさまざまな近縁種のゲノム配列が決定されるよう

になり，この問題に答えることが次第に可能になってきた．

　例えば，古典的なラクトース・オペロン以来，科学者の心を捉えてきたオペロンであるが，さまざまな細菌のゲノム解析が進むにつれて，リボソームタンパク質オペロンなどの少数の例外を除いては，進化的にはあまり保存されていないことが明らかになってきた．さらに古細菌からは，機能的に関連があるとは思えない遺伝子群から構成されているオペロンまで見出され，古典的なオペロン像は揺さぶられている．また，進化的起源を一にする転写因子であっても，それぞれの細菌でまったく別の遺伝子群を制御しているケースのほうが，むしろ一般的であることもわかってきた．

　同様のことは真核生物でも起こっている．例えば，出芽酵母のガラクトース代謝を制御するGALシステムはシステム生物学でもしばしば取り上げられるもっとも理解が進んだ系であり，その中心となる転写因子GAL4は真核生物の転写因子のパラダイムとして徹底的に研究され，酵母2ハイブリッド法の基礎にもなった．ところが，出芽酵母の近縁種であるカンジダ（*C. albicans*）のGALシステムを調べてみると，代謝の実行部隊ともいうべき酵素やトランスポータが保存されているのに対して，それらを制御している転写因子はGAL4とはまったく別のドメイン構成を持つ転写因子，つまり進化的起源が異なる転写因子であることがわかった．GALシステムを制御する転写因子は，進化の過程でまったく別の分子に入れ替わったのだ．

　さらに，転写因子の入れ替わりではなくて，制御様式（回路の形）が変わる例も見つかった（図2-18上）．出芽酵母とその近縁種では，酵母の性とも言うべき接合型（a型とα型）に応じて，接合型特異的な遺伝子を発現する．a型特異的遺伝子群の発現は，その名の通りa型細胞ではオンになり，α型細胞ではオフになる．出芽酵母（*S. cerevisiae*）のa型細胞では，MCM1という転写因子がa型特異的遺伝子群の発現を活性化する．一方，α型細胞では，MCM1の両隣にα2というα型細胞特異的に発現する転写因子が結合することで，a型特異的遺伝子群の活性化を抑制している．ところが，カンジダでは，a2という別の転写因子と一緒でないとMCM1がa型特異的遺伝子群の上流に結合できない．したがって，a2が発現していないα型細胞ではMCM1がa型特異的遺伝子群の上流に結合できず，その発現はデフォルトであるオフになる．

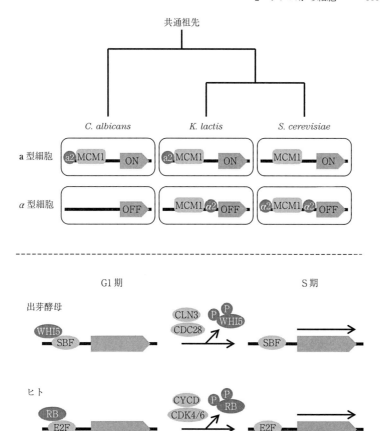

図 2-18 分子ネットワークの多様性と普遍性．上は出芽酵母近縁種の細胞型特異的遺伝子の発現制御機構を示す．「a 型特異的遺伝子群の発現を，a 型細胞では ON に，α 型細胞では OFF にする」という論理的な出力は同一であり，構成因子も保存されているが回路の形は異なっている．下は出芽酵母とヒトにおける G1/S 期レギュロンの誘導機構を示す．回路を構成する転写因子は起源を異にする分子であるが，CDK によるリン酸化によって抑制因子が外れて転写因子が脱抑制を受けるという回路の基本的構造は保存されている．

系統関係から考えると，カンジダ型の制御様式のほうが進化的には起源が古く，現在の出芽酵母に向かった系統において MCM1 が単独でシス配列に結合できるように進化し，a2 の結合も失われていったらしい．そうなると α 型細胞でも MCM1 が a 型特異的遺伝子群のシス配列に結合して活性化を起こして

しまうので，a2による抑制機構が新たに獲得されたのだろう．実際，系統的にカンジダと出芽酵母の中間に位置する種(*K. lactis*)を調べてみると，a2とα2の双方を使う中間型の制御様式が見出された．このように，「a型特異的遺伝子群の発現が，a型細胞ならばオンになり，α型細胞ならばオフになる」という回路としての論理的出力は一緒でも，その実装には多様性が生じている．

一方で，構成因子が変わっても制御回路の形が保たれている例も知られている(図2-18下)．先にも述べたように，出芽酵母のG1期からS期の進行においては，CLN3/CDC28によるWHI5のリン酸化を介した転写因子SBFの脱抑制がカギになっていた．一方，ヒト細胞におけるG1期からS期への進行においては，サイクリンD(CYCD)によって活性化されたCDK4/6がRBをリン酸化し，RBが結合していた転写因子E2Fの脱抑制を起こすことがカギになっている．つまり，酵母とヒトでまったく同じ制御様式が採られている．ところが，WHI5とRBの間にも，SBFとE2Fの間にも，構造上の相同性は認められない．したがって，この制御様式は，進化の過程で独立に獲得されたか，あるいは回路の形を保ったままで因子の入れ替わりが起こったと考えられる．

このように，さまざまな生物における分子ネットワークの様子が明らかになってくると，自ずとその多様性が浮かび上がり，それが逆に何が普遍的で本質的なのかを照らし出してくれる．思えば生物学は，生物の示す多様性に目を奪われて，その裏に潜む普遍性を抉り出すのに実に長い時間を要した．DNAという分子レベルでの普遍性を明らかにした生物学は，今やゲノムを軸に複雑な生命という分子システムの全貌を明らかにしつつあり，そこからいかに本質を見抜くかが問われ始めている．進化がもたらした分子ネットワークの多様性の中にこそ，そのための重要なヒントが隠されていることであろう．

参考図書

[1] Alberts, B. 他(2004)：細胞の分子生物学(第4版)，中村桂子，松原謙一(監訳)，ニュートンプレス．

[2] Alon, U.(2008)：システム生物学入門——生物回路の設計原理，倉田博之，宮野悟(訳)，共立出版．

[3] Brown, T. A.(2007)：ゲノム(第3版)——新しい生命情報システムへのアプロー

チ，村松正實，木南凌(監訳)，メディカル・サイエンス・インターナショナル.
[4] Watson, J. D. 他(2009)：ワトソン 組換え DNA の分子生物学(第 3 版)——遺伝子とゲノム，松橋通生，山田正夫，兵頭昌雄，鮎沢大(監訳)，丸善.
[5] 増田直紀，今野紀雄(2006)：「複雑ネットワーク」とは何か，講談社ブルーバックス.
[6] 榊佳之(2007)：ゲノムサイエンス——ゲノム解読から生命システムの解明へ，講談社ブルーバックス.

ゲノムから個体へ
発生分化の基本

　受精卵が時を刻むように卵割(分裂)を繰り返していく様を実際に顕微鏡で観察するのは，長年発生生物学の研究に携わっている者にとっても，常に神秘的で尊い生命力を感じる瞬間である．生物は生物固有の形態を形づくるが，そこには進化の過程で動物種を超えて保存されてきた共通のメカニズムがあり，その基盤にはゲノムに刻み込まれた遺伝情報の仕掛けと，精妙な情報の読み取り機構があることがわかってきた．図3-1を見ていただこう．複雑な回路図のように見えるが，実はこれはゲノムに書き込まれた遺伝子の働きを相関関係として表したものだ．我々はゲノム情報を手に入れたことで，近い将来，基本的にすべての遺伝子の役割をこうした相関図として示し，個体発生の全体像を摑めるようになるだろう．

　受精，発生のごく初期に起こるさまざまな過程は，細胞分裂，運命決定因子の分配，細胞接着，誘導など細胞間相互作用，モルフォゲン(形原)勾配形成，細胞による位置情報の読みとり，細胞移動，細胞形態の変化といったさまざまな諸現象から成り立っている．数十兆ともいわれる膨大な数の細胞から成り立つ生物の発生において，これら複雑な諸現象を統御するためには，図3-1に見られるような精緻なプログラムが必要であると考えるのはごく自然なことである．

　この30年の間に発生生物学の研究に分子生物学という新しい学問体系，アプローチが取り入れられ，かつて神秘的だと思われていたさまざまな現象が，分子(遺伝子やその産物であるタンパク質)の言葉で説明されるようになってきた．ここではモデル生物のアフリカツメガエル，ショウジョウバエなどを例に，

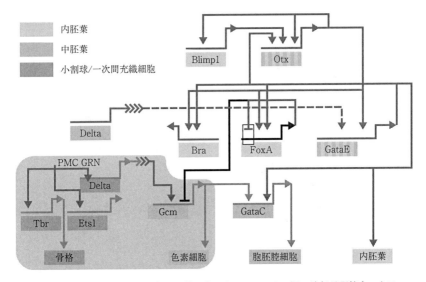

図 3-1 ウニ胚発生における遺伝子調節のネットワーク．ウニ胚の遺伝子調節ネットワークを回路図として示したもの．遺伝子の活性化および抑制などの関係が示されている．
E. H. Davidson, J. P. Rast, P. Oliver et al. (2002), A Genomic Regulatory Network for Development. *Science*, **295**. より一部改変．

このプログラムの普遍性と可塑性について明らかにされてきたことを整理し，そして最近の技術的進歩を踏まえた将来展望について述べよう．

1 細胞が異なる性質を持った細胞へと分化するしくみ

1-1 受精卵からすべての細胞ができるということ

多細胞生物の卵は受精後，何回もの細胞分裂によって増殖を繰り返し，ヒトの場合，個体を構成する細胞数は 60 兆個にもなると言われている．受精卵は発生過程で次第にそれぞれに個性を持った細胞に「分化」することを運命づけられていく．つまり，もとをたどれば個体を構成するすべての細胞は受精卵という 1 つの細胞に由来しているのだ．細胞は発生のごく初期には未分化であり，同時に，すべての細胞に分化しうる能力，**全能性**(totipotency)や，さまざまな細胞に分化しうる能力，**多分化能**(pluripotency)を持っている．

(a) すべての細胞が持っている遺伝情報は同じである

　受精卵や胚の細胞がすべての細胞になれるとしたら，細胞はすべての分化に応じるための遺伝子セットを持っている必要がある．これを明快に示したのが，ガードン(J. Gurdon)である．1962年ガードンはカエルオタマジャクシの小腸由来の細胞核を，あらかじめ紫外線で核を不活性化した卵に移植することにより，カエルの成体まで成長させることができた．すなわち，小腸細胞の核はカエル個体を構成するすべての細胞に分化する能力を持っていることを示したのだ．これは，動物の核移植によるクローン作製の最初の成功例であり，1996年に，乳腺細胞の核移植により誕生し，マスコミを賑わせた羊のドリーにつながったのだ(参考図書[1])．成体の細胞の核はすでに分化を遂げているが，一度卵に戻すことにより，その情報は消去されタイムマシンで逆戻りするように初期状態に戻り，もう一度発生過程の分化を繰り返す．それでは，使われない遺伝子はどのようにそのスイッチのON/OFFを制御されているのだろうか．

(b) 遺伝子発現のエピジェネティックな制御

　受精卵は発生過程でさまざまな性質を持つ細胞へと分化するが，その間に遺伝子発現に起こっていることを考えてみよう．受精卵はすべての細胞に分化しうる全能性を持っているが，発生過程で徐々に特徴ある細胞に分化していく．未分化な状態のいわゆる「幹細胞」では，ヒトの約22000個の遺伝子のうち，細胞の増殖・維持に必要な「ハウスキーピング遺伝子」を除く，分化に関わる多くの遺伝子が不活性(転写を抑えられている)であるが，それは，初期には多分化能を持った細胞が，それぞれ遺伝子の「DNA塩基配列によらない」制御，つまり「エピジェネティックな」制御(第4章参照)を受けていることによる．受精すると，このエピジェネティック情報はいったん消去され，発生が進むにしたがって再び書き込まれていく．核移植でクローン動物ができるのも，卵の中で核内の遺伝子のエピジェネティック制御をいったん消去して分化状態をリセットし，ふたたびプログラムを開始させたことによる．

　このエピジェネティック制御の機構のうち最も重要なものは「DNAのメチル化(メチレーション)」で，4つの塩基のうち，シトシン(C)の塩基がメチル化されると，クロマチンは「ヘテロクロマチン」という個々の遺伝子が活性化

しにくい状態に構造変化を起こしてしまう．つまり，核の中でゲノム DNA はヒストンタンパク質に巻き付いてコンパクトに折りたたまれた構造を保っており，タンパク質合成時に mRNA をつくるためには DNA を部分的に「ほどく」ことが必要であるが，メチル化は DNA がほどかれユークロマチン化（次項参照）することを阻害し，その結果タンパク質合成を抑制する．

このようなメチル化を受ける領域（標的塩基配列）はゲノム中に島状に多数存在し，CpG アイランドと呼ばれている．また，ヒストンがメチル化，脱アセチル化などの修飾を受けることによっても，同様のクロマチン構造変化が起こり遺伝子発現は抑制（不活性化）される．これらのエピジェネティック制御の特徴は，遺伝情報そのものは変化せず細胞分裂後もその情報が娘細胞に受け継がれることである．このように，エピジェネティック制御は遺伝子やヒストンを化学的に標識することによって遺伝子発現を制御している．エピジェネティック制御は発生における細胞分化だけでなく，がんや生活習慣病の発症とも深く関わっていると考えられており，非常に重要な研究分野となっている．

(c) **転写調節因子によるスイッチの ON/OFF**

発生が開始すると，抑制的なエピジェネティック制御は徐々に解かれ，クロマチンは**ユークロマチン**という遺伝子を活性化しやすい構造に変化する．そして，細胞は細胞種特異的な遺伝子を発現し始める．この転写調節は DNA に結合するタンパク質（分子）によって担われており，それぞれの分化経路に特異的なタンパク質が存在し，分化の司令塔となっている．

このような転写調節を担うタンパク質「転写因子」は DNA に結合し，補助因子とともに遺伝子の転写を活性化したり（**転写活性化因子**），抑制したり（**転写抑制因子**）する．どの細胞も基本的には同じ遺伝子セットを持っているが，誘導因子（後述）などによって細胞分化の引き金が引かれると，遺伝子発現を上位で制御する転写因子を活性化し，核内で下流の遺伝子群の発現調節を実行する．このように，他の遺伝子群の ON/OFF スイッチを担い，発生現象を制御する支配的な因子の遺伝子を**マスター制御遺伝子**と呼ぶことがある（図 3-2）．

この概念は 20 年以上も前の重要な発見に端を発している．多分化能を持つマウス胎児由来の 10T1/2（テンティーハーフと発音）細胞は，DNA メチル化

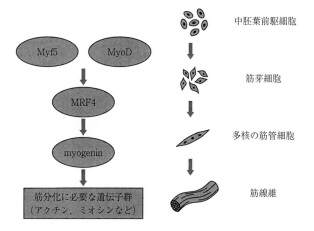

図 3-2 MyoD による筋分化．MyoD は Myf5 とともに筋芽細胞への分化を促す．また引き続いて MRF4, myogenin と順番に遺伝子が活性化され，その結果 α-アクチン，ミオシンなど筋肉特異的な遺伝子が活性化することによって筋肉の最終分化が完了する．MyoD, Myf5 はこの経路の最上位に位置し，いずれかを細胞に発現することで筋分化を起こすことができるのでマスター制御因子（遺伝子）と呼ばれる．

の阻害物質である 5-アザシチジン処理によって骨格筋細胞へと分化することがすでに知られていたことから，ワイントラウブ（H. Weintraub）のグループは，メチル化が低下することによって，本来メチル化によって発現が抑えられていた特定の遺伝子群が発現を開始し，骨格筋分化を促したものと考えた．この 5-アザシチジン処理によって発現が増加した遺伝子に着目し，分化した細胞で発現している遺伝子のうち，もとの 10T1/2 細胞には発現していないものを選び，それらを 1 つずつ 10T1/2 細胞に導入することによって，骨格筋へ分化させることができる遺伝子 MyoD を発見した．その後，myogenin, Myf5, MRF4 など同様の機能を持つ遺伝子がつぎつぎに見つかっている．

骨格筋分化以外でも，このように細胞の分化決定を担う司令塔としての転写因子が存在する．例えば Pax6 は眼の形成を司る転写因子で，2 つの DNA 結合配列からなるペアード領域（paired domain）と呼ばれる特徴的な構造を持っている．Pax6 はもともと眼ができないショウジョウバエ変異 *eyeless* の原因遺伝子として発見され，マウスでも同遺伝子の変異（*Small eye*, *Sey* と呼ばれる）によって小眼症を呈することがわかっている．ヒトでも Pax6 は先天性無

虹彩症(光量を調節する虹彩が欠損する)の原因遺伝子とされている．非常に興味深いことに，マウスのPax6遺伝子を同遺伝子の機能を欠損したショウジョウバエに遺伝子導入するとほぼ正常なショウジョウバエの複眼をつくることができたり，異所的に発現させると，本来の位置とは異なった場所に眼をつくることが明らかにされている．このように，Pax6遺伝子の構造と機能がさまざまな動物種で高度に保存されていることは，動物界には共通した眼の発生メカニズムが存在することを意味している．

(d) iPS 細胞——人工的な万能細胞

最近，iPS 細胞が話題になっている．iPS 細胞とは induced pluripotent stem cells の略で，その名の通り，人工的に誘導した多分化能を持つ幹細胞，すなわちさまざまな性質を持つ細胞へと分化しうる多分化能を持った細胞のことである．京都大学の山中伸弥らは皮膚細胞など，すでに分化した細胞に未分化性を付与する遺伝子を組み込むことによって，いったんその分化状態を消去し，さまざまな物質の存在下で，培養条件を調節することによって新たに神経，筋肉，骨などに分化誘導することに成功した．従来，ヒトでは胚からES細胞を樹立し，同様に目的とする細胞に分化させる必要があったが，このiPS細胞はヒト胚を使用せず，また特定個人の組織からつくることが可能なため，分化させた細胞を移植する際，拒絶反応を回避することができる画期的な発見である．これは組み込んだ遺伝子が遺伝子発現調節の上流で働くことによって，多くの遺伝子の発現を抑制したり，未分化性維持に必要な遺伝子を活性化することによって，細胞に未分化性を獲得させるものと解釈できる．

また，この結果は未分化性の維持に必要な転写調節因子の遺伝子を用いて，本来エピジェネティック制御でみられる遺伝子発現の負の制御を巻き戻していると説明できるだろう．このように分化状態を消去することを「初期化(リプログラミング)」と呼び，英国で誕生したクローン羊ドリーも乳腺細胞の核を取り出し「初期化」し，核を除去した受精卵に移植したことによって成功した．

このiPS細胞の成果も網羅的・系統的な遺伝子の探索が功を奏したともいえる．まさに，ゲノム科学的アプローチによって生まれたといってよいだろう．個々の遺伝子の役割に注目するのではなく，マウス遺伝子全体から未分化な細

胞で発現する遺伝子を24個選別し，その多くの遺伝子のなかからさらに細胞に未分化性を付与する組合せを選び，最終的にOct3/4, Sox2, c-Myc, Klf4の4つで十分であることを見出したことがブレークスルーとなった．すぐにこの研究はヒトにも応用され，現在ではヒトiPS細胞も作製されている．これは発生の時間軸に沿った細胞分化の流れを遡ることを可能にした画期的な発見であり，現在，再生医療への応用へ向けて世界中で精力的に研究が進められている．

このように，遺伝子の転写調節は細胞の運命を決定する重要なプロセスであり，それを人工的に制御することで，細胞分化をコントロールすることもできるのである．

1-2 決定因子と誘導因子
(a) 特定の細胞に分配される決定因子

受精後，次第に**三胚葉**(内胚葉，中胚葉，外胚葉)が分化する．この三胚葉は体づくりの基本となる組織の起源であり，内胚葉は消化管，中胚葉は骨や筋肉，外胚葉は表皮や神経をつくる．いったん分化した細胞は通常未分化な状態に戻れないために，このような過程を「分化運命の決定」と呼んでいる．この**分化運命の決定**には2つの方法がとられている．1つは発生初期にある特定の細胞にだけ分配され，その細胞の分化運命を決める因子「**決定因子(determinant)**」による運命決定である．

アフリカツメガエルの卵の動物極，植物極を結ぶ軸は，将来頭と尾を結ぶ軸(頭尾軸または前後軸)になるが，Vg1と呼ばれる因子は，そのmRNAが卵母細胞から植物極側(卵の白っぽい側)に限局して存在し，内胚葉の分化や体の背側組織の形成に必要とされている．このように，あるmRNAやタンパク質が細胞の特定の領域や，限られた細胞にだけ分配されることによって，特定の場所(細胞，組織)でだけ働き，その分化運命を決定する場合，そのような分子を決定因子という．

ホヤの筋肉分化も古くから卵内に局在する母性(父親由来の遺伝子が活性化する前にすでにある)の決定因子によって開始されると考えられていた．最近，マボヤを用いて，この決定因子の分子実体が明らかになり，Macho-1と命名された．Macho-1遺伝子は転写調節因子(機能については1-1節(c)を参照)を

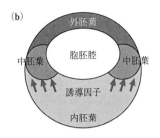

図 3-3 決定因子(a)と誘導因子(b)の作用．(a)ホヤ胚で Macho-1 mRNA は筋肉に分化する限られた細胞にだけ存在する．(b)アフリカツメガエル胞胚では内胚葉の細胞集団から分泌される誘導因子が外胚葉から中胚葉に分化誘導する．

コードしており，その mRNA が特定の割球(細胞)にだけ分配され，それらの限られた細胞だけが筋肉細胞に分化する(図 3-3(a))．カエルでも見られたように卵割の過程で分化に必要なものを特定の細胞に分配させるという方式である．このように特定の細胞分化に必要な因子群を胚の中で不均一に分布させることによって，胚の中に偏りを持った細胞分化のパターンをつくりだすことができる．その他の生物でも，多くの mRNA やタンパク質が卵や受精直後の限られた割球に局在していることが知られており，その役割に興味が持たれている．

また，決定因子の mRNA が特定の細胞にだけ分配されるしくみについても研究が進んでいる．それによると mRNA の 3′ 側の非翻訳領域に存在する特殊な配列が荷札のような役割を持っており，それを認識するタンパク質によって，特定の場所に輸送されるらしい．

(b) 細胞外で働く誘導因子

　一方，もう 1 つの分化運命の決定方法として，細胞は標的となる別の細胞に間接的に分化を促すなどの「指令」を与えることがある．このように，ある細胞集団が別の細胞集団に働きかけその運命を変えることも発生における分化制御の重要なしくみの 1 つであり，この過程を**誘導**(induction)と呼んでいる．この分化誘導過程で，特定の細胞集団が作り出す，**分化誘導因子**(differentiation (inducing) factor)(あるいは単に**誘導因子**(inducer))は決定的な役割を果たしている．

> **コラム 1 アクチビン**
>
> 　分子量約 25000 の分泌性二量体タンパク質で TGF-β スーパーファミリーに属する．哺乳動物の卵胞液に存在し，脳下垂体前葉からの卵胞刺激ホルモン(FSH)の分泌を促進する因子として発見され，その後，日本の浅島誠らを含め世界の 3 つのグループが，同タンパク質をアフリカツメガエルの外胚葉に作用させると，脊索など背側中胚葉誘導活性を示すことを明らかにした．その後，Follistatin が強力な阻害因子であることがわかった．同じ TGF-β スーパーファミリーの BMP に比べ拡散性が高く遠距離因子として作用する．ゼブラフィッシュの変異体の解析から初期胚の中では，アクチビンと受容体を共有するなどほぼ同じシグナル伝達系を用いる 2 種のノーダル(Cyclops, Squint)が背側中胚葉誘導活性を担っていると考えられている．

　1970 年代に行われたニュークープ(P. D. Nieuwkoop)，中村治らによる有尾両生類のアホロートル，イモリを用いた実験から，三胚葉の 1 つ中胚葉(mesoderm)は内胚葉の影響によって本来外胚葉に分化する細胞群(予定外胚葉)が分化誘導を受けることによってつくられることが明らかにされた．これによって，内胚葉が分泌し予定外胚葉との間の帯域で中胚葉に分化させる因子である**中胚葉誘導因子**(mesoderm-inducing factor, MIF)の存在が示された(図 3-3(b))．

　そして 1987 年にスラック(J. Slack)が細胞増殖因子 FGF に間充織や筋肉への分化誘導作用があること，1990 年に 3 つのグループ(浅島誠，スミス(J. Smith)，メルトン(D. Melton))が，精巣・卵巣の発達に必要な FSH(卵胞刺激ホルモン)の分泌促進因子，赤芽球分化誘導因子として知られていた**アクチビン**(コラム 1 参照)に脊索分化を促す強力な中胚葉誘導作用があることを示し，FGF やアクチビンといった細胞増殖因子タンパク質が中胚葉誘導因子の分子実体であることを明らかにした．

　このように，「細胞間相互作用」によって近傍や遠く離れた細胞にさまざまな影響を及ぼす「誘導因子」は多数知られている(表 3-1)．

　上で述べた決定因子は分配された細胞でのみ働くのに対し，誘導因子は遠距離にも作用しうることが大きな特徴である．まさに，細胞同士は分子というボ

表 3-1 主な誘導因子とその特徴. 多くは複数のサブタイプからなるファミリーを形成している. 本表では主なサブタイプの機能の特徴を示しており, サブタイプによっては機能が異なることもある.

誘導因子	構造の特徴	機能の特徴	結合性阻害因子
Dpp (BMP)	TGF-βスーパーファミリーの二量体タンパク質で20種以上存在する	脊椎動物の初期発生では胚の腹側化, 神経抑制, 後期発生では骨・軟骨形成の他, さまざまな器官形成に関わる	Noggin, Chordin, Follistatin(Activin)*, Cerberus(Nodal, Wnt), BAMBI(Activin), Coco(Nodal), Caronte, Gremlin, Tsukushi など
Nodal	TGF-βスーパーファミリーの二量体タンパク質でゼブラフィッシュにはCyclops, Squint の2種存在	シグナル活性化に補助受容体EGF-CFCタンパク質を必要とするが, アクチビン(Activin)と一部共通の作用をもち, 中胚葉形成, 左右軸形成に必須である	Cerberus, Coco, Lefty**
Activin	TGF-βスーパーファミリー inhibin β鎖の二量体タンパク質で3種類存在	初期胚では強い背側中胚葉誘導活性や濃度に応じた分化誘導活性をもつ. 生体では脳下垂体ホルモンFSH分泌促進作用をもつ	Follistatin
FGF	FGF1-FGF23 まで23種類からなる大きなリガンドファミリーを形成	血管新生, 胚におけるパターン形成, 器官形成など広く増殖・分化を調節する	Shisa(Wnt)
HH (hedge-hog)	脊椎動物にはSonic hh, Iindian hh, Desert hh などのサブタイプがある	ショウジョウバエではセグメントポラリティー遺伝子として知られ, 脊椎動物では肢芽の後方化, 神経管の腹側化(運動ニューロンの誘導)作用をもつ	Hip [Hedgehog-interacting protein], Patched
Wnt	10種類以上のサブタイプからなり, 脂質修飾を受ける	リガンドによって複数のシグナル経路を使い分け, 腫瘍形成, 細胞分化調節, 神経軸策誘引, 細胞極性形成などの幅広い作用をもつ	Dkk, WIF[Wnt-interacting factor], Crescent, Frzb, Sizzled, sFRP[secreted Frizzled-related protein]

* ( )内は同時に阻害される誘導因子
** 誘導因子への直接結合ではないが重要な阻害因子

ールを使って細胞外でキャッチボールのように情報をやりとりしている．それらの分子の多くは細胞増殖因子として総称されるタンパク質で，発がんとの関わりが注目されている因子も多い．これら細胞増殖因子は標的細胞の膜に存在する受容体を介して，細胞内に指令を与える．とくに個体発生においてこれら因子の多くは細胞分化，その結果として形態形成を制御する．決定因子，誘導因子による初期胚のパターン形成については参考図書[2]を参照されたい．

(c) 分化誘導因子としてのモルフォゲンの実体

このような形態形成において指令的役割を担う誘導因子は，分子としての実体が明らかになる前から**モルフォゲン**(morphogen)と呼ばれ，その存在が予想されていた．生物は単細胞から多細胞へと体制を大きく変える進化の過程で，この誘導因子という「飛び道具」を獲得したとも言えるだろう．ホルモンなどでは主に循環系(血流)を介して，ある細胞が標的細胞に指令を与えるが，発生制御においては，これら誘導因子は細胞の間隙での拡散によって，またあるときには隣接する細胞間での小胞輸送によって標的細胞に作用する(図3-4)．つまり，誘導因子の伝播によって近傍や遠くの細胞をリモートコントロールしう

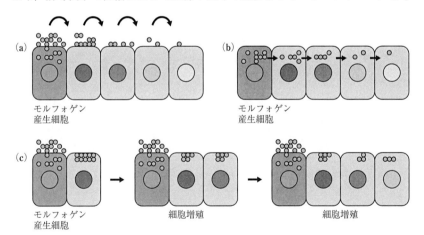

図3-4 モルフォゲンの拡散様式．モルフォゲンの産生細胞から単純拡散(a)，あるいは小胞輸送(b)によって濃度勾配をつくり，遠くの細胞に作用を及ぼすなどさまざまな様式がある．また，細胞の増殖にともなってモルフォゲンが希釈されることにより，濃度勾配が形成されることもある(c)．T. Tabata(2001), Genetics of morphogen gradients. *Nature Reviews Genetics*, **2**, 620-630. より引用．

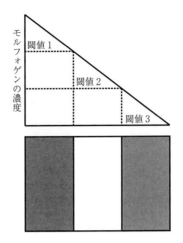

図 3-5 フランス国旗モデル．モルフォゲンの濃度にしたがって細胞集団が異なる閾値で異なる応答（遺伝子発現など）をすることによって，均一な細胞集団にパターンが生まれることを説明できる．

るのである．いずれにしてもモルフォゲンは産生細胞から距離が遠くなるにつれ，その濃度が低くなる．この「濃度勾配」は細胞分化に決定的な意味を持つ．

中胚葉誘導因子として知られ，細胞増殖因子ファミリーの1つ TGF-β スーパーファミリーに属するアクチビンなどさまざまなモルフォゲンを用いた実験から，モルフォゲンの濃度の違いによって，活性化される標的遺伝子（標的遺伝子の活性化については次項を参照のこと）は異なることがわかっている．したがって，モルフォゲン濃度勾配中に細胞分化の区画が生まれるのである．このような濃度に依存した遺伝子発現調節を可能にするモルフォゲンはウォルパート（L. Wolpert）によって提唱されたパターン形成におけるフランス国旗モデルをうまく説明できる（図 3-5）．

モルフォゲンの分子実体が明らかにされたことによって，モルフォゲンによって細胞分化が誘導され，均一な細胞集団の中に，組織パターンが形成されるしくみが明らかになってきた．

(d) モルフォゲンの作用範囲

モルフォゲンは細胞外で拡散するため，モルフォゲンの構造に依存した性質（拡散能）によって作用しうる範囲が決まり，**遠距離因子**（long-range factor），

近距離因子(short-range factor)などに分類することができる．アクチビンは遠距離因子であるが，アクチビンと同じ TGF-β スーパーファミリーに属し，骨や軟骨の形成を促進する骨形成タンパク質として知られる BMP(bone morphogenetic factor)はアミノ基末端に正(+)に荷電した塩基性アミノ酸を多く持つことにより，硫酸基によって負(−)に荷電したヘパラン硫酸プロテオグリカンなど細胞外マトリクスと相互作用することによって，その作用は近距離に制限されている．また，他のモルフォゲンではプロテオグリカンがむしろ運搬役として拡散を促進する作用を持つことも示唆されており，プロテオグリカンはリガンド(結合分子)の濃度や細胞環境によってリガンドの拡散距離やその機能を正負に調節している可能性がある．発生過程ではこれらモルフォゲンの多様な性質やそれらと相互作用する分子による制御機構が複雑な組織パターンを生み出している(モルフォゲンとプロテオグリカンとの相互作用のイメージは図 3-7 を参照)．

　また，いったん細胞外に分泌された因子自体が単純拡散することによって標的細胞に到達するというモデルに加え，ショウジョウバエの体節形成に絡む遺伝子産物 Wingless や相同タンパク質 Wnt の濃度勾配形成では，Wnt 産生細胞中のエンドソーム様の小胞が細胞膜の側方から隣り合う細胞内に膜輸送を介して運搬され，つぎつぎに周辺の細胞に受け渡され拡散することにより，複数細胞にわたって産生細胞近傍では濃度が高く，遠位では低いという Wnt の濃度勾配を作るメカニズムも提唱されている(図 3-4(b))．とくに GPI(glycosylphosphatidylinositol)や脂質が結合したモルフォゲンを運搬する小胞はアルゴソーム(argosome)と呼ばれている．

　実際に脊椎動物においても Wnt ファミリーのリガンドは膜近傍に濃縮されているように観察されることが多く，分泌されるとすぐに遠距離に拡散するわけではないことがわかる．モルフォゲンは分子内にパルミチン酸などの脂肪酸を共有結合させタンパク質の疎水性を高めるパルミトイル化など，さまざまな化学修飾(翻訳後修飾)を受ける．そのような修飾によって細胞膜との親和性が高まり拡散しにくくなるという，新たに獲得した性質に依存して異なる濃度勾配形成メカニズムを用いている可能性がある．現在，モルフォゲン分子自体の拡散や濃度勾配形成の様子をリアルタイムでとらえる，細胞間相互作用のしく

みの解明に向けて研究が続けられている.

　初期発生は細胞内にとどまってその役割を果たす「決定因子」と，細胞外に出て遠くまで作用を及ぼす「誘導因子」の濃度勾配によって調節されている.

2 細胞外のシグナルを読みとるしくみ——シグナル伝達

2-1　モルフォゲンは細胞膜で作用する

　Wnt のようなモルフォゲンは標的細胞の膜表面にある受容体に結合することによって，その作用を発揮する．モルフォゲンがキャッチボールのボールであれば，受容体はそれを受け取るグローブのようなタンパク質分子だ．受容体は結合するモルフォゲンによって異なる構造を持った膜タンパク質で，細胞外領域にはモルフォゲンと直接結合するための結合ドメインをもち，細胞内領域には受容体の種類によって標的タンパク質のチロシン(Tyr)，あるいはセリンやスレオニン(Ser/Thr)をリン酸化する酵素活性を持っている．また7回膜貫通型と呼ばれ，細胞内でGタンパク質と結合して働くものもある.

　一般に，細胞増殖因子で知られているように，リガンドと受容体との結合は特異的であり，その結合によって，受容体タンパク質の多量体化(二量体，四量体などを形成)は，受容体のリン酸化を促し，細胞内へとそのシグナルを伝達する．この一連の反応によって，細胞は細胞外からの情報，すなわちシグナル入力の生物学的な意味を細胞内で「解釈」する.

2-2　複雑な情報伝達系

　シグナルタンパク質 TGF-β，FGF，Wnt，Shh のシグナル伝達系を図3-6に示す．ここではそれら経路の多様性と複雑さを見ていただければよいだろう．モルフォゲンとして知られるショウジョウバエDpp(脊椎動物BMP)はTGF-βスーパーファミリーに属し，TGF-β同様にセリン/スレオニンリン酸化酵素である type I(BMPR I)，type II(BMPR II)の2種の異なる受容体を必要としており，FGFの場合，リガンドであるFGFが結合した後に，同一のチロシンリン酸化酵素である受容体が二量体化し，相互に特定の部位のチロシン残基をリン酸化することで下流へシグナルが伝えられる.

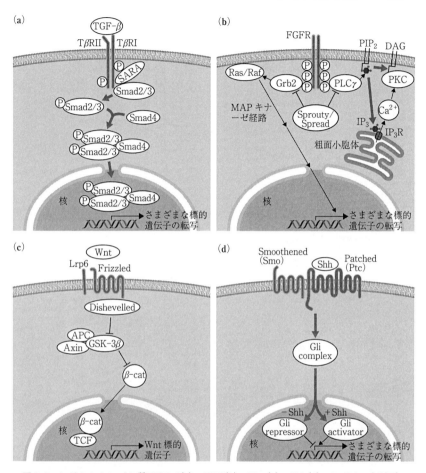

図 3-6 シグナルタンパク質 TGF-β(a), FGF(b), Wnt(c), Shh(d)のシグナル伝達系. 細胞増殖因子はそれぞれに特徴的なシグナル伝達系を用いており, その結果多様な生理活性を示す. ここではそれぞれのごく基本的なシグナル伝達系の骨格を示しており, 簡略化のため, 阻害因子や補助受容体など示していないものもある. (c)は Wnt の古典的経路(Wnt/β-カテニン経路)を示しており, Wnt/PCP 経路については図 3-14 を参照のこと.

Wnt は 7 回膜貫通型受容体である Frizzled を介し, 複数種の Wnt, 複数種の Frizzled の組合せによって多様なシグナル経路を活性化し, 異なる目的に使い分けていることがわかっている. また, Shh は受容体 Patched(12 回膜貫通型)に結合することによって, 本来 Patched によってシグナル伝達活性を抑

制されているシグナル分子Smoothened(7回膜貫通型)の抑制を解除するという間接的なシグナル活性化機構を持っている．

このように，細胞間相互作用によって入力される細胞外からのシグナルは，何段階にも起こる複雑なシグナル伝達や伝達経路同士の相互作用(**クロストーク**)を介して，核で，遺伝子発現の調節という出力へと変換される．一般にこれらのシグナル伝達系は進化の過程できわめてよく保存されており，多くの場合，ある生物の遺伝子を異種由来の相同遺伝子と入れ替えても正常に機能する．この保存性からショウジョウバエ，線虫といったモデル生物を用いた研究が脊椎動物の発生メカニズムやヒト先天異常の原因の解明に大きく貢献してきた．

一方，線虫など異なる種では脊椎動物と相同なシグナル伝達系で同様のシグナル因子を用いながらも，まったく異なる現象を制御していることも明らかにされている．例えば，脊椎動物の背腹軸決定に関わるBMP様因子は線虫においては体長や環境の悪化にともなって見られる耐性幼虫形成という自己防御のしくみに関わることなどが知られている．この事実は，シグナル伝達系のしくみそのものは保存されてきたものの，進化の過程で動物種によってさまざまな目的に使われてきたことを示唆している．

2-3　モルフォゲンの負の調節が発生を制御する

細胞外でモルフォゲン活性はさまざまな様式で調節されている．正に働く要素は，**補助受容体**(co-receptor)の存在である．Wntであれば，Lrp5/6(low-densitylipoprotein-related protein 5/6)という膜タンパク質やGPIアンカー型プロテオグリカン(グリピカン)は，WntがFrizzled受容体に結合するのを補助する役割を持っているし(図3-7)，FGFでもヘパラン硫酸プロテオグリカンが同様の役割を担っている．このようにリガンドと結合し，受容体への結合を補助する役割を**リガンド提示**(ligand presentation)という．

一方，負に働く因子については，それぞれのリガンドに直接結合し受容体の活性化を阻害する結合性阻害因子が多数知られている(表3-1)．とくにDpp(BMP)については，ショウジョウバエから脊椎動物まで保存された阻害因子ChordinがBMPの受容体への結合・活性化を負に制御する(3-2節(b)参照)．また，CerberusはBMP，NodalやWntを同時に阻害することによって頭部

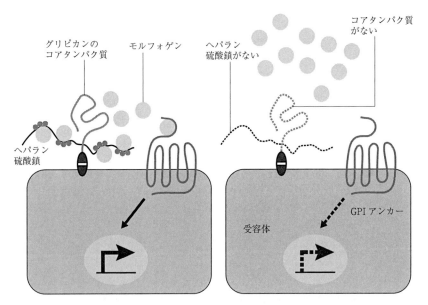

図 3-7 補助受容体の役割．GPI アンカー型プロテオグリカン（グリピカン）は，ヘパラン硫酸鎖を介して Wnt などのリガンドと結合し受容体近傍に濃縮することによって，リガンドを効率よく受容体に受け渡す役割を持っている．したがって，コアタンパク質部分やヘパラン硫酸鎖がなくなると受容体を活性化できない．U. Häcker, K. Nybakken, N. Perrimon (2005), Heparan sulfate proteoglycans: the sweet side of development. Nature Reviews, *Mol. Cell Biol.*, **6**, 530-541. より一部改変して引用．

形成を促す．したがって，モルフォゲンは阻害因子の存在しない場所でのみ，その作用を発揮することができる．このように，モルフォゲンの阻害因子は発生制御の脇役ではなく，発生の重要な局面においてその運命決定の重要な鍵を担っている分子と考えてもよい．活性を「負」に制御する因子が分化のスイッチを握っていることは興味深く，モルフォゲンと阻害因子のバランスによる発生制御機構は，この 20 年間に発生生物学における重要な概念として確立された．このようにゲノムにはモルフォゲンを正負に調節し，複雑な発生のしくみを演出する分子の情報が書き込まれている．

3 体の設計図

3-1 体の前後をつくるしくみ

(a) ホメオティック遺伝子の発見

転写因子の中に**ホメオティック遺伝子**(コラム2参照)と呼ばれる遺伝子群があるが，その発見は発生プログラムを理解する上できわめて重要なものであり，遺伝子が体のどの場所に何をつくるのかという「位置情報」を担っているという概念に結びついた．

1995年のノーベル医学生理学賞は，そういった生物の形をつくるしくみ(ボディプラン)に関する重要な概念を生んだ研究に与えられた．ショウジョウバエ遺伝子に化学物質で人工的に変異を導入して，形態異常などさまざまな異常を持つ突然変異体を作出し，その変異の原因遺伝子を同定するという発生遺伝学的手法を築いたルイス(E. Lewis)，ニュスライン=フォルファート(C. Nüsslein-Volhard)，ヴィシャウス(E. Wieschaus)の3名である．これにより，形態や行動などさまざまな表現型を，特定の遺伝子の機能として理解することが可能になった．そういった変異の中に *antennapedia* がある．この変異体のハエでは本来触角ができる位置に脚が生える．また，*bithorax* ではショウジョウバエの飛翔のバランスとして機能する**平均棍**(haltere)という構造が翅へと置き換わる(これによって本来2枚翅のハエが4枚翅になってしまう)．これは，

コラム 2 ホメオティック遺伝子

「ホメオティック変異」を引き起こすホメオティック遺伝子にはホメオボックス(おおよそ60アミノ酸からなるDNA結合配列で，このタンパク質の領域をホメオドメインと呼ぶ)を持つものと持たないものがある．ホメオボックスを持つ遺伝子のうち，その変異体がホメオティック変異を引き起こし，さらに通常クラスターを形成しているものを**ホックス(Hox)遺伝子**という．ホメオボックスを持っておりクラスター中に存在しても，例えばショウジョウバエの zen や ftz のようにホメオティック変異を引き起こさないものはホックスには分類されない．

平均棍を作る胸部第3節が翅を形成する胸部第2節に転換した位置情報の変化によって起こるものである．

このように，位置情報の変化によって，結果として本来の器官とは別の位置にある構造に変化する変異を**ホメオティック変異**といい，これが生物種を超えて位置情報を担う転写調節因子としてのホックスタンパク質や他のホメオティックタンパク質の発見に結びついている．

(b) ホメオティック遺伝子の進化

図3-8にショウジョウバエとマウスのホックス遺伝子クラスターを示す．ショウジョウバエの半数体染色体には，頭部および胸部の前方を決定するAntennapedia複合体（ANT-C）と残りの胸部と腹部を決定するBithorax複合体（BX-C）からなるクラスターが1つ存在する．多くの無脊椎動物のクラスターは1つであるのに対し，脊椎動物では多数の遺伝子からなるクラスターが4つ存在する．ゼブラフィッシュ，メダカなどの硬骨魚類ではゲノム倍化を経た後，1つのクラスターを失っており7つのクラスターからなることが知られている．また最近，脊椎動物を含む脊索動物門の頭索類ナメクジウオのホックス遺伝子クラスターは1つであることがわかり，脊椎動物の最も原始的な祖先であると考えられている．

これらクラスターにおける遺伝子の位置は重要な意味を持っている．例えば*bithorax*変異は複数の遺伝子（制御配列）の異常に起因するが，その染色体上の位置と，それら変異によって異常が現れる部位の位置には相関がある．このような染色体上の遺伝子の位置とその遺伝子が制御する体の位置との関連を**共線性**（colinearity）と呼び，位置情報を担うホックス遺伝子の重要な特徴の1つである．また，前後軸パターン形成が同時期に起こるショウジョウバエと異なり，脊椎動物においては，体は時間と共に前方側から後方側へと決定される．その間にホックス遺伝子は3′側から順番に転写・翻訳される．**空間的共線性**（spatial colinearity）に加え，この**時間的共線性**（temporal colinearity）もホックス遺伝子の重要な特徴の1つである．

時間的，空間的に制御されたホックス遺伝子の発現はマウスやニワトリ四肢の形成時にもみられ，手足の基部（体幹に近い方）と先端部を結ぶ軸に沿って異

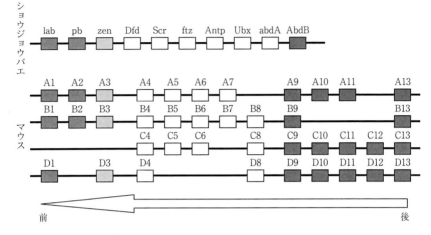

図3-8 ホックス遺伝子クラスター．ショウジョウバエには1つ，マウスには4つのクラスターが存在する．矢印は空間的共線性(コリニアリティー)を示す．すなわち数字の少ないホックス遺伝子ほど前方の位置情報を担う．N. Brooke, J. Garcia-Fernàndez, P. W. H. Holland (1998), The ParaHox gene cluster is an evolutionary sister of the Hox gene cluster. *Nature*, **392**, 920-922. より一部引用．

なるホックス遺伝子が発現し，その機能を阻害すると四肢の形態が異常になる．時空間を制御する，この2つの共線性が厳密に調整されることによって，3次元の複雑な形づくりが進行する．

3-2 体の背腹をつくるしくみ
(a) 背腹を決める細胞増殖因子

アフリカツメガエル卵の植物極には，**背側決定因子**(dorsal determinant)が存在する．受精直後に，精子侵入点に向かって卵の表層だけが回転する表層回転という現象にともなって，発達した微小管束上を移動し，将来脊索，神経をつくるために背側の割球に分配されると考えられる．これによって胚の中に背腹の非対称性が確立される(1-2節(a)参照)．この背側決定因子を含む細胞質を将来の腹側になる細胞に移植すると，腹になるべき組織から神経，筋肉などもう1つのほぼ完全な体軸ができる．しかしながら，この背側決定因子の実体解明には至っていない．明らかなことは微小管に依存して背側決定因子が将来の背側へ移動すること，そしてその移動の結果，β-カテニンと呼ばれる細胞

内因子が背側細胞の核内に集積し,さまざまな遺伝子発現を活性化することである.

このように,受精直後に決定した背腹軸が組織パターンとして現れるのは原腸胚前後である.とくに背側の原口付近(原口背唇部)には外胚葉を神経化する「神経誘導能」を持った領域ができあがる.時を大きく遡って1920年代に,シュペーマン(H. Spemann)はイモリの原口背唇部に神経を含む二次体軸を誘導する活性があることを明快に,そして衝撃的に示し,同領域を**オーガナイザー**(形成体)と名付けた.シュペーマンの移植実験においては,移植されたオーガナイザーはそれ自身脊索形成に寄与し,外胚葉を神経化する.同時に周囲の中胚葉細胞には筋肉分化を誘導する.その後,約70年の時を経てオーガナイザー形成に関わる分子の実体が明らかになってきた.純化されたアクチビンを本来,表皮に分化する予定外胚葉に作用させると脊索に分化する.また,アクチビン処理した組織を胚の腹側に移植するとオーガナイザーの移植実験で見られたように二次体軸を形成する.すなわちアクチビンは予定外胚葉組織からオーガナイザーを誘導し,移植によって宿主胚に神経を誘導する.

その後,中胚葉形成異常を示すマウス突然変異の原因遺伝子として発見されたノーダル(Nodal)がアクチビンと構造がよく似ており,カエルだけでなく,ゼブラフィッシュなど広い動物種でオーガナイザーを含む背側中胚葉の形成に必須の役割を担っていることが明らかにされた.また,興味深いことにオーガナイザー活性は動物種で保存されており,異種間で移植を行っても,その体軸誘導活性を発揮することができるという特徴を持っている.

(b) 阻害因子が背腹を決める

オーガナイザー形成の鍵を握るアクチビンやノーダルに対して,後期発生においては骨や軟骨形成因子として知られるBMPが初期胚の腹側化に必要な細胞増殖因子であることがわかった.上野直人らは胚の腹側でBMPを阻害することにより背側体軸が異所的に誘導されることを見出し,背側は腹側形成を抑制することによってできる可能性を示した.その後,デ・ロバーティス(E. De Robertis),笹井芳樹らによって,オーガナイザーで特異的に発現しオーガナイザー活性を持ったタンパク質Chordinが発見された.

> **コラム 3** アンチセンスモルフォリノオリゴヌクレオチド
>
> モルフォリノ修飾したアンチセンス鎖のヌクレオチドで，従来のアンチセンスRNAなどに比べて安定で細胞毒性が少ないとされている．特定遺伝子RNAの翻訳開始領域，あるいはエクソン・イントロン境界を標的としてタンパク質の翻訳阻害に用いられる．特にゼブラフィッシュ，アフリカツメガエルなどの受精卵，初期胚に顕微注入（マイクロインジェクション）することで，胚中で発生制御遺伝子の機能を阻害（ノックダウン）するのに用いられる．また，ニワトリ胚でもエレクトロポレーション（電気搾孔法）を用いて細胞に導入することも可能である．ゼブラフィッシュでは多くの場合，同じ遺伝子の変異体と表現型が酷似することから，ポストゲノム時代の遺伝子機能解析方法として注目されている．

何より重要なことは，このChordinはBMPに直接結合し，その活性を阻害することである．BMP結合性の阻害因子は他に，BMPに高い親和性を持つ強力な阻害因子NogginやFollistatinなどがある．Follistatinは本来アクチビンに高い親和性を持ちBMPへの親和性は低いが，オーガナイザー形成に抑制的な作用を持つBMPファミリー因子の1つ，ADMP（anti-dorsalizing morphogenetic protein）に対して非常に高い親和性と阻害活性を持つ．

これらBMP阻害分子は，シュペーマンが1920年代に行った原口背唇部の移植実験で発見されたオーガナイザー（形成体）の分子実体として注目を浴びた．つまり，オーガナイザーからは複数のBMP阻害因子が分泌され，本来表皮を誘導し神経形成阻害因子として働くBMP（BMP2, BMP4, BMP7などによって担われている）やオーガナイザー形成阻害因子ADMPなど複数のBMP活性を抑制することによって，神経誘導が起こることが明らかにされた．実際に，アンチセンスモルフォリノオリゴヌクレオチド（コラム3参照）を用いて，胚から先の3つの阻害因子を除去すると神経形成が著しく阻害されることから，これらは協調的に働いて広くBMP活性を抑制することにより，神経誘導に必須の役割を果たしているものと考えられる．

4 体づくりを支える細胞の振る舞い

4-1 細胞が互いを認識し接着するしくみ

生物を構成する膨大な数の細胞は機能が似たもの同士集合し,同時に異なる性質を持った細胞との間に明確な境界をつくることによって整然とした3次元的な構造をつくっている.言い換えれば,生物の姿は分化した細胞が細胞接着によって組織化されることで形づくられている.多細胞生物の特徴は細胞同士や細胞集団同士が互いに「認識」し合い,「会話」をすることである.ここでは,細胞同士の接着について述べよう.

(a) クラシカルカドヘリン

さまざまな機能を持つ細胞集団からなる「組織」をつくるためには似たもの同士を認識して寄り集まり,異なる役割を持った細胞集団と区別して細胞が選別され,混ざり合わないことが重要である.この選別に必要な分子が細胞表面にあることがわかっている.なかでも細胞同士の接着を**細胞間接着**,それに関わる分子を**細胞接着分子**と呼ぶ.カイメンや動物組織の細胞解離と再集合の実験などから,似た性質を持つ細胞は再集合し,接着することが知られていた.そのため多くの研究者がその分子実体を明らかにしようとしていた.そして,

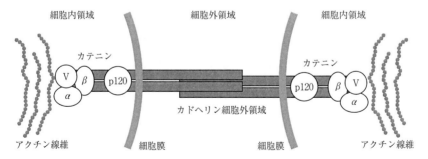

図3-9 細胞同士をつなぎ止めるカドヘリンの分子構造.カドヘリンは細胞膜に存在し,おもに細胞外領域,細胞内領域の2つの領域からなる.細胞外領域はシステインに富むアミノ酸配列などをもち,同種のカドヘリン同士が認識・結合するのに,細胞内領域はαおよびβ-カテニンなど複数のタンパク質と結合し,アクチン線維と結合するのに必要とされる.V:ビンキュリン

表 3-2　カドヘリンの種類と主に発現する場所.

カドヘリンサブタイプ	発現する細胞・組織
E-カドヘリン	上皮細胞
P-カドヘリン	表皮, 胎盤
N-カドヘリン	脳, 神経系, 筋細胞
R-カドヘリン	網膜
VE-カドヘリン	血管内皮細胞
M-カドヘリン	骨格筋, 小脳

　竹市雅俊らは細胞が集合するためにはカルシウムに依存した接着と依存しない接着があることを明らかにし, Ca^{2+}イオンの存在下で細胞接着を促す分子カドヘリン(cadherin)を発見した(図 3-9). カドヘリンは細胞外に露出した細胞外領域と細胞内でさまざまな分子と結合する細胞内領域を持った膜タンパク質である.

　カドヘリンは, ショウジョウバエから哺乳類まで動物種間で構造と機能がよく保存された分子で, 動物種を超えて体が3次元の形を保持するために必須の分子であると言えよう. カドヘリンにはさまざまな種類(サブタイプ)が存在し, E型は主に上皮細胞, P型は表皮や胎盤, N型は脳神経系や筋細胞に分布して, 同型同士が細胞外で結合することで, それぞれの組織における細胞接着, 選別を担っている(表 3-2). これらのカドヘリンは最初に発見されたグループであることからクラシカルカドヘリンと総称されている. いずれのサブタイプも細胞内でα-カテニン, β-カテニン, p120, ビンキュリンなどのタンパク質と結合し, それら分子を介してアクチン線維と相互作用しており, その相互作用に依存してカドヘリンは細胞接着能を発揮することが知られている.

(b) 脳で活躍するカドヘリンやその仲間

　カドヘリンは(ヒトの)脳においても神経細胞のネットワーク形成に重要な働きをしている. 脳の部位ごとに異なるカドヘリンが働いており, 記憶・学習などの神経活動の基盤となるニューロンの軸索と樹状突起がつくる特異的な結合,「シナプス結合」にも必要とされている. また, 脳神経系にはクラシカルカドヘリンに加えて CNR/プロトカドヘリンと呼ばれる分子群が発現しており, ゲノム中に遺伝子クラスターを形成している(図 3-10). つまり, これらのプロ

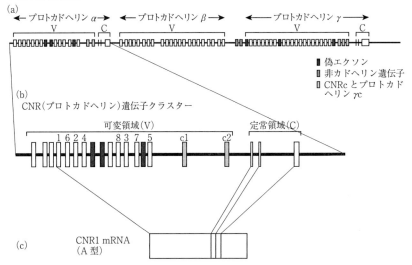

図3-10 プロトカドヘリンファミリー．マウス18番染色体上にはプロトカドヘリンα，プロトカドヘリンβ，プロトカドヘリンγの3つのプロトカドヘリン遺伝子クラスターがある(a)．CNR1(A型)の場合，可変領域に14個あるエクソンのうち1つ(ここではエクソン1)と定常領域(3つのエクソンがセットになっている)からmRNAが生じる(b)(c)．S. Hamada, T. Yagi (2001), The cadherin-related neuronal receptor family: a novel diversified cadherin family at the synapse. *Neurosci. Res.,* **41**, 207-215. より改変して引用．

トカドヘリンファミリーは，遺伝子によってコードされるタンパク質の部品を使い分けることによって，限られた遺伝子からさまざまな分子種(サブタイプ)を作り出すことができる．

　これによって神経回路を形成する際に，一見同じように見える神経細胞に多様なプロトカドヘリンを提示させることによって機能的にも多様化しているものと考えられており，複雑な脳機能を理解する鍵になる遺伝子として興味が持たれている．脳の中でカドヘリンやその仲間は，多くの中から選ばれた神経細胞同士が「会話」をするために正しく接続するのに用いられている．

(c) さまざまな細胞接着因子

　クラシカルカドヘリン，プロトカドヘリン以外の細胞間接着を担う分子として，カルシウムに依存しない細胞接着因子である免疫グロブリンスーパーファ

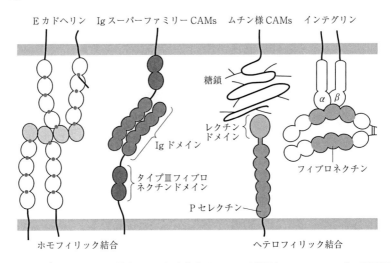

図3-11 さまざまな細胞接着分子．細胞接着分子には同種間（ホモフィリック），異種間（ヘテロフィリック）で結合するものがあり，NCAMと同じIgスーパーファミリーに属するICAMはインテグリン（β_2インテグリン）と結合する．

ミリーのNCAM，ICAMなどが知られている（図3-11）．一方，インテグリンなど細胞と細胞外マトリクスの接着（細胞-マトリクス間接着）を担う分子もあり，細胞-細胞間および細胞-マトリクス間という両タイプの接着により，ある組織では強固な，またある組織では柔軟な構造を形成・維持している．また，カドヘリンファミリーを含め，細胞接着能の低下はがんの転移や浸潤の原因の1つであると考えられており，細胞接着は生物を形態的・機能的に安定に保つために不可欠であることがわかる．

4-2 細胞の非対称性が生物の形と機能を支える

放射対称で球形に見える受精卵からダイナミックな形態ができあがる個体発生において，細胞の持つ形態的・機能的な非対称性，すなわち**細胞極性**は細胞が獲得する必須の性質である．言い換えれば個々の細胞における細胞極性やその極性にしたがって統御される細胞の振る舞いがマクロな形態形成現象を支える基盤となっている．最近の研究で，細胞の極性，そしてその結果生じる非対称な機能的特性は，細胞内で起こる細胞骨格のリモデリング，極性を持った膜

輸送などによって獲得されることが明らかにされつつあり,極性形成に関わる分子実体についても少しずつわかってきた.

(a) 細胞に極性を与えるしくみ

1980年代にケンフェス(K. Kemphues)らは線虫 *C. elegans* を用いて卵の前後軸極性の突然変異を複数同定し,その原因遺伝子として *par* 遺伝子群を発見した.その後,大野茂夫らは培養細胞などを用いた研究から aPKC(atypical protein kinase C)が細胞表層のリン酸化シグナルを PAR-3 や PAR-6 と共同して制御していることを明らかにした.

一方,PAR-1 は aPKC/PAR-3/PAR-6 と拮抗的に働くキナーゼで,両者によるリン酸化の調節によって細胞極性が形成されるという進化的に保存された細胞極性形成の基本的メカニズムが浮き彫りになってきた.PAR 因子群は線虫では前後軸極性因子として発見されたが,ショウジョウバエでは神経前駆細胞の非対称分裂に,脊椎動物などの細胞では,上皮細胞などで細胞機能の非対称性が重要な意味を持つ**頂底極性**(apical-basal polarity)の形成を担っていることが知られている(図 3-12).

このように生じた細胞極性はアクチン,微小管など細胞骨格のネットワークの構築を制御して,細胞を頂端に対し側方および底面と機能的に二分する.このような極性は,例えば小腸細胞などで,頂端側にだけ絨毛を形成し,ルーメン(内腔)側に向かって消化酵素を分泌するなど細胞の機能的な非対称性の基盤

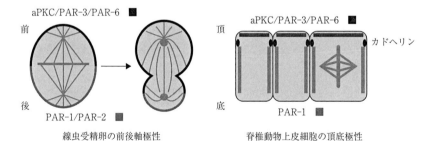

図 3-12 細胞極性を司る因子.線虫受精卵の前後軸極性を制御する aPKC や PAR 因子群は非対称に分布している(左).脊椎動物上皮細胞の頂底極性形成においても細胞内に非対称に分布する同様の因子群が機能している(右).松崎文雄(2005),序:細胞極性とは何か? その仕組みと働きの分子的理解.細胞工学,Vol. 24, No. 3. より改変して引用.

となっている.

(b) **細胞極性から生まれるマクロな形づくり**

このような細胞極性はマクロな形態形成現象を支える基盤ともなっている.多くの脊椎動物の発生過程で神経管が閉鎖し管構造(神経管)を作る際には,**頂端面**(apical side)の面積が極端に小さくなるために平面のシート状の細胞層が湾曲し正中線で沈み込むようにして管を形成する(図3-13).

2次元から3次元構造へのダイナミックな形態変化には,カドヘリンのような細胞接着分子に加え,頂端側で細胞骨格タンパク質の1つであるアクチンの**表層帯**(cortical belt)が収縮することが必須である.

一方,ショウジョウバエの翅上皮細胞に生える翅毛(wing hair)は翅の先端(体幹から遠位)を向いている.この極性形成は複眼の光受容体や胸背板(notum)の感覚毛(bristle)の形成においても共通した機構であることがわかっている.また,複眼を構成する1つ1つの個眼における8つの受容体細胞の位置

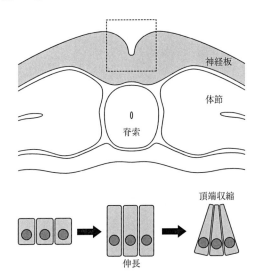

図3-13 神経管閉鎖時の細胞形態変化.神経板という平板から神経管という管が形成されるには細胞形態変化が必要であり,細胞の伸長,頂端側の収縮によって管形成を可能にする.上段は神経板から神経管ができる様子を示している.神経板の正中部は陥没し神経溝(neural groove)を,その両側は隆起して神経褶(neural fold)を形成し,最終的にその先端が正中線で融合する.

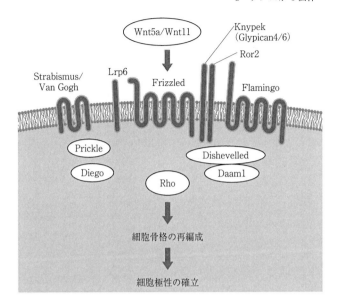

図 3-14 脊椎動物における Wnt/PCP シグナル．古典的な Wnt/β-カテニン経路とは異なり，Wnt/PCP 経路は β-カテニンの核移行を必要とせず，遺伝子の転写調節よりむしろ細胞内のさまざまな因子を介して細胞骨格の再編成を促すことで，細胞極性形成を調節していると考えられている．

関係は揃っており，規則正しく配置されている．このような1層の細胞平面における細胞極性を**平面細胞極性**(planar cell polarity, PCP)と呼んでいる．

翅毛や複眼形成における細胞極性の異常を示す変異体の遺伝学的研究から，Wnt 受容体である Frizzled やその下流で働く因子群が翅上皮細胞の PCP の確立に必要であることが明らかにされ，この PCP 変異体の解析などから *Strabismus/Van Gogh, Diego, Flamingo* など PCP 経路を構成する遺伝子の存在が明らかになってきた(図 3-14)．

Wnt シグナル伝達系としては，β-カテニンを介したシグナル伝達経路(古典的 Wnt 経路)が，初期発生における軸形成に中心的役割を担っていることがよく知られている．それに対しこの PCP 経路は，β-カテニンを核に蓄積させることによって標的を行うのではなく，異なる経路を介し，主に細胞骨格の再編成を制御することによって，細胞の極性形成に寄与している．

> **コラム 4　原腸形成**
>
> 　原腸形成はダイナミックな細胞運動によって三胚葉を正しく配置し，その後の胚葉分化，器官形成の空間的配置を決定づける生物にとって必須の細胞運動である．原腸形成はいくつかのタイプの細胞運動からなり，原腸形成開始時から常に先端に位置してその運動を先導する中内胚葉(mesendoderm)細胞は前方に向かって突起を伸ばしたいわゆる**単極性**(monopolar)な細胞で，一方，脊索に分化する背側中胚葉細胞は原腸形成時に紡錘形となり**双極性**(bipolarity)を示す．
>
> 　これらの複雑な細胞運動の総和として原腸形成が進行する．この原腸形成のメカニズムについては長い間分子レベルで語られることがなかったが，最近になって，細胞増殖因子Wntによって活性化されるWnt/PCP経路が必須のシグナルとして働いていることが明らかにされ，分子，細胞レベルでの解明への道が拓かれた．

(c) 細胞極性と組織のリモデリング

　脊椎動物においてWnt/PCP経路は，**原腸形成**(コラム4参照)における細胞運動や内耳の有毛細胞が持つ繊毛の極性に必須であることがわかっている．原腸形成は，将来の三胚葉を正しい位置に配置するダイナミックな細胞運動であり，同時に神経誘導にも必須の形態形成運動である．この複雑な細胞運動を制御するメカニズムについてはほとんど明らかにされていなかったが，最近ショウジョウバエで知られていたWnt/PCP経路が必須であることが明らかにされ，にわかに分子，細胞レベルでの研究が活発化している．

　初期胚は球状の受精卵から原腸形成を得て桿状へとダイナミックに形態を変化させる．原腸形成運動のうち，胚を前後方向に伸長させるのに最も重要とされる細胞運動は「収斂と伸長(convergent extension, CE)」である．これは背側中胚葉の細胞が原腸形成の開始に伴い，正中線に向かって収斂し，細胞が互いに滑り込み運動を起こすことによって，前後方向への伸長運動へと変換するプロセスである(図3-15)．この滑り込み運動が起こるためには，細胞が極性化し，紡錘形へと形態を変え，細胞運動が活性化することが必須であると考えられており，この極性化にも先に述べたPCPシグナルが必要であることがわ

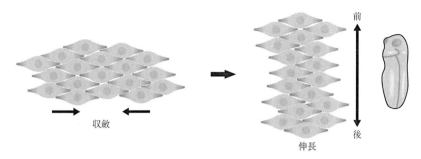

図 3-15 原腸形成における「収斂と伸長」．原腸形成期に細胞は極性化し，収斂（convergence）と伸長（extension）というダイナミックな細胞運動を起こす．それが球形の胚が尾芽胚（図右）で見られる桿形の胚に形態を変化させる原動力となっている．

かっている．

5 ネットワークとしての発生制御
――複雑な指令をどのように統御するのか――

近年，さまざまな生物のゲノムが解読され，それぞれの生物に存在するおおよその遺伝子数が予測されている（表3-3）．これら膨大な数の遺伝子の多くは，それぞれの生物の発生過程で，時間的・空間的な制御を受けており，それらは生物の遺伝子発現プログラムとして表すことができるはずである．このような「ゲノム規模（genome-wide）」なアプローチによって，発生・分化の研究は今後どのように転換するのであろうか？

5-1 膨大な情報を収集する

発現する遺伝子の配列が明らかにされたことで，それらの遺伝子からつくられるタンパク質の構造や機能を予測し，実際にそれらのタンパク質をつくることができるばかりでなく，WISH（whole-mount *in situ* hybridization）法などによって，それぞれの生物における基本的にすべての遺伝子の時空間発現パターンを記載することができるようになった．つまり，いつ，どこで遺伝子が働いているのかを明らかにすることができる．

また，多数の遺伝子についてそれらの時間的・空間的な発現パターンを記載することによって，その遺伝子発現の関連性を予測することができる．同じ時

表3-3 さまざまな生物の遺伝子数. ゲノム解読によって,さまざまな生物が遺伝子をいくつもつかが予測可能になった.

生物種	予測遺伝子数
ヒト	22000
マウス	24000
メダカ	20000
ホヤ	16000
ウニ	23000
ショウジョウバエ	13800
線虫	20000
シロイヌナズナ	25000
イネ	32000
分裂酵母	6680
大腸菌	4400

http://www.bioportal.jp/data_room/finished_genome.html

間,場所で発現する遺伝子は同じ,もしくは似た機能を持っていると容易に想像できる.このような遺伝子発現の同時性,同所性発現を synexpression, そのような遺伝子群を synexpression グループと呼んでいる.

次に,遺伝子間の階層性(上下関係)を調べることができる.単純な例は遺伝子 A が B を活性化する,または抑制するといった上下関係である.かつては,このような関係性は個別の遺伝子に注目して解析されてきた.しかし,遺伝情報が整備された現在,マイクロアレイ法などにより,多数の遺伝子発現(mRNA)量の変化を同時に計測することができるようになり,発生過程の各組織の細胞運命,がん細胞と正常細胞の比較,化学物質への細胞応答など,細胞の分化状態を遺伝子発現プロフィールとして理解できるようになってきた.
また,ウニ,ホヤなど細胞系譜が明確なモデル生物においては,アンチセンスモルフォリノオリゴヌクレオチドによる翻訳阻害によって,特定の遺伝子産物の機能を抑制することも可能であり,ある経路の阻害によって起こる遺伝子変化から予測される相互関係もネットワークに加えることができる.

5-2 情報を統合しプログラムとして表す

カリフォルニア工科大学のデービッドソン(E. Davidson)らが，こうしてウニの胚葉分化における遺伝子発現の関係性を回路図として表したのが本章の冒頭に見ていただいた図3-1である．同様にホヤなど他の動物種でも，細胞，胚葉や組織を超えた遺伝子間の相互関係がより詳細に記述できるようになり，**遺伝子調節ネットワーク**(gene regulatory network, GRN)として表されている．これにより，発生・分化の骨格となるいくつかの基本的な調節経路の存在が見えてくる．

GRNの構築には，遺伝子の調節領域の解析も多くの情報を提供する．転写活性化または抑制因子が結合するプロモーターやエンハンサーのDNA配列がわかっている場合，その結合配列(シスエレメント)をゲノム規模で探索することが可能になる．一方，結合配列がわかっていない場合でも，転写因子と結合するDNAを，転写因子に特異的な抗体を用いた免疫沈降によって回収するChIP法とタイリングアレイ(ChIP on Chip)や高速DNAシーケンス(ChIP-sequence)とを組み合わせて，大規模な解析が可能になった．

バイオインフォマティクスによる手法(*in silico*)や最先端技術を用いた網羅的解析で得られた情報を，実際に生物を使った実験で検証しながら，より詳細で正確なGRNが作成されつつある．さらには，ヒト細胞を含めさまざまな生物種細胞，組織での網羅的なタンパク質やタンパク質間相互作用解析も行われており，遺伝子の発現ばかりでなく，タンパク質やその複合体形成のダイナミクスも考慮したGRN，すなわちより完全な生物発生のプログラムの記載へと洗練されていくだろう．

6 多様性・進化のメカニズム

遺伝子の変化(機能の阻害や新たな機能の獲得)は多くの場合，直接生物の形態に現れる．この節では遺伝子の変化(変異)によって生ずる，発生メカニズムの修飾，改変，破綻による多様性，進化，先天疾患について述べよう．

6-1 遺伝子の変異とその蓄積による大きな変化

ホメオティック変異のような極端な場合を除いても,多かれ少なかれ生物は進化の過程で遺伝子変異の蓄積を重ね,それが生物の多様性獲得の原動力となっている.その変異は生物にとって有利な場合もあれば,不利な場合もある.生物の生存にとって不利な変異の場合は自然淘汰されるが,有利な変異の場合は集団に固定され,新たな種を形成する.ショウジョウバエの翅を見てみよう.双翅目のショウジョウバエは左右1対の2枚の翅を持っている.

ショウジョウバエの胸部をよく見てみると翅の後部に小さな突起が見える.これは平均棍と呼ばれる器官で,飛翔の際バランスをとるために使われている.つまり,ショウジョウバエの先祖はトンボのようにもともとは4枚翅であったが,後翅が特殊化し,平均棍をつくるようになったと考えられている(図3-16).

この特殊化にはショウジョウバエではUltrabithorax(Ubx)と呼ばれる遺伝子が重要な働きを担っている.Ubx遺伝子の発現を制御する調節領域(シスエ

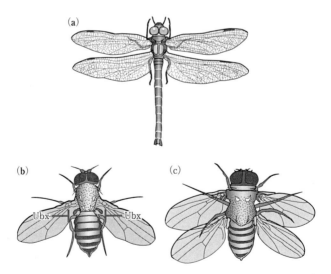

図3-16 トンボとショウジョウバエの翅の多様化.トンボは4枚翅(tetraptera)であるが(a),ショウジョウバエは2枚翅(diptera)である(b).これは本来後翅をつくる領域でUbx遺伝子によって翅形成が抑制され,平均棍に作り替えられているからである.したがって,Ubx変異では後翅が形成されトンボのような4枚翅になる(c).

レメント)の異常により，Ubx タンパク質が本来の位置(胸部第3節)でつくられなくなると平均棍は翅になる．

　それではなぜ，ショウジョウバエの進化の過程で Ubx は後翅ではなく平均棍をつくるのに必要とされるようになったのだろうか？　1つの解釈として，翅をつくるために必要な遺伝子のシスエレメントに変異が起こり，遺伝子発現の抑制因子(リプレッサー)として知られる Ubx タンパク質がこれらの遺伝子のシスエレメントに結合し，その転写を抑制するようになったことが考えられる．また同時に，翅形成時には必要のなかった遺伝子が同時に誘導されることで平均棍の特殊化が進んだと考えられる．

6-2　同じ遺伝子を使いまわして進化する

　トンボと甲虫のコクヌストモドキ(*Tribolium castaneum*)との比較から，4枚翅の進化を見てみよう．コクヌストモドキの前翅は他の甲虫でもみられるように翅鞘(elytron)と呼ばれる構造に変わっているが，基本的に4枚翅であることに変わりはない．コクヌストモドキで **RNAi 法**(コラム5参照)などによって Ubx 遺伝子などの機能を阻害すると，後翅がこの特殊化した翅鞘に転換することがわかった(図3-17)．

　このことから，リプレッサーとして位置情報を担う Ubx 遺伝子の働きによってショウジョウバエでは後翅の位置に膜様の翅の代わりに平均棍がつくられ

コラム 5　RNAi 法

　RNA 干渉(RNA interference)法の略で，2本鎖 RNA が相補的な配列を持つ RNA を分解する現象．この現象を利用して標的となる RNA に相補的な2本鎖 RNA を合成し，胚への顕微注入などによって細胞に取り込ませることで任意の RNA を分解することができる．合成した長い2本鎖 RNA はこの過程で 21-23 塩基の短い RNA(siRNA)に分解されて作用する．多くのモデル生物のゲノム配列が解読されたことで，網羅的な遺伝子機能解析も可能になった．RNAi の機構は生物を超えて保存されていると考えられるが，生物種によってはその効果が明確でなく，アフリカツメガエルなど論文報告が少ないものもある．

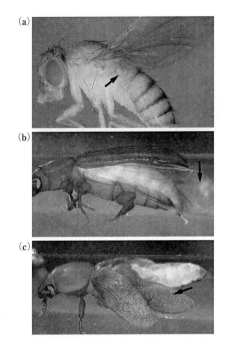

図 3-17　ショウジョウバエとコクヌストモドキにおける Ubx 遺伝子の役割の違い．Ubx 遺伝子はショウジョウバエでは翅の形成を抑え平均棍（矢印）をつくるのに用いられるのに対し(a)，コクヌストモドキでは膜様の翅（矢印）を形成するのに必要とされる(b)．また，RNAi 法で Ubx 機能を抑制すると翅鞘（矢印）が作られてしまう(c)．（写真は Miami University, OHIO, 友安慶典博士の提供）

るが，コクヌストモドキでは後翅で膜様の翅がつくられるために必要であることがわかった．一方，前翅は硬質化した翅鞘をつくるためにキチン質化したものと考えられる．

　同じ遺伝子でもショウジョウバエと甲虫であるコクヌストモドキでは，同じ位置情報を担う相同な遺伝子であっても，どのような遺伝子を活性化するか，また抑制するかといった同遺伝子をとりまく遺伝子発現調節のネットワークが変化（進化）しており，その結果として形態的な多様性が生まれたものと考えられる．今日我々がよく目にするカブトムシ，クワガタといった昆虫の多様性も多くは遺伝子ネットワークの進化に還元することができる．

　進化の過程で蓄積した遺伝子変化，そして新たに生まれた遺伝子-調節因子

間の相互作用が，遺伝子相互の調節ネットワークに多様性を生みだすのである（参考図書[7]）．

　マウスは短い首と比較的長い胴を持っているのに対し，ニワトリは長い首と短い胴を持っている．解剖学的に見るとマウスが頸椎を 7 個，胸椎を 13 個持つのに対して，ニワトリでは頸椎を 14 個，胸椎を 7 個持っている．これは，それぞれの細胞で発現するホックス遺伝子が頸椎，胸椎の形成を調節しており，マウスでは胸椎形成を促すホックス遺伝子がより広い領域で発現し，ニワトリでは逆に頸椎形成を促すホックス遺伝子が広く発現することによるものと考えられている．このように，ホックス遺伝子の発現調節領域やそれを制御する遺伝子の発現領域が変わっても大きな形態進化に結びつく．

6-3　不都合な変異

　ヒトにおいても多様性は顕著であり，遺伝子の変異は，髪や皮膚の色，顔立ち，身長などさまざまな人種に見られる多様性を生んでいる．また，不都合な変異は遺伝病として扱われる．変異は死をもたらすものも多く，むしろ，発生過程をやり過ごし，遺伝病としてわかるまで生存できるものは発生学的には影響が少なかったといえるだろう．また，不都合で重篤な変異だからといって，遺伝子の変異（変化）が大きいというわけではなく，1 つの塩基置換によるものも多い．逆に人種による差などは多くの遺伝子の多様な変異でなければ説明できないだろう．今日，多くの遺伝病の原因遺伝子が特定され，病因の解明が進んでおり，発生制御因子の変異による例も多い（参考図書[8]）．

　遺伝子変異の他にも，環境要因が発生過程において遺伝子発現の異常を引き起こして発生プログラムに影響を与え，重篤な形態異常を引き起こすケースも多々知られている．ベトナム戦争で使われた枯れ葉剤は催奇形性を有するダイオキシン類を含んでいることから，当時の住民や帰還兵の子供に奇形児が多く生まれたことと関連すると言われているし，サリドマイド，ビタミン A，いわゆる環境ホルモン（正確には内分泌攪乱物質といい，ダイオキシン，ビスフェノール A などがある）が奇形や女性化を引き起こすことが知られている．これらの不都合な効果はすべて遺伝子発現調節，ひいては発生プログラムの攪乱によるものであり，エピジェネティックな変異といえる．現在，これら環境物

質が具体的にどの遺伝子発現を乱すのかが精力的に研究されている．

このような催奇形性はヒトばかりでなく家畜でも知られている．バイケイソウはカリフォルニア，ヨーロッパなどに生息するユリ科の多年草高山植物で，シクロパミン（アルカロイド化合物）を含んでおり，これを妊娠初期に食した個体の仔に単眼奇形（cyclopia）などを生じさせることが知られていた．最近，この奇形は Shh（ソニックヘッジホッグ）と呼ばれる発生制御因子受容体の活性化を阻害し，そのシグナル伝達を遮断することが原因であることが明らかになっている．実際に Shh を欠損させたマウスでも単眼奇形が見られることが報告されており，これは Shh が眼領域を左右に分離する中軸中胚葉の形成を妨げることによるものであると考えられている．

このようにヒトや生物を取り巻く環境は遺伝子発現を変化させうるさまざまな化学物質を含んでおり，それらは発生プログラムの中にも多様な作用点を持っていると考えられる．ゲノム科学の進歩によって，遺伝子発現をゲノム規模で解析可能なマイクロアレイ法などが普及したことによって，そのメカニズムの解明に一歩一歩近づいている．

参考図書

[1] Wilmut, I., Campbell, K., Tudge, C.(2002)：第二の創造——クローン羊ドリーと生命操作の時代，牧野俊一(訳)，岩波書店．
[2] 岡田益吉(編)(1996)：発生遺伝学，裳華房．
[3] Gilbert, S. F.(2006)：Developmental Biology, 8th ed., Sinauer Associates Inc.
[4] Slack, J.(2007)：エッセンシャル発生生物学(改訂第2版)，大隅典子(訳)，羊土社．
[5] 浅島誠，駒崎伸二(2000)：分子発生生物学——動物のボディープラン，裳華房．
[6] 武田洋幸(2001)：動物のからだづくり——形態発生の分子メカニズム，朝倉書店．
[7] Carroll, S. B. 他(2003)：DNAから解き明かされる形づくりと進化の不思議，上野直人，野地澄晴(監訳)，羊土社．
[8] Leroi, A. M.(2006)：ヒトの変異——人体の遺伝的多様性について，築地誠子(訳)，上野直人(監修)，みすず書房．

4 ゲノムの高度活用戦略
エピジェネティクス

1 個体発生とエピジェネティクス

　生物のゲノムには受精卵から個体が発生し，成長し，子孫を残すためのすべての遺伝情報が記されている．この遺伝情報の本質であるゲノムDNAの量や配列は，発生過程を通して基本的に不変である．だからこそ植物やプラナリアなどは，成体の一部から完全な個体を形成することができる(挿し木や再生)．ガードンやウィルムート(I. Wilmut)によるクローンガエルやクローンヒツジの作出は，発生におけるゲノムの不変性が両生類や哺乳類などの脊椎動物にもあてはまることを示したものである．ざっと数えただけでも200種類あるといわれるヒトのさまざまな細胞も，ごくわずかな例外を除けばすべて同じゲノムをもつ．

　個体発生や細胞分化は，ゲノムや遺伝子の物理的な変化ではなく機能的な変化によって起きると考えられる．つまり遺伝子発現の変化が発生や分化を進行させる．個々の細胞では特定の組み合わせの遺伝子が発現しており，その組み合わせは細胞種ごとに異なる．最近の研究により，分化を誘導する遺伝子や分化した細胞を特徴づける遺伝子ばかりでなく，未分化性や多能性に必要な遺伝子もあることが明らかになった(Oct3やSox2など)．発生過程において遺伝子発現は細胞自身のもつプログラムや周囲の細胞からのシグナルを受けて徐々に限定され，それが最終的に細胞の運命を決定する．そして分化を終えた細胞では，遺伝子発現のパターンは安定に維持され，細胞が分裂しても同じパターンが忠実に再現される．線維芽細胞は何度分裂しても線維芽細胞であり，肝細

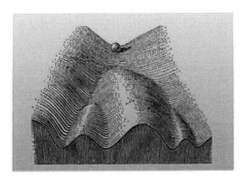

図 4-1　ワディントンのエピジェネティック・ランドスケープ．多分化能を持つ初期胚の細胞（上端のボール）は，次々と後戻りのできない運命決定を受け，さまざまな細胞系譜へと分化していく．（Waddington, C. H., The Strategy of the Genes: a Discussion of Some Aspects of Theoretical Biology. Allen & Unwin, London, 1957）

胞は何度分裂しても肝細胞である．このような遺伝子発現の限定と継承に関わる仕組みがエピジェネティクスである．

　エピジェネティクスは，1950 年頃活躍した英国の発生学者ワディントン（C. H. Waddington）による造語である．その語源は発生学の**エピジェネシス（後成説，epigenesis）**（epi＝後，genesis＝創造）に遡る．これは 1 個の受精卵からさまざまな構造物（胚葉，原基，器官など）が順次かたち作られることで個体が発生することをいい，配偶子の中に成体の原型（ヒトの場合はホムンクルス）が存在するとする**前成説**に対応する説であった．ヨーロッパでも 17 世紀頃までは前成説が信じられていたが，その後否定されたことは言うまでもない．すなわち，個体の発生はエピジェネシスにほかならない．もともとエピジェネティクスはエピジェネシスの機構を探究する学問，すなわち発生学を意味する語であった．

　ところで，冒頭でも述べたように個体発生のプログラムはゲノムに記述されている．蛙の子は蛙であり，鳶が鷹を生むことはない．そして子は親に似る．ワディントンがエピジェネティクスということばを使ったとき，すでにエピジェネシスだけでなくジェネティクス（遺伝）を意識していた．発生の遺伝的なプログラムがエピジェネシスを具現化する際，遺伝子発現パターンは徐々に限定されて細胞系譜を生み出し，各系譜で遺伝子発現のパターンが安定に維持され

4 ゲノムの高度活用戦略——155

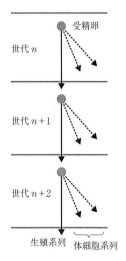

図4-2 ジェネティクス(実線)とエピジェネティクス(破線). 次世代へ伝達する遺伝情報の流れ(実線)とは異なり, エピジェネティクスは世代のうちに完結する情報の変化と伝達を表す.

る. 分裂後の細胞への遺伝子機能の継承は, 親から子への遺伝を思い出させる. 発生過程で遭遇する後戻りのできない運命決定の概念は, ワディントンのエピジェネティック・ランドスケープのモデル図にうかがうことができる(図4-1).

現在, **エピジェネティクス**は「DNA塩基配列の変化を伴わず, かつ細胞分裂を経て伝達しうる遺伝子機能の変化」または「その機構を探究する学問分野」と定義されている. 歴史的なエピジェネシスの意味は薄まり, 遺伝学と遺伝子発現の変化をより強く意識した, 分子生物学やゲノムの時代に相応しい表現に変化したと言える.

図4-2にジェネティクスとエピジェネティクスの関係をまとめた. ジェネティクスは生殖系列を通して世代から世代へと受け継がれる垂直的な情報の伝達を指す. 一方, エピジェネティクスは一世代のうちに完結する情報の変化と伝達を指す. エピジェネティクスの状態は発生の時間軸に沿って体細胞の種類の数だけ変化するから, 多彩なパターンがある. 生殖系列でもエピジェネティクスの変化は起こるが, 哺乳類を含む脊椎動物では次の世代へ伝達される際にリセットされ, 各世代において受精卵から新たな変化が始まる. 体細胞核を移植

した卵子からクローン動物が生まれる事実は、卵子(またはそれから発生する初期胚)がエピジェネティクスをリセットする能力をもつことを示す。このリセットを**初期化**、あるいは**リプログラミング**と呼び、その実体を把握することは現代の生物学の大きなテーマである。

2 エピジェネティクスとクロマチン

エピジェネティクスは発生過程で確立された遺伝子発現パターンを安定に維持することから、一種の細胞記憶のメカニズムと見ることができる。したがって、その分子的基盤も安定でかつ細胞分裂を経て伝達されるものと推測される。一方で、生殖細胞系列や発生中の胚では遺伝子発現はダイナミックに変化するから、これらの細胞ではエピジェネティクスは柔軟でなければならない。このように相反する性質に対応できる分子基盤は何であろうか？ 遺伝子発現は見方を変えるとゲノムに記載された遺伝情報の取り出しと収納と捉えることができる。エピジェネティクスは、正にこの収納と取り出しに関わる。

2-1 クロマチンがゲノムの核内への収納を可能にする

ヒトの二倍体の細胞のもつすべての染色体DNAをつなぎ合わせると2m近くになる。このDNAの糸を直径わずか5ミクロン(2mの40万分の1)程度の細胞核内に納めることができるのは、DNAの直径が極めて小さい(つまり糸が非常に細い)ことと、DNAが何重にも折りたたまれていることによる。そしてこの折りたたみにはヒストンをはじめとするさまざまなタンパク質が関係している。ゲノムDNAが細胞核内でタンパク質と会合したものを、**クロマチン**(染色質)と呼ぶ。

真核生物のクロマチンの最小単位は**ヌクレオソーム**である。ヌクレオソームはDNAと4種類のヒストンタンパク質H2A, H2B, H3, H4から成る。4種類のヒストンタンパク質はコアヒストンとも呼ばれ、それぞれ2分子ずつ集合して合計8分子から成る8量体を形成する。このヒストン8量体にDNAが2回強巻きついたもの(147塩基対の長さ)がヌクレオソームである(図4-3(a))。つまり、DNA上に間隔をおいてヌクレオソームが形成され、これを電子顕微鏡

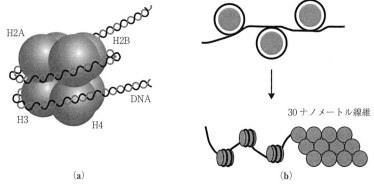

図 4-3 ヌクレオソーム(a)とクロマチン線維(b).

で観察するとDNAの糸にヒストン8量体のビーズが並んだように見える．この構造物は**10ナノメートル線維**と呼ばれる．

ヌクレオソーム構造は，さらに多くのタンパク質と会合することで，よりコンパクトなクロマチンを形成する(図4-3(b))．たとえば，隣り合ったヌクレオソームを繋ぐDNA部分にヒストンH1が結合すると，10ナノメートル線維はソレノイド状に集合して30ナノメートル線維と呼ばれる，さらに太い線維を形成する．また，**ヘテロクロマチン**と呼ばれる最も凝縮したクロマチン領域では，このような線維が特殊なタンパク質(HP1など)の助けを借りてさらに高次の折れたたみ構造をとっている．ヘテロクロマチンは転写が最も強固に抑制されたゲノム領域に相当し，脊椎動物では各染色体の動原体(**セントロメア**)近傍の直列型反復配列(**サテライトDNAと呼ぶ**)や不活性化されたX染色体などで見られる．

一方，比較的弛緩した構造をもつクロマチン領域は**ユークロマチン**と呼ばれ，そこには多くの遺伝子が存在する．しかし，ユークロマチンといっても一様ではなく，ヌクレオソーム構造さえ欠くような最も弛緩した領域から，中程度に弛緩した領域までさまざまである．活発に転写されている遺伝子は弛緩した領域にあり，とくにそのプロモーターやエンハンサーなどの調節領域にはヌクレオソーム構造が存在しない．ヌクレオソームを欠いたゲノム領域は，調製した細胞核をDNA分解酵素(ヌクレアーゼ)で処理したときに最も分解を受けやす

いことから，**ヌクレアーゼ高感受性部位**と呼ばれる．このような領域には転写因子やRNAポリメラーゼもアクセスしやすいことが容易に想像される．このようにゲノムDNAはクロマチンを形成することで自身の核内への収納を可能にするとともに，遺伝子の転写の起こりやすさを調節している．

2-2 エピジェネティクスはクロマチンを介して転写を制御する

エピジェネティクスのさまざまな機構の詳細は次節で述べるが，それらはすべてクロマチンの構造を変化させることで遺伝子の転写を制御している．クロマチンがエピジェネティクスの分子基盤である．言い換えると，エピジェネティクスはクロマチンを介してDNAの収納状態を変えることで遺伝情報の取り出しやすさを調節する．例えば，代表的なエピジェネティクスの機構としてDNAのメチル化やヒストンタンパク質のさまざまな化学修飾があるが，それぞれの修飾は特定のタンパク質によって認識され，弛緩したクロマチンや凝縮したクロマチンへと変換され，最終的に転写が調節される．つまり，DNAやヒストンのエピジェネティックな修飾が，活発に転写されるべきゲノム領域と転写不活性な領域をマーキングする目印として働く．よって，これらの修飾は**エピジェネティックコード**(暗号)とも呼ばれる．

クロマチンのもう1つの特徴は，DNA複製や細胞分裂を経て伝達されることで，この点もエピジェネティクスの基盤として重要である．いったんヘテロクロマチン化した染色体や染色体領域が，分裂後もその状態で継承されることは細胞遺伝学的に知られていたし，組織特異的なヌクレアーゼ高感受性部位が細胞分裂後に再現されることも確かめられている．これはエピジェネティックな修飾がDNA複製を経て伝達されることと関係している．エピジェネティックな修飾がどのような機構で伝達されるのかは，DNAメチル化の場合(3-1節参照)を除けば大部分未知であるが，遺伝子の発現状態を維持・継承するために必須の性質である．

遺伝子の発現は「DNA→(転写)→RNA→(翻訳)→タンパク質」という流れで起きる．クリックはこれを分子生物学の**セントラルドグマ**として提唱した．現代の生物学のことばで表現すると，「ゲノム→(転写)→トランスクリプトーム→(翻訳)→プロテオーム」となる．エピジェネティクスは，この転写のステ

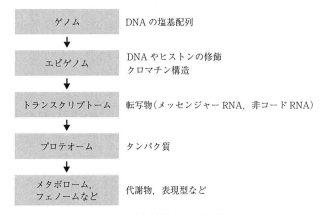

図 4-4 遺伝情報発現の階層性.

ップを調節する仕組みである．もちろん，実際に遺伝子の転写を行うのは RNA ポリメラーゼであり，また RNA ポリメラーゼが働くためにはさまざまな転写因子が必要である．活発に転写されている遺伝子の制御領域には転写因子が豊富に結合しているが，同時にクロマチンを弛緩させるエピジェネティックな修飾が存在しており，これが安定な転写に寄与していると考えられる．

一方，いったん転写が抑制されて不活性なエピジェネティック修飾が起こり，凝縮したクロマチン構造をとった領域には，もはや転写因子や RNA ポリメラーゼは接近したり結合したりすることができない．すなわち，エピジェネティクスは転写の場を規定しているともいえる．近年エピジェネティックな修飾状態を分子レベルで記述できるようになったことから，個々の細胞のエピジェネティックな修飾の総体を**エピゲノム**と呼ぶようになった．つまり，「ゲノム→エピゲノム→トランスクリプトーム→プロテオーム」という情報の流れを見ることができる（図 4-4）．

3 エピジェネティクスの機構

エピジェネティクスの基盤はクロマチン構造の変化と継承であり，さらにその基礎には DNA やヒストンタンパク質の化学修飾がある．ここではそれらの主なものを紹介し，修飾の起こり方，読み取り，機能的な意義，伝達性などの

分子機構について述べる．

3-1　DNAのメチル化

最も代表的なエピジェネティックな機構はDNAのメチル化である．DNAメチル化は，S-アデノシルメチオニンという物質をメチル基の供与体とし，DNA中のシトシンにメチル基を転移して5-メチルシトシンに変換する化学反応である．この反応はDNAメチル化酵素（DNMT）によって触媒される（図4-5）．哺乳類を含む脊椎動物のDNAメチル化酵素には配列特異性があり，メチル化するシトシン（C）のすぐ後ろは必ずグアニン（G）である．つまりこれらの酵素はCGという配列を認識して，シトシンにメチル基を付与する．一方，シロイヌナズナなどの植物には，CG配列をメチル化する酵素に加えて非CG配列のシトシンをメチル化する酵素も存在する．

2本のDNA鎖の間ではシトシンとグアニンが対合するので，CG配列の逆鎖側には必ず対称的なCG配列が存在する（図4-6）．これがDNA複製を経てメチル化状態が伝達されるために重要な意味を持つ．まず，非メチル化状態のCG配列がメチル化されることを**新規（デノボ）メチル化**と呼び，もっぱらこの反応を触媒するDNAメチル化酵素がある．

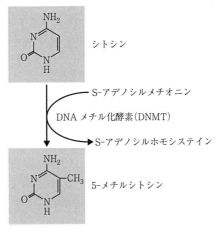

図4-5　DNAのメチル化反応．DNA中のシトシンの5位の炭素にメチル基（-CH₃）を転移する反応である．

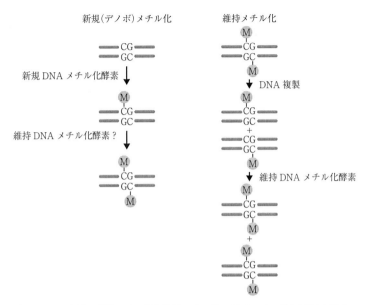

図 4-6　CG 配列の新規メチル化と維持メチル化．M はメチル基(-CH$_3$)を表す．

　新規メチル化により両鎖ともメチル化された CG は，DNA 複製後，一方の鎖だけメチル化されたヘミメチル化状態になる．なぜなら複製は開裂した既存の鎖をそれぞれ鋳型として半保存的に行われるからである．しかし，脊椎動物はヘミメチル化状態の CG 配列を好んで認識し，非メチル化状態の鎖を速やかにメチル化する酵素を持っている．これは**維持 DNA メチル化酵素**と呼ばれ，この酵素の働きで細胞はメチル化状態を DNA 複製・細胞分裂後の娘細胞に伝えることができる(図 4-6)．つまり，脊椎動物は CG 配列の対称性を利用して，エピジェネティクスの重要な特徴である伝達性を確保している．一方，植物に見られる非 CG 配列のメチル化では，DNA が複製するたびに新規にメチル化しなくてはならない．

　いったんメチル化された DNA からメチル基を取り除く脱メチル化の機構は 2 つある．1 つは，維持メチル化が行われない状況で DNA 複製を繰り返す**受動的脱メチル化**である．この場合，メチル基を持たない新規合成鎖がどんどん増えていく．もう 1 つは，酵素的な反応により積極的にメチル基を除去する**能動的脱メチル化**である．ただし，シトシンからメチル基を直接除去する反応を

162

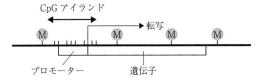
活発に転写されている遺伝子
CpG アイランド
転写
プロモーター　遺伝子

DNA メチル化以外の機構で抑制された遺伝子
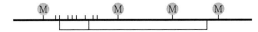

DNA メチル化により抑制された遺伝子(X 染色体不活性化やゲノム刷り込みなど)
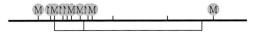

図 4-7　CpG アイランド．DNA メチル化の標的配列である CG 配列が密に存在する領域は CpG アイランドと呼ばれ，しばしばプロモーター領域と一致している．CpG アイランドは特定の遺伝子抑制現象において高度にメチル化される．

触媒する酵素は今のところ知られていない．シロイヌナズナでは，DNA グリコシラーゼが 5-メチルシトシンを除去し，その後，塩基除去修復の仕組みでシトシンに置き換えることで脱メチル化が起きる．哺乳類でも同様の機構が存在すると推測されるが，詳細は不明である．能動的脱メチル化は動物でも植物でも発生の限られた時期に，限られた組織でしか起きないと考えられる．

　DNA メチル化は転写抑制のシグナルである．ヒトやマウスのゲノムでは CG 配列の約 70％ がメチル化されており，それらの多くはトランスポゾン配列(後述)や転写が抑制された遺伝子の制御領域(プロモーターなど)に分布している．また，哺乳類の X 染色体不活性化やゲノム刷り込み現象において，抑制された(不活性な)遺伝子の転写制御領域が高度にメチル化されることが知られている．このような現象により調節される遺伝子の転写制御領域には，メチル化の標的配列である CG 配列が特に密に存在しており，そのようなゲノム領域は CpG アイランドと呼ばれる(図 4-7)．

　CpG アイランドは哺乳類の全遺伝子のおよそ半分に存在し(その多くはプロモーター領域に位置する)，X 染色体不活性化やゲノム刷り込み以外では，転写の有無にかかわらずほとんどメチル化されることはない．このことは，DNA メチル化以外にも，安定に転写を抑制するエピジェネティックな機構が

存在することを示す．発生過程でDNAメチル化により制御を受ける遺伝子の多くは，中程度にCG配列に富むか，CG配列はむしろ少ないようだ．また，DNAメチル化は抑制された遺伝子の全体に分布するわけではなく，転写制御領域以外の部分（タンパク質をコードする領域など）ではむしろメチル化は低いとの報告もある．

3-2 ヒストンのさまざまな修飾

　DNAとともにクロマチンを形成するヒストンタンパク質は多様な修飾を受ける．そのような修飾の1つが**アセチル化**である．8量体を形成する4種類のヒストン（H2A, H2B, H3, H4）はいずれもリジン残基においてアセチル化される．このアセチル化は活発に転写されている遺伝子領域に限って見られる．そもそもヒストンはリジンやアルギニンなど正に荷電したアミノ酸を豊富に含み，負に荷電したリン酸基を持つDNAと安定に相互作用するようになっている．リジン残基のアミノ基がアセチル化されると正の荷電が失われ，DNAのヒストンへの巻きつきが緩くなり，転写しやすい状態になると考えられる．各ヒストンタンパク質のテイル（尻尾）と呼ばれる部分にはアセチル化を受けるリジンがたくさん存在している（図4-8）．

　動物や植物の細胞の中には多数の**ヒストンアセチル化酵素（HAT）**と**ヒストン脱アセチル化酵素（HDAC）**が存在する．ヒストンアセチル化酵素の多くは特定のDNA配列を認識する転写因子と転写活性化複合体を形成し，その転写因子を介して標的遺伝子のプロモーター領域にリクルートされる．そして転写開始点付近のヒストンをアセチル化することで，転写が起こりやすい環境を整える．このようなヒストンアセチル化酵素は**コアクチベーター**と呼ばれる．一方，ヒストン脱アセチル化酵素はしばしば転写抑制複合体に含まれ，**コリプレッサー**と呼ばれている．また，ヒストン脱アセチル化酵素は後に述べるメチル化CG結合ドメインタンパク質と複合体を形成し，DNAがメチル化された領域のヒストンを脱アセチル化することで転写抑制状態をさらに確固としたものにする．このように，DNAメチル化とヒストン脱アセチル化の間には機能的なリンクがある．

　ヒストンのリジンの修飾にはアセチル化のほかにメチル化もある．これもエ

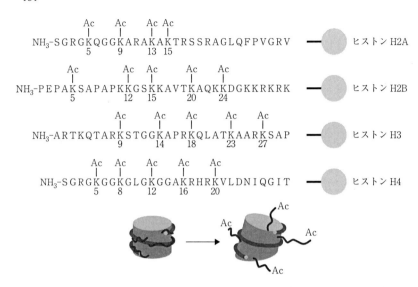

図4-8 ヒストンのアセチル化. ヒストンタンパク質のN末端テイル部分のさまざまなリジン残基(K)がアセチル化(Ac)を受ける. その結果, テイル部分の正の電荷が減少し, DNAとヒストンとの相互作用が緩くなる.

ピジェネティックな機構として非常に重要な役割を果たす. 例えば, ヒストンH3の4番目のリジン(H3K4)のメチル化は転写開始を促進するエピジェネティック修飾であり, 同じくヒストンH3の9番目や27番目のリジン(H3K9, H3K27)のメチル化は転写抑制と相関している(図4-9). このほか, ヒストンH3の36番目のリジンのメチル化は転写されている遺伝子の内部に見られ, 転写の伸長と相関している. リジンはシトシンとは違って3つまでメチル基を受容しうるので, モノメチル化, ジメチル化, トリメチル化の3種類がある. リジンのほかにはアルギニンもメチル化され, これにはモノメチル化, ジメチル化の2種類がある.

　動物も植物も多数の**ヒストンリジンメチル化酵素**を持つが, その触媒ドメインはSETドメインとして知られている. これらの酵素群は, DNAメチル化酵素と同様にS-アデノシルメチオニンをメチル基の供与体として用いる. しかし, 標的となるヒストンの種類, リジンの位置, 転移するメチル基の数などが酵素によって異なる. 例えば, 哺乳類のG9aと呼ばれるヒストンメチル化

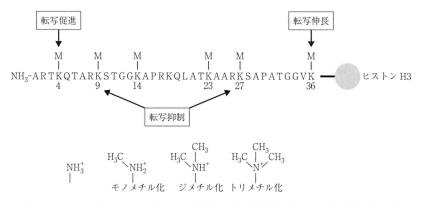

図 4-9 ヒストン H3 のメチル化．さまざまなリジン残基(K)がメチル化(M)を受け，それぞれ特定の機能と密接に関係している．また，リジンのアミノ基はモノメチル化，ジメチル化，トリメチル化を受けうる．

酵素はヒストン H3K9 をモノメチル化またはジメチル化し，EZH2 はヒストン H3K27 をトリメチル化する．EZH2 は転写の抑制に関わるポリコーム複合体という巨大なタンパク質複合体の構成成分である．一方，動物や植物の細胞はメチル化されたリジンを脱メチル化する酵素も持っている．**ヒストンリジン脱メチル化酵素**として最初に見つかったのは LSD1 だが，その後 JmjC ドメインと呼ばれる触媒ドメインを持つ一群の酵素が見つかった．ヒストンリジン脱メチル化酵素によって標的となるヒストンの種類，リジンの位置，転移するメチル基の数などが異なる．

　ヒストンの修飾にはアセチル化，メチル化のほか，リン酸化，ユビキチン化，SUMO 化，ビオチン化などがあり，転写活性化と抑制のほか，染色体凝縮，細胞周期，DNA 損傷修復などの細胞機能と関わる．これらの修飾は上述のリジンのアセチル化やメチル化のように特定の細胞機能に対応する場合が多いことから，2000 年にアリス(C. D. Allis)らはヒストン修飾を暗号と見なす**ヒストンコード仮説**を提唱した．それ以降，DNA メチル化をふくめたエピジェネティックな修飾をエピジェネティックコードとも呼ぶようになった．現在，さまざまなヒストン修飾と機能の対応関係が明らかにされつつある．一方，どのようにしてヒストン修飾が DNA 複製後に再現されるのかについては，DNA メチル化の場合とは異なり，あまりよくわかっていない．

3-3 エピジェネティックコードの読みとり装置

DNAメチル化やヒストン修飾がエピジェネティックコードとして実際に生物学的な効果を発揮するためには，コードを読みとる装置が必要である．動物や植物の細胞はそのようなタンパク質を持っている．例えば，多くの動物・植物にはメチル化されたCG配列を特異的に認識して結合する一群のタンパク質，**メチル化CG結合ドメイン(MBD)タンパク質**がある．MBDタンパク質がメチル化されたDNA領域に結合すると，転写因子やRNAポリメラーゼがMBDタンパク質に物理的に邪魔されてDNAに結合できなくなるほか，ヒストン脱アセチル化酵素をリクルートしてその領域のヒストンを脱アセチル化する(図4-10)．

MBDタンパク質はDNAメチル化というエピジェネティックコードを読み取り，転写抑制という生物学的な効果を発揮する．一方，哺乳類の転写因子のいくつかは，認識する塩基配列中に5-メチルシトシンが存在すると結合できなくなる(図4-10)．この場合，エピジェネティックコードが直接転写因子の

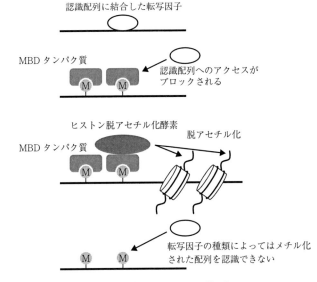

図4-10 メチル化CG結合ドメイン(MBD)タンパク質の作用．MBDタンパク質はメチル化されたCG配列に結合し，転写因子の認識配列への結合を阻害したり，ヒストン脱アセチル化酵素をリクルートし，転写抑制性のクロマチン形成に寄与する．

作用を阻害し,転写を抑制する.

　ヘテロクロマチン領域のヒストン H3K9 トリメチル化は,**ヘテロクロマチンタンパク質 1(HP1)**により特異的に認識される.HP1 は同種分子間で相互作用するので,この結合が凝集したヘテロクロマチン構造の形成に重要ではないかと推測されている.また,HP1 は SUV39H と呼ばれる H3K9 のトリメチル化酵素と相互作用し,隣接する領域のヒストンを修飾してヘテロクロマチンの拡がりに寄与すると考えられている.H3K27 のメチル化は**ポリコーム(Pc)**と呼ばれるタンパク質によって認識され,これが転写抑制状態を安定に維持するため他のタンパク質を呼び込むらしい.ポリコームを含むタンパク質の複合体は,発生で重要な働きをするホメオボックス遺伝子群を制御することで有名である.このように,ヒストンのさまざまな修飾も読み取り装置を介して特定の細胞機能へと変換されている.

3-4 エピジェネティックな修飾のクロストーク

　これまで述べてきたように,エピジェネティックコードはそれぞれ特定の細胞機能と密接に関係している.しかしながら,細胞核内においてそれらのコードは単独で機能を発揮するとは限らない.しばしば,複数のエピジェネティック修飾が同じ遺伝子領域に共存しており,それらが協調して機能を遂行したり,コードの意味を強めたり,コードを安定なものにしたりしている.

　例えば,すでに述べたように,メチル化された CG 配列には MBD タンパク質が結合し,これがヒストン脱アセチル化酵素を呼び込む.つまり,DNA メチル化がヒストンの脱アセチル化を引き起こし,両者が協調して転写を抑制する.また,アカパンカビでは,DNA メチル化が起きるためにヒストン H3K9 のメチル化が必要である.つまり,上述のケースとは逆で,ヒストンのメチル化に依存して DNA メチル化が起きる.さらに,植物のシロイヌナズナの非 CG 配列のメチル化酵素はヒストン H3K9 メチル化酵素と協力して働くことがわかっている.

　このように,DNA メチル化とヒストン修飾の間にはさまざまな**クロストーク**がある.一方,ヒストン修飾とヒストン修飾の間にもクロストークが見つかっている.例えば,ヒストン H3K9 のメチル化は同部位のアセチル化を阻害

するが，これに加えて隣接するヒストン H3S10 のリン酸化を抑制する．このように，エピジェネティックな修飾間のクロストークには，互いに正の制御関係にあるものもあれば，負の制御関係にあるものもある．

3-5　クロマチンと転写因子

ここでエピジェネティクスと転写因子との関係をまとめておく．そもそもエピジェネティクスは DNA という遺伝情報の取り出しと収納を調節する機構であり，特定の遺伝子やゲノム領域に転写因子がアクセスできるかどうかを決めることは冒頭で述べた．その最も極端な例は，強固に転写が抑制されたヘテロクロマチンや高度にメチル化された CpG アイランドであり，このような領域には転写因子は接近できないと考えられる．さらにエピジェネティックコードは DNA 複製や細胞分裂を経て安定に伝達されるので，エピジェネティクスは転写に関する細胞の長期記憶でもある．

一方で，転写可能なユークロマチンの領域では，発生のプログラムや環境からのシグナルに応じて誘導される転写因子（または転写抑制因子）が特定の配列に結合し，これらの因子がコアクチベーターやコリプレッサーと呼ばれるヒストンアセチル化・脱アセチル化酵素をリクルートし，局所的なエピジェネティックな状態を決める．また，転写を行う RNA ポリメラーゼそのものが特定のヒストン修飾酵素と相互作用することも知られている．このようにしてもたらされる修飾状態も転写活性や転写抑制の安定化に一定の寄与をすると考えられるが，ヘテロクロマチンのように永続的ではないだろう．

以上のように，エピジェネティクスは転写を安定に制御することを得意としており，転写因子は環境やホルモンなどに応答して遺伝子発現を変化させる働きがある．しかしこれらは独立に働くのではなく，さまざまな相互関係があることを認識するべきである．配列特異的な転写因子によってエピジェネティックな変化がもたらされることも重要である．しかしながら，多くのエピジェネティックな修飾がいかにして特定のゲノム領域にもたらされるのかについてはまだ不明な点が多い．

3-6 RNAとエピジェネティック修飾のクロストーク

エピジェネティックな修飾間やエピジェネティックな修飾と転写因子とのクロストークだけでなく，非コードRNAや機能性小分子RNAとのクロストークもある．タンパク質をコードしない非コードRNAによるエピジェネティックな修飾の代表例は，後述する哺乳類のX染色体の不活性化において見ることができる．この現象ではXistと呼ばれる非コードRNAがX染色体全体を覆い（図4-11），これが抑制性のエピジェネティックな修飾を導入し，最終的に染色体全体をヘテロクロマチン化する．

Xistはスプライシングを受ける非コードRNAで，1万ヌクレオチド以上の長さを持つ．また，やはり後述するゲノム刷り込みにおいても，長大な非コードRNAの転写が周辺領域に抑制性のエピジェネティックな修飾を導入し，遺伝子発現を負に制御することがわかっている．哺乳類をはじめとする多くの生物で，ゲノムのかなりの割合（マウスでは70％に及ぶ）が転写されることがわかっており，非コードRNAの働きが注目されている．しかし，非コードRNAがどのようにして特定のエピジェネティックな修飾を誘導するのかは不明である．

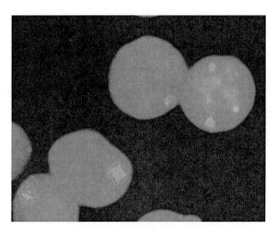

図4-11 Xist RNAによる不活性X染色体の被覆．雌マウスの細胞を用いて蛍光 *in situ* ハイブリダイゼーション法で非コードRNAであるXist RNAを検出した．各細胞核にひとつずつ観察される蛍光を発する領域が不活性X染色体に相当する領域である．（九州大学佐渡敬氏のご厚意による）

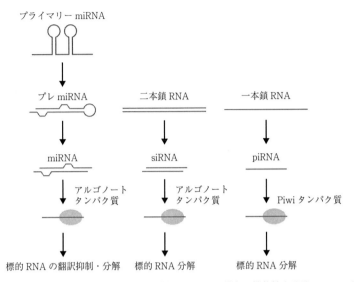

図 4-12 機能性小分子 RNA の種類，合成経路，および働き．機能性小分子 RNA には大きく 3 種類あり，それぞれ異なる前駆体から異なる経路で作られる．小分子 RNA はアルゴノートタンパク質や Piwi タンパク質に取り込まれ，これらのタンパク質は小分子 RNA をガイドとして標的 RNA に作用する．

一方，分裂酵母や植物では機能性の小分子 RNA が，領域特異的にヘテロクロマチン化や DNA メチル化を誘導する作用が知られている．小分子 RNA は 21-30 ヌクレオチド程度の小さな RNA で，miRNA（マイクロ RNA），siRNA（小干渉 RNA），piRNA（Piwi 結合性 RNA）などがある（図 4-12）．これらの小分子 RNA の本来の働きは，相補的な配列を持つ mRNA を認識してその分解を促進したり，翻訳を抑制したりすることである．しかし，分裂酵母では siRNA がヘテロクロマチン化に関わることが知られている．siRNA をガイドとしてヒストン H3K9 メチル化酵素などがリクルートされ，この H3K9 メチル化が HP1 によって認識されてヘテロクロマチン化が起きると考えられる．植物でも siRNA が領域特異的な DNA メチル化を引き起こすことがわかっている．

哺乳類では生殖細胞特異的に存在する piRNA がトランスポゾン配列の DNA メチル化に関わることが報告されている．これは piRNA と相互作用する Piwi ファミリータンパク質の遺伝子をノックアウトしたマウスの精巣で，

ゲノム中のトランスポゾン配列が脱メチル化されることから見つかった．しかし，piRNA が精細胞でどのようにして DNA メチル化を誘導するのかはわかっていない．また，特定の遺伝子のプロモーター配列に対して人工的に作成した siRNA を培養哺乳動物細胞に導入すると，抑制性のヒストン修飾が誘導され，その遺伝子の転写を抑制することも示されている．この結果は，哺乳類の細胞でも siRNA とエピジェネティックなクロストークがあることを示すばかりでなく，人工的に標的特異的なエピジェネティクスの操作が可能であることを示す．

4 エピジェネティクスと細胞機能

これまで述べてきたように，エピジェネティクスは転写因子と共に遺伝子の転写を調節する重要な機構である．しかもエピジェネティックな修飾やクロマチン構造は細胞分裂を経て継承されることから，安定な細胞記憶の機構でもある．したがってエピジェネティクスは発生の開始から老化に至るまで，さまざまな細胞機能に関わっている．ここではエピジェネティクスが深く関わる主な細胞機能について述べる．

4-1 分化制御における役割

エピジェネティクスという語が発生学に由来すること，エピジェネティクスが発生・分化において重要な働きをすることは冒頭で述べた．実際，エピジェネティックな機構が重要な発生関連遺伝子を制御する例は枚挙に暇がないが，ここでは**胚性幹(ES)細胞**を例に挙げて述べる．

ES 細胞は哺乳動物の初期胚である胚盤胞から樹立される未分化な培養細胞で，胎盤以外のさまざまな細胞に分化する能力，すなわち多分化能を持つ．つまり図 4-1 の最上部にあるボールに相当すると考えられ，さまざまな分化の道筋をたどる可能性を秘めた細胞である．ES 細胞は分化を終えた体細胞よりゲノムの DNA メチル化レベルが低いことが知られており，これは今後どのような遺伝子発現パターンへも移行できる初期化状態であり，未分化性を反映するものだと思われる．一方，個々の遺伝子を見てみると，例えば発生関連遺伝子

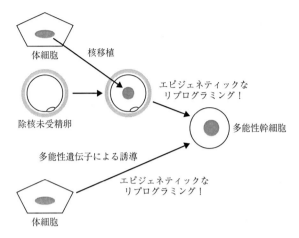

図4-13 体細胞核のリプログラミングによる多分化能の獲得．体細胞核移植によるクローン動物作成や山中らによる多能性遺伝子(Oct3/4, Sox2, c-Myc, Klf4)導入による人工多能性幹細胞の作成においては，体細胞核エピゲノムのリプログラミングが重要である．

群(ホメオボックス(HOX)遺伝子など，未分化状態では必要でないが，発生が進むときに必要な遺伝子)の制御領域には転写促進性と抑制性のヒストン修飾(それぞれH3K4メチル化とH3K27メチル化)が共存して見られる．このように相反する修飾が同居する状態を**2価性のクロマチン修飾**と呼び，現在休止期にある遺伝子が分化後に発現できる準備状態と理解されている．さらに，ES細胞の未分化性の維持に必要なOct3などの転写因子の遺伝子は未分化状態ではDNAメチル化が見られないが，分化するにつれて発現が消失し，DNAメチル化が導入される．このDNAメチル化は，細胞分化の後戻りが起こらぬよう一方向性の分化を保証する重要な仕組みである．

近年の生命科学の進歩により，分化した体細胞の核を多分化能のある状態へリプログラムすることが可能になった(図4-13)．未受精卵への体細胞核移植によるクローン動物の作成や，4つの転写因子を体細胞へ導入するiPS(**人工多能性幹**)**細胞**の作成などがその例である．その際エピジェネティックな状態も大きくリプログラムされ，分化型から未分化型へ変換されねばならない．ところが，卵子の細胞質に存在するリプログラミング因子の実体は不明であり，4つの転写因子がいかなる順番でいかなるクロマチンの変化を誘導するのか解

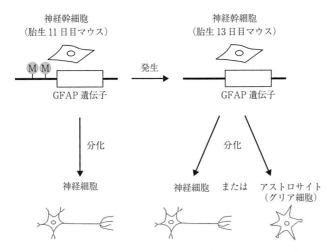

図 4-14 神経幹細胞の分化能と GFAP 遺伝子の DNA メチル化.

明されていない.また,エピジェネティクスの特徴である「安定性」がリプログラミングの障害となり,クローン動物作出効率や iPS 細胞の誘導効率はあまり高くない.

　一方,エピジェネティックな遺伝子発現制御は,発生や分化のより遅いステージでも重要な働きをする.例えば,形態形成において重要な働きをする HOX 遺伝子クラスターが,ポリコーム複合体によって制御されていることは有名である.また,神経幹細胞は神経細胞とグリア細胞を生み出す細胞だが,前者を生み出す際にはグリア線維性酸性タンパク質(GFAP)遺伝子の制御領域が DNA メチル化されており,後者を生み出す際には脱メチル化されている(図 4-14).神経幹細胞は発生段階により分化運命が変わることから,GFAP 遺伝子の DNA メチル化状態は発生プログラムにより制御されているらしい.また,DNA メチル化は終末分化を遂げた細胞における組織特異的遺伝子発現にも関わっている.MASPIN 遺伝子はその好例であり,発現する組織ではメチル化は見られないが,抑制されている組織では高度にメチル化されている.

　DNA メチル化酵素や各種ヒストンメチル化酵素の多くは胚発生過程で発現する.動物においては,それらの遺伝子の変異体はしばしば胎生致死であり,発生遅延の表現型を示す.また植物においてもさまざまな発生異常が見られる

ことがわかっている．これらの事実はエピジェネティクスが発生や分化において必須の役割を果たすことを再確認させる．一般に，このような表現型の原因は発生関連遺伝子群の発現の乱れによると解釈されるが，これから述べるようにエピジェネティクスは別の細胞機能にも関わることから，それらの異常も複合的に関わっている可能性が高い．

4-2　ゲノムのパラサイトを抑える

　植物でも動物でもゲノム中には多くのトランスポゾン配列が存在する．**トランスポゾン**はゲノムに寄生するパラサイトであり，自分自身を複製してコピー数を増やしたり，元の場所から切り出されて別の場所へ移動したりする．よって**転移因子**，あるいは**動く遺伝子**とも呼ばれる．トランスポゾンの増幅や転移は必然的にゲノム配列を変化させるので，突然変異の原因となる．そのため，植物や動物はトランスポゾンを封じ込めなければならない．そしてエピジェネティクスはトランスポゾンを抑制するのに必須の機構である．

　トランスポゾンにはDNA断片が直接転移するDNA型と，転写と逆転写の過程を経るRNA型がある．後者はレトロトランスポゾンと呼ばれ，その配列は哺乳類のゲノムのほぼ40％を占める．転移活性を有するトランスポゾンは転移のために必要な遺伝子（転移酵素や逆転写酵素をコードする）を持っているので，植物や動物の細胞はDNAメチル化などのエピジェネティックな機構により，それらの遺伝子の転写を抑制している．一方，ゲノム中のトランスポゾンコピーの大部分は変異を蓄積しており，自律的に転移する能力はない．しかし，転移能のあるなしにかかわらずトランスポゾン配列は高度にメチル化されているのが普通である．

　実際，維持DNAメチル化酵素をノックアウトしたマウス胚では，ゲノム全体が低メチル化状態になると共に，通常では検出されないトランスポゾン由来の転写物が大量に出現する．また，シロイヌナズナの低DNAメチル化変異体では，転写物が増加するだけでなく，実際にトランスポゾンが転移することが観察されている．このように，多くの生物でDNAメチル化はトランスポゾンの抑制機構として働いている．

　真核生物の進化の歴史は，ウイルスやトランスポゾンなどの外敵との闘いの

歴史であったと言っても過言ではない．よって，真核生物にとって外敵と闘う防御機構を備えることは重要であった．このような観点から，エピジェネティクスの本来の役目はゲノムをウイルスやトランスポゾンによる攻撃から防御することではないかとする説もある．発生や分化における遺伝子発現制御の機能は，多細胞生物になって副次的に生まれたのではないかというのである．前述した機能性小分子RNAによる遺伝子発現制御システムも外来因子に対する防御システムから進化したとされており，精巧な遺伝子調節はさまざまなシステムから借用した仕組みの組み合わせなのかも知れない．

4-3 染色体の構造を安定化する

ヒトのDNAメチル化酵素DNMT3Bの遺伝子に突然変異が起きると，ICF症候群という稀な遺伝性の病気になる．ICFは免疫不全，セントロメアの不安定性，顔貌異常（特徴的な顔つき）の頭文字をとって名付けられた．DNMT3Bは新規メチル化を触媒する酵素の1つである．ICF患者のDNAでは染色体のセントロメア近傍にあるサテライトDNAと呼ばれる直列型反復配列のメチル化が消失しており，リンパ球の分裂中期染色体を観察すると1番，9番，16番染色体のセントロメア部分の異常な伸長，切断，再結合が見られる（図4-15参照）．つまり，サテライトDNAが正常にメチル化されないとヘテロクロマチンの構築がうまくいかず，さまざまな染色体異常を起こすらしい．このことからDNAメチル化は染色体の安定性に貢献することがわかる．

DNAメチル化は哺乳類の雄の生殖細胞における正常な減数分裂にも必要である．DNMT3Lは生殖細胞特異的に発現し，新規メチル化を促進する調節タンパク質だが，その遺伝子を欠損するとレトロトランスポゾン配列やゲノム刷り込み（5-2節参照）を受ける遺伝子のメチル化がうまく入らない．そのためDNMT3L欠損細胞ではレトロトランスポゾン配列の異常な転写が観察される．それに加えて，減数分裂時に相同染色体が正しく対合できず，非相同配列間の対合が生じるなどの異常が見られる．よって，このような雄の精巣では減数分裂が正常に進行せず，完全な無精子症になる．詳細な機構は不明だが，レトロトランスポゾン配列のメチル化は相同染色体を正しく対合させるために必要らしい．

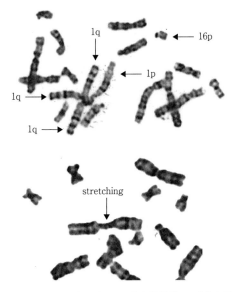

図 4-15　ICF 症候群患者のリンパ球で見られる染色体異常．1 番染色体がいくつもセントロメア部分で結合して放射状になったものや，切断されて短腕部分のみになった 16 番染色体，セントロメア部分が異常に伸長(stretching)した像などが観察される．p は短腕，q は直腕を表わす．（山梨大学久保田健夫氏のご厚意による）

　一方，ヒストンの修飾も染色体の安定性や減数分裂に重要である．セントロメア近傍のヘテロクロマチン領域ではヒストン H3K9 がトリメチル化されるが，この反応を触媒する酵素である SUV39h を欠損したマウスでは，さまざまな染色体異常が見られる．このような染色体の不安定性は発がん傾向をもたらす．また，雄のマウスでは生殖細胞における減数分裂の異常も起きる．ヒストン H3K9 のトリメチル化が失われると HP1 などのヘテロクロマチンタンパク質が結合できないことから，高次のクロマチン構造に乱れが生じるのであろう．このように，DNA メチル化やヒストン修飾は転写を制御するばかりでなく，ゲノムをクロマチン内に正しく収納し，染色体を分配するためにも重要な働きをする．

5 哺乳類の高度なエピジェネティクス現象

エピジェネティクスは細胞種や分化段階によって遺伝子が発現状態を変えるための分子的な基礎を担う．ところが，哺乳類をふくむ二倍体の生物は父親と母親から1対の染色体を受け継いでおり，1つの細胞核の中には同じ遺伝子が2つ存在する．それら1対の染色体や遺伝子はふつう区別されることなく働くが，特殊な場合には異なる振る舞いをする．

エピジェネティクスは1つの細胞の1つの核のなかでも相同遺伝子の働きを変えることができる．このような，高度なゲノム活用戦略が哺乳類のX染色体不活性化とゲノム刷り込み(ゲノムインプリンティング)である．一見奇妙とも思える現象の発見がしばしば科学を飛躍的に発展させるが，エピジェネティクスについて言えば，X染色体の不活性化とゲノム刷り込みがその研究の原動力の1つとなった．

5-1 X染色体の不活性化

哺乳類の2種類の性染色体のうちY染色体には雄化や精子形成に関わる遺伝子だけが存在するが，X染色体には細胞が生きていくために必須の遺伝子が多数存在する．それらX染色体上の遺伝子は雌(XX)では雄(XY)の2倍存在するわけだが，一般に多数の遺伝子の発現量が一気に2倍になると細胞の生存にさまざまな不都合が生じる．そこで，雄と雌でX染色体上の遺伝子の発現量を等しくするため，哺乳類の雌は2本のX染色体のうち1本をまるごと不活性化する(図4-16)．この現象は**X染色体の不活性化**と呼ばれ，1961年英国のライアン(M. Lyon)によって発見された．

ヒトやマウスの体細胞における不活性化は2本のX染色体からランダムに1本が選ばれて起こる．初期胚である胚盤胞の内部細胞塊の細胞は2本の活性X染色体をもつが，着床後にそのうちの一方が不活性化される．この不活性化は内部細胞塊由来のES細胞で再現することができ，雌マウス由来の未分化なES細胞は2本の活性X染色体をもち，分化を誘導すると1本が不活性化する．不活性化されたX染色体は体細胞の核内で凝縮したヘテロクロマチン

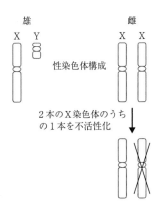

図 4-16 哺乳類の X 染色体の不活性化. X 染色体不活性化は雌雄間の X 染色体の遺伝子量を補償する重要なエピジェネティクス現象である.

を形成し，その DNA は他の染色体より遅れて S 期の後半に複製される．興味深いことに，細胞は X 染色体を数える機能をもっており，X 染色体が 3 本以上ある場合でも活性のあるものが 1 本だけ残るよう不活性化が起きる．いったん不活性化された X 染色体は体細胞で再活性化することはなく，細胞分裂を経て安定に不活性な状態が伝達される．

このエピジェネティックな現象には，X 染色体上にある**不活性化センター**と呼ばれる領域が必須の役割を果たす．不活性化センターには Xist という非コード RNA の遺伝子が存在し，不活性化に先立ってこの遺伝子が強く発現する．一方，Xist 遺伝子は活性を保っている X 染色体では抑制されている．転写された Xist の RNA は通常の mRNA のように細胞質へ運び出されることはなく，自分自身を産生した X 染色体をシス (cis) に覆いつくす (図 4-11 参照).

その後の不活性化機構の詳細は明らかではないが，この安定な非コード RNA を足場としてさまざまなエピジェネティックな修飾因子が染色体上へ呼び込まれ，ヒストンの脱アセチル化，ヒストン H3K27 のメチル化などの抑制性の変化が起こり，最終的に凝集したヘテロクロマチンを形成する．さらに，不活性 X 染色体上の遺伝子の CpG アイランドに高度な DNA メチル化が起こり，これが不活性化をさらに安定で強固なものにする．

2 本の X 染色体のうち 1 本がランダムに選ばれて不活性化される結果，異なる形質をもたらす 1 対の対立遺伝子が X 染色体上にあると，その雌はこの

形質に関する**モザイク個体**となる．実際には発生の比較的早期に不活性化が生じ，その後は細胞分裂を経て安定に不活性化状態が伝達されるので，特定の形質を示す細胞は斑状に集団を形成して存在する場合が多い．三毛ネコの模様がこのような状況を反映していることは，すでにライアンが1961年の論文で指摘している（後述）．一方，ランダムな選択は普遍的なものではなく，有袋類では2本のうちの父親由来のX染色体が選択的に不活性化される．マウスなど齧歯類の胎盤でもやはり父親由来X染色体が選択的に不活性化される．このようにあらかじめ対象が決まっている選択的不活性化には，次で述べるゲノム刷り込みが深く関わっている．

　X染色体の不活性化はいわゆる**遺伝子量補償**と呼ばれる現象の1つである．性染色体の遺伝子量補償は哺乳類だけでなくさまざまな生物で観察されているが，その補償のストラテジーはさまざまである．例えばショウジョウバエの場合，雌の2本のX染色体の一方を不活性化するのではなく，雄の1本のX染色体の発現量を倍加させることで遺伝子量を補償している．その場合，雄のX染色体では活性な状態を反映するヒストンのアセチル化が増加している．エピジェネティクスはこのように多様な方法で高次の遺伝子発現制御を可能にしている．

5-2　ゲノム刷り込み

　1対ある遺伝子のうちの片方だけが発現する現象は性染色体に限ったことではない．哺乳類の常染色体上には，父親由来か母親由来かで発現状態が異なる遺伝子群が存在する．それらの遺伝子は，精子，卵子が作られる過程で精子型（父親型），卵子型（母親型）のエピジェネティックな印づけを受け（図4-17），この違いが受精後の細胞へ伝達されて父親由来・母親由来のコピーを区別する目印となる．遺伝子が印づけを受けることに因んで，この現象は**ゲノム刷り込み（ゲノムインプリンティング）**と呼ばれる．ヒトやマウスには刷り込みを受ける遺伝子が100個ほど見つかっており，例えば，インスリン様成長因子2（IGF2）遺伝子はヒトでもマウスでも父親由来のコピーだけが発現する．もちろん，逆に母親由来のコピーだけが発現する遺伝子も存在する．両親に由来する1対の遺伝子が等しく働くことはメンデル以来の遺伝学の常識であったので，

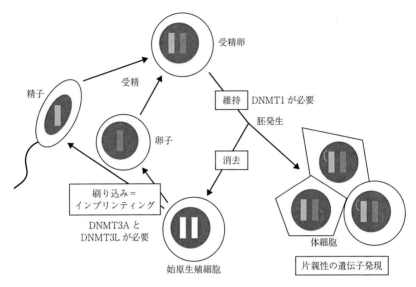

図 4-17 ゲノム刷り込みのサイクル．精子型，卵子型のエピジェネティックな印をそれぞれ灰色，紫色で示す．

ゲノム刷り込みはメンデル遺伝に反する現象と表現されることもある．

　ゲノム刷り込みを受ける遺伝子は全遺伝子の 1% 弱に過ぎないが，そのなかには発生に重要な遺伝子が多数ふくまれる．実際，刷り込みは哺乳類の発生に重大な影響を及ぼす．それを最も端的に表しているのが**単為発生の阻害**である．単為発生は受精なしに卵子から個体が発生することをいい，昆虫をはじめ魚類，は虫類，そして鳥類でも報告がある．ところが，哺乳類には刷り込み現象があるため，母親由来の遺伝子しかもたない単為発生胚は致死である．このような事実は 1980 年代初頭に行われたマウスの前核期受精卵の核移植実験で明らかになった．

　ゲノム刷り込みが典型的なエピジェネティクス現象であることは論を待たない．同一の塩基配列をもつ遺伝子が雄の生殖系列を経由するか雌の生殖系列を経由するかで働きを変えるのだから，エピジェネティックな機構がその調節に関わると考えるのは自然である．実際，刷り込みを受ける遺伝子の近傍には，父親・母親由来の相同染色体間で DNA メチル化状態が異なる領域がある．しかも，父親型・母親型の DNA メチル化パターンは精子・卵子の形成過程で確

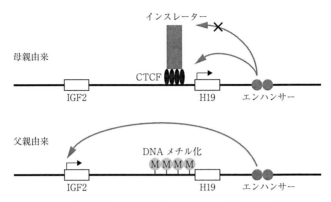

図 4-18 DNA メチル化感受性クロマチンインスレーター(コラム1参照)を介した IGF2 と H19 遺伝子の片親性発現の制御機構.

立され,まさに刷り込みのサイクルと一致した変化を示す.

　刷り込みに DNA メチル化が必須であることを示す証拠は,マウスの新規メチル化酵素 DNMT3A の遺伝子を生殖系列でノックアウトしたり,維持 DNA メチル化酵素 DNMT1 の遺伝子を体細胞系列でノックアウトしたりすることから得られた.すなわち,DNA メチル化を失った配偶子や体細胞は親に関する記憶を失い,例えば,本来父親由来のコピーだけが働く IGF2 遺伝子は両親由来のコピーとも発現しなくなる.また,精子や卵子で刷り込みが起きるためには新規メチル化酵素 DNMT3A のほか,DNMT3L という調節因子が必要なことも明らかになっている(図 4-17).

　ゲノム刷り込みを受ける遺伝子はゲノム上に散在するのではなく,数個から数十個の遺伝子がクラスターを形成している.そのクラスター内には上述の父親・母親由来の相同染色体間で DNA メチル化状態が異なる領域があり,これがそのクラスター全体の遺伝子の発現を調節する刷り込みセンターとして作用する.刷り込みセンターが遺伝子の発現を調節する仕組みはクラスターによって異なっており,非コード RNA が関わる場合や,DNA メチル化に感受性のクロマチンインスレーターが関わる場合などがある(図 4-18,コラム 1).

　2004 年,河野友宏らは卵子由来のゲノムだけをもつ雌マウス「かぐや」が誕生したことを報告した.これは,正常に成熟した卵子に人工的操作を加えた別の卵子の核を移植することで実現したものである.単為発生とほぼ同じもの

> **コラム 1　インスレーター**
>
> 　IGF2 遺伝子と H19 遺伝子は互いに隣接して存在する刷り込み遺伝子であり（ヒトでは 11 番染色体上，マウスでは 7 番染色体上にある），それぞれ父親由来，母親由来のコピーが発現する．これらの遺伝子の対立遺伝子特異的な発現には DNA メチル化感受性のクロマチンインスレーターが関与する（図 4-18）．すなわち，両遺伝子は下流に存在するエンハンサーに依存して発現するが，このエンハンサーがどちらの遺伝子に作用するかは IGF2 遺伝子と H19 遺伝子の中間にあるインスレーター配列の DNA メチル化状態によって決まる（**インスレーター**はエンハンサーと遺伝子プロモーターの相互作用を遮断する配列である）．つまり，母親由来（卵子由来）のインスレーターは非メチル化状態であり，そのため CTCF と呼ばれるインスレータータンパク質が結合でき，これがエンハンサーの IGF2 遺伝子への作用をブロックする．そのためエンハンサーは H19 遺伝子のみを活性化する．一方，父親由来（精子由来）のインスレーターは高度にメチル化されているため CTCF を結合できず，エンハンサーは IGF2 遺伝子に作用する．この際，H19 遺伝子はインスレーターと同様にメチル化されているので発現できない．このように DNA メチル化はさらに高度なクロマチンレベルの制御を行う場合がある．

だが，2 匹の雌マウスから卵子が採取されているので，二母性マウスとも呼ばれている．ゲノム刷り込み現象のため，哺乳類では卵子由来のゲノムだけをもつ胚は流産してしまうはずなのに，なぜ二母性マウスの作出に成功したのだろう？　その答は，卵子型刷り込みが確立する以前の（つまり，印がない状態の）卵母細胞のゲノムは，精子型刷り込みを受けたゲノムと機能的に近いという事実にある（図 4-19）．

　もちろん，あくまでも機能的に近いというだけで，卵母細胞の核を精子核の代わりに使ってもマウスは誕生しない．そこで，卵母細胞のゲノムがさらに精子型刷り込みの状態に近くなるよう，本来卵子由来ゲノムでは発現しない IGF2 遺伝子が発現するように改変したマウスを作出し，その卵母細胞の核を正常に成熟した卵子に移植した．このようにして作られたマウスは，人工的に精子に似せたゲノムと成熟した卵子のゲノムをもつ．このようにして，2 匹の

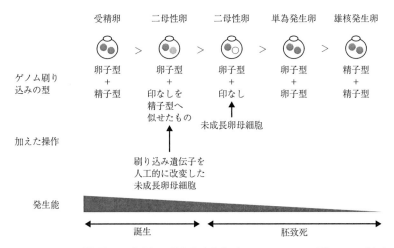

図4-19 ゲノム刷り込みが哺乳類の単為生殖を致死にしている．二母性マウス「かぐや」の誕生は，ゲノム刷り込み状態をうまく改変することではじめて可能になった．

母親のゲノムを持つ「かぐや」が誕生した．その後，IGF2以外の刷り込み遺伝子も改変することで，さらに精子ゲノムに似せた卵母細胞が作られ，二母性マウスの作出効率は飛躍的に改善している．

ゲノム刷り込みは哺乳類だけでなく植物でも見られる．シロイヌナズナのFWA遺伝子は胚乳特異的に発現する遺伝子で，母親由来のコピーだけが発現し，父親由来のコピーは抑制されている．この遺伝子の刷り込みにもDNAメチル化が関与するのだが，その制御の様相は哺乳類とはずいぶん異なる．すなわち，FWA遺伝子はふつう父親由来・母親由来にかかわらず高度にメチル化されているが，胚乳において母親由来コピーだけが脱メチル化され，そのためこのコピーの発現が可能になる．胚乳は次世代に貢献しないので(哺乳動物の胎盤と同様の組織と考えてよい)，脱メチル化されたコピーはそのまま運命を終える．つまり，次世代の胚へいたる細胞系譜ではFWA遺伝子はずっとメチル化されたままであり，哺乳類の場合のように生殖系列で刷り込みの消去と再確立を行う必要はない．遺伝学的，分子生物学的な研究により，胚乳における脱メチル化にはDNAグリコシラーゼが必要であることがわかっており，塩基除去修復の機構で脱メチル化されると推定されている．

X染色体の不活性化には雌雄の性染色体の遺伝子量を補償するという合理

的な説明があるが，ゲノム刷り込みに生物学的な利点はあるのだろうか？　刷り込みが見られるのは哺乳類のなかでも真獣類と有袋類に限られること（卵生の単孔類にはない），植物では被子植物に限られることから，胎盤や胚乳を介した母体からの栄養獲得と関係しているのではないかという説が有力である．すなわち，胚のなかの父親由来・母親由来の遺伝子の間には，それぞれが自分自身のコピーをより高い確率で生き残らせるため，母体からの栄養をめぐるコンフリクトがあると考えられる（コンフリクト説）．ごく単純化すると，父親由来の遺伝子は母体から栄養を多く獲得する方がコピーを残す可能性が高まり，母親由来の遺伝子は特定の胚への過度な栄養供給を避け，多くの胚に分散する方がコピーを残しやすいという考え方である．確かに胎児の成長因子であるIGF2遺伝子は父親由来のときに働き，母親由来の場合は休むよう刷り込まれている．生物はエピジェネティクスを活用してその適応度を高めている．

6　多様性を生み出すエピジェネティクス

エピジェネティクスが発生・分化のプログラムに従って厳密に調節されていること，また，いったん固定されたエピジェネティックな状態が分裂後の細胞へと安定に継承されることはすでに述べた．ここでは，このような安定性とは裏腹に，時としてエピジェネティックな状態に変化や多様性が生じることがあり，これが細胞間や個体間の表現型のバラツキのもととなることを述べる．

6-1　エピジェネティクスと生物の模様

特定のエピジェネティックな機構の働きの及ぶ範囲には幅があったり，遺伝子に影響するかどうかが一定の確率で生じたりする場合がある．つまりエピジェネティクスの効果にゆらぎがあったり，偶然性の入り込む余地があったりすることがある．そして，そのようなゆらぎや偶然が見た目にも鮮やかな生物の多様性や個性を生み出す．

第一の例はショウジョウバエの斑入り位置効果である．有名なものは複眼の色を支配するwhite(w)遺伝子座で，この遺伝子が染色体逆位によりセントロメアの近傍に移動すると赤白斑入りの眼が生じる（野生型の眼は赤色である）．

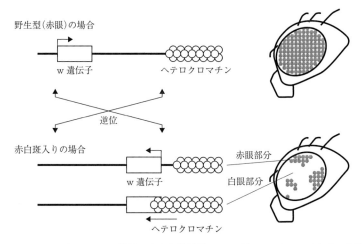

図 4-20　ショウジョウバエの複眼の斑入り位置効果．w 遺伝子の発現は野生型の赤眼に必要な遺伝子である．赤白斑入りの場合，細胞によってヘテロクロマチンの拡がりが異なる．

　これはセントロメアのヘテロクロマチンの端が明確には決まっておらず，複眼の細胞によって拡がりの範囲が異なることによる．つまり，逆位によりヘテロクロマチンの近くに移動してきた w 遺伝子の働きが，ヘテロクロマチンの拡がりぐあいにより抑えられたり抑えられなかったりするからである(図 4-20)．このエピジェネティックな変化が眼の発生過程で生じると，その後は分裂後の細胞に伝達されるので，赤白の細胞は複眼のなかでそれぞれ集団をつくって斑入りの眼となる．

　同様の例はアサガオの花の模様でも見られる．ある種の絞り模様(絞り染めのように色彩の入り混じったものをこう呼ぶ)をもつアサガオでは，青い色素の合成に関わる遺伝子のすぐ隣にトランスポゾンが挿入されている．このトランスポゾンは DNA メチル化により抑制されているが，メチル化は隣接する色素合成遺伝子まで拡がったり拡がらなかったりする(図 4-21)．メチル化が拡がった細胞は色素を作れないが，メチル化が拡がらなかった細胞は青色を呈する．ここでもその状態は分裂後の細胞に伝達されるので，青白の模様は花の中心から外側へ向かう扇状の絞り模様となる．

　哺乳類における代表例は三毛ネコの模様である．三毛ネコはほとんどすべて

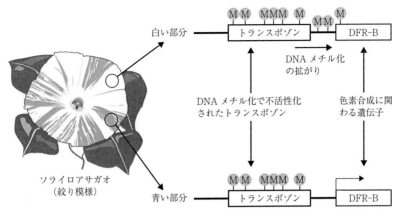

図 4-21　アサガオの絞り模様とエピジェネティクス．

雌だが，これは黒か茶かを決める遺伝子がX染色体上にあることと関係している．雌の細胞ではX染色体の不活性化により2本のX染色体のうちの1本が選ばれてエピジェネティックな機構で抑えられる（前述）．三毛ネコは1本のX染色体に毛色を黒にする遺伝子を，もう1本のX染色体に茶の遺伝子をもっており，どちらのX染色体が不活性化を受けるかで茶になるか黒になるかが決まる．どちらのX染色体が選ばれるのかは基本的にランダムで，しかもいったん不活性化されるとその状態は分裂後の細胞に伝達されるから，三毛ネコの模様は斑状である．一方，雄のネコはX染色体を1本しかもたないので三毛になることはない．

　以上の例からわかるように，エピジェネティクスは本来発生のプログラムにより厳密に制御されるべきものだが，場合によってはある確率で異なる結果が導かれる場合があり，そこには偶然性の入り込む余地がある．したがって，ハエの斑入りは左右の複眼でパターンが異なるし，1本のアサガオに咲く花もどれ一つとして同じ模様にはならない．また，体細胞核移植技術を用いて作られた三毛ネコのクローンがドナーの三毛ネコとは異なる模様となることもよく知られた事実である．エピジェネティクスのゆらぎ・偶然は，遺伝的に同一な細胞や個体の間にさまざまな表現型の違いを生み出す．

6-2　環境とエピジェネティクス

　エピジェネティックな修飾は偶然を取り込むばかりでなく，環境によっても変化する．エピジェネティクスへ影響を及ぼす環境要因には温度などの気候，栄養(食餌)，化学物質，生活習慣などさまざまなものが含まれると考えられる．

　例えば，トウモロコシの苗を低温処理するとゲノムDNAのメチル化レベルは低下するし，キンギョソウのトランスポゾン配列も低温下で脱メチル化・活性化されることが知られている．しかし，植物において，最も重要な温度依存性のエピジェネティックな変化は**春化現象**であろう．春化とは，越冬して春に開花する植物が一定期間の低温に遭遇することで花の形成が誘導されることをいう．植物の細胞は春化を受けたことを数ヶ月から数年にもわたって記憶することができるが，そこにはFLCという開花時期を決める遺伝子のヒストンの修飾状態が関わっている．つまり，春化はFLC遺伝子のヒストン脱アセチル化とヒストンH3K9・H3K27のメチル化を誘導する．詳細な研究により，このFLC遺伝子のエピジェネティックな制御にはポリコーム複合体PRC2が関わることがわかっている．

　一方，昆虫のミツバチでは，雌が女王バチになるか働きバチになるかの運命決定にDNAメチル化の変化が関わると考えられている．周知のごとく，ミツバチではロイヤルゼリーを与えられた雌が女王バチになる．ところが，雌の幼虫でDNAメチル化酵素の働きを阻害してやると，女王バチになる確率が飛躍的に高くなる．ロイヤルゼリーにふくまれる物質にDNAメチル化レベルを低下させる作用があり，これが特定の遺伝子の働きを変えて，生殖能力のある女王バチへと運命を決めてしまうらしい．以前は昆虫にDNAメチル化は存在しないのではないかと考えられていたが，ショウジョウバエやミツバチでDNAメチル化が見つかっており，発生に重要な働きを果たすことが明らかになりつつある．

　マウスでも食餌がエピジェネティクスに影響を与える例が報告されている．雌のマウスにメチル基供与体であるS-アデノシルメチオニンの合成に必要な物質(葉酸，ビタミンB_{12}，メチオニン，コリンなど)を豊富に含む食餌を与え，アグーチ遺伝子のvy変異(アグーチ遺伝子上流にトランスポゾンが挿入されている)を持つ雄と交配させる．さらに妊娠期間中と授乳中にも同じ食餌を与

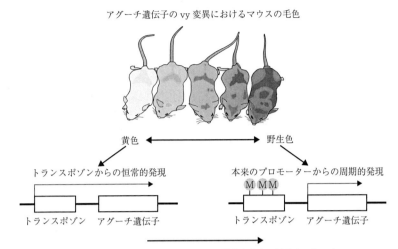

図4-22 マウスにおける食餌のエピジェネティクスへの影響.

える.すると,生まれてくる仔のアグーチ遺伝子上流のトランスポゾンのDNAメチル化レベルが上昇し,アグーチ遺伝子の本来のプロモーターによる転写が起こるので,野生色になる確率が高くなる(図4-22).食餌中のメチル基の供給源はがんとも関係しており,たくさん摂取すると大腸がんになりにくく,欠乏すると肝臓がんになりやすいとの報告があり,これらもDNAメチル化を介した作用ではないかと推定されている.

さらに最近,母親ラットによる哺育行動がエピジェネティクスを介して仔のストレス抵抗性を変える可能性が示された.誕生して間もない時期,特に最初の1週間,母親ラットから手厚い世話を受けた仔は,成長した後もストレスへの抵抗性が高いという.そのような仔では,視床下部の糖質コルチコイド受容体遺伝子のエピジェネティックな状態(DNAメチル化,ヒストンのアセチル化)が変化していた.糖質コルチコイドはストレスへの耐性を与えるホルモンである.同様に内分泌系が関係する例として,性ホルモンの内分泌攪乱物質がある.ラットにビンクロゾリンやメトキシクロールなどの化学物質を投与すると精子形成能の低下が観察され,これが生殖細胞におけるいくつかの遺伝子のDNAメチル化の変化と相関するという.

6-3 一卵性双生児の違い

2005年,スペインのエスティエール(M. Esteller)らはさまざまな年齢層の一卵性双生児を調べ,小児期の双生児間ではDNAメチル化の違いがほとんどないのに対し,年を経るにつれてさまざまな違いが出現することを示した.また,そのような差が見られたいくつかの遺伝子では発現の違いも生じていた.これがアサガオの斑入り模様や三毛ネコの模様のようなエピジェネティックなゆらぎ・偶然によるものか,環境の違いによって二次的に生じたものか,メチル化状態をコピーする際にエラーが蓄積したものかは不明である.しかし,一卵性双生児間の違いはさまざまな遺伝病の発症時期や重症度でも報告されており,**不一致現象**(ディスコーダンス)と呼ばれ,研究者の注目を集めている.いずれにしても,これまで環境や偶然といったことばで説明されていた一卵性双生児の個性が,科学的に測定できる分子レベルの差異で説明できるかも知れないということは画期的である.

三毛ネコのクローンの模様がドナーのそれとは異なっていたこと,この現象にランダムなX染色体不活性化が関係していることは前述した.クローン動物が作られる際にはエピジェネティックなリプログラミングが不完全な可能性もあるので,たとえX染色体不活性化が関わらなくとも違いが見られるかも知れない.しかしながら,一卵性双生児の例に基づいて考えると,たとえリプログラミングが完全に行われた場合でも年とともにさまざまな違いが現れることになるので,完全なクローンなどというものはこの世に存在しないということになる.

現在,生物種内の多様性はDNA配列の違い,なかでも一塩基多型(SNP)で説明される場合がほとんどである.また,それらの効果が大きいことも疑う余地のないことである.しかしながら上述のように,遺伝的に同一の個体間でもエピジェネティックな多様性が見られることは,今後新たな研究が必要であることを示している.まずはエピジェネティクスがどの程度多様性や個性に寄与しているのか調べる必要があるだろう.一卵性双生児の研究は,後に述べるエピジェネティクスの関わる病気を解明する上でも重要な情報を提供するものと期待される.

6-4 エピジェネティックな変化は子孫に伝わるか

　エピジェネティクスはゆらぎや偶然やさまざまな環境要因などを取り込み，その結果多様性を生み出すことを述べた．このような後天的なエピジェネティックな変化が子孫へ伝わることはあるのだろうか？　ごく一般的に言えば，体細胞で生じたエピジェネティックな修飾が次世代に伝わることはないし，たとえ生殖細胞にそのような変化が生じたとしても，発生のごく初期にリプログラムされて消失すると考えられる．ところが，実際にはそうでない場合が多々あるらしい．

　実は，植物ではDNAメチル化状態がメンデル形式で次世代へと伝達されるのは一般的な現象らしい．例えば，DNAメチル化機構に異常のあるddm1というシロイヌナズナの突然変異株ではさまざまな遺伝子のメチル化が失われるが，いったん脱メチル化された遺伝子は交配により野生型に戻してやってもメチル化を回復することはない．FWAはそのような遺伝子の1つで，この遺伝子がメチル化を消失すると開花時期が遅くなるが，交配により再びメチル化機構が正常に働く状態に戻してやってもメチル化消失状態も表現型もそのままである．このように塩基配列は正常だがエピジェネティックな状態が変化した遺伝子を**エピ対立遺伝子（エピアレル）**と呼ぶ．植物ではいったん脱メチル化された遺伝子は効率よく再メチル化されない．同様の例はイネでも見つかっている．

　一方，動物，特に哺乳動物では，世代を越えたエピジェネティックな変化の伝達はそれほど一般的ではない．しかし，例えばヒトゲノムに散在するVNTRと呼ばれるタンデム型反復配列では，メチル化状態がメンデル形式でそのまま子孫に伝えられる場合がある．また，遺伝子導入マウスでは，もともとメチル化されていなかった外来遺伝子が世代を経て徐々にメチル化され，最終的にはメチル化が解除されなくなってしまった例がある．

　似たようなことは内在性遺伝子でも起きる．先に述べたマウスの毛色を決めるアグーチ遺伝子のvy変異では，この遺伝子の上流に挿入されているトランスポゾンのDNAメチル化状態にゆらぎがあり，これがアグーチ遺伝子の働きに影響を与えるため，野生色と黄色の混じった斑入りのマウスが生まれる（図4-22）．興味深いことに，同じvy変異を持つマウスでも，野生色の部分が多い母親は野生色部分に富む仔を生み，黄色の部分が多い母親は黄色に近い仔を

生む傾向がある．すなわち，母親におけるトランスポゾンのエピジェネティックな状態が子に伝達される．このように見ていくと，そもそものエピジェネティクスの概念とは異なり，多くの生物でエピジェネティックな変化が生殖系列を経て次世代に伝達されるらしい．

ところで，アグーチ遺伝子のvy変異のDNAメチル化と表現型が食餌の影響を受けることは先に述べた．ということは，環境により獲得した形質が次世代へ遺伝するということにならないだろうか？　かつてラマルクやルイセンコが獲得形質の遺伝を唱えたが，ラマルクの用不用説は否定され，ルイセンコの説にも分子的な基盤は与えられなかった．しかし，今，後天的なエピジェネティクスの変化が，獲得形質の遺伝の一部に対して新たな説明を与えようとしている．もしかするとエピジェネティクスの変化は意外なかたちで種の分化や生物の進化にも貢献しているかも知れない．

7 エピジェネティクスの破綻と病気

　エピジェネティクスがさまざまな生命現象と関わるということは，それに異常が生じると病気が起きることが推測される．実際，エピジェネティクスの破綻にもとづくさまざまな病気がある．エピジェネティクスと病気の関係が明らかになったのは比較的最近のことであり，エピジェネティクスを手掛かりとして新たな診断法や治療法を開発したりする試みも始まりつつある．

7-1　がんの原因

　我々に身近な病気のうちエピジェネティクスの関与が最も明白なものはがんである．一般にがん細胞ではゲノム全体のDNAメチル化の低下と局所的なメチル化の上昇という一見矛盾した変化が生じている．つまりゲノム内のDNAメチル化の分布が異常になっており，これががんの発生・進展と関わるらしい．
　がん細胞のゲノムDNAが低メチル化状態にあることはおよそ20年前に発見された．これはがんの種類を問わず見られ，しかも大腸がんの前がん状態である腺腫(アデノーマ)などでも見られる比較的早期の変化である．ゲノムの低メチル化状態は染色体のクロマチン構造の不安定化を引き起こし，欠失や再編

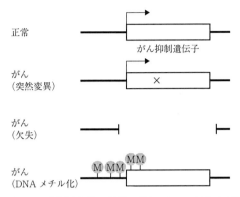

図 4-23 がんにおけるがん抑制遺伝子の異常．がんにおいてはさまざまな機構でがん抑制遺伝子の働きが失われている．従来は突然変異による遺伝子産物の機能の喪失，遺伝子そのものの欠失がよく知られていたが，DNA メチル化などのエピジェネティックな機構で発現が抑制されている場合が多いことがわかってきた．

成など染色体異常を誘発する．また，低メチル化はトランスポゾンの活性化を引き起こすので，これが染色体をさらに不安定にする可能性がある．染色体が不安定になると細胞の増殖にブレーキをかける遺伝子(いわゆるがん抑制遺伝子)が失われたり(図 4-23)，逆に増殖を促進する遺伝子(がん遺伝子)のコピー数が増えたりすることがある．このような偶然の変化が蓄積し，がんの発生や進展を促進する．また，本来 DNA メチル化により発現が適度に調節されているがん遺伝子が，低メチル化により活発に働くようになり，これががん化を誘導する可能性もある．

がんでゲノム全体の DNA メチル化が低下する理由は不明である．しかしながら，メチル基供与体である S-アデノシルメチオニンの合成に必要な物質をたくさん摂取すると大腸がんになりにくいとされており，S-アデノシルメチオニンの合成に関わるメチレンテトラヒドロ葉酸還元酵素の働きが大腸がんの発症率と相関するという報告がある．また，ラットに S-アデノシルメチオニンの合成に必要な物質が欠乏した食餌を与えると，肝臓がんの発症率が上昇するという．したがって，食餌という外的要因がエピジェネティックな変化を介してがんの素地を作っている可能性があり，これらの栄養素を十分に摂ることはがんの予防に必要と思われる．

一方，このようなゲノム全体の DNA メチル化の低下とは逆に，かなり多く

の遺伝子ががん細胞の中で非生理的なメチル化を受けることがわかってきた(図4-23).それらの遺伝子のなかには,一般にがん抑制遺伝子と呼ばれるものが多くふくまれる.これらの遺伝子はプロモーター領域のメチル化により転写が抑制されている.メチル化が抑制の原因であることは,DNA脱メチル化剤5-アザシチジンでがん細胞を処理すると,これらの遺伝子の発現が回復することから明らかである.このようながん抑制遺伝子としてRB, VHL, p15, p16, MLH1があり,これらはさまざまながんでメチル化されている.後に述べるように,これらの遺伝子はDNAからメチル基を取り除く治療の対象となる.

がんで高度にメチル化される遺伝子にはがんの発生と直接関係しないものも多い.がん細胞は無制限に増殖するように性質が変化した細胞と見なすことができ,そのため増殖に無用な遺伝子は抑制してしまうのだろう.このような遺伝子にはさまざまな組織特異的な遺伝子がふくまれ,がんの種類や悪性度と相関して特有の遺伝子のレパートリーがメチル化される場合があることがわかっている.これらの遺伝子は治療の対象にはならないが,診断や治療の選択の際に有用なマーカーとなりうる.がん抑制遺伝子の場合もそれ以外の遺伝子の場合も,DNAメチル化が抑制の引き金となっているのか,それとも抑制された状態を安定化しているだけなのかはわからない.

がんにおけるエピジェネティックな異常はDNAメチル化に限ったことではない.ある種の白血病では,ヒストンアセチル化酵素の遺伝子が染色体転座により別の遺伝子と組換えを起こし,異常な融合タンパク質を作る.このヒストンアセチル化酵素が作用する標的遺伝子のアセチル化状態が乱れることで,それらの遺伝子の働きの異常が起こり白血病を発症すると考えられる.

7-2 エピジェネティクス機構の先天異常症

エピジェネティクスの機構に遺伝的な異常があると先天性の病気が起こる.例えば,DNAメチル化酵素DNMT3B遺伝子に突然変異が生じるとICF症候群という稀な遺伝性の病気になり,免疫不全,セントロメアの不安定性,顔貌異常(特徴的な顔つき)などが見られることは先に述べた.一方,エピジェネティックコードの読み取り装置の異常も病気を起こす.**レット症候群**はてんか

ん, 自閉症, 特有の手もみ動作, 知能低下などを特徴とする先天性小児神経疾患で, 女児1万人から1万5000人に1人くらいの発症率である. 1999年, X染色体上にあるMeCP2遺伝子がこの病気の原因遺伝子であることが明らかになった. MeCP2はメチル化されたCG配列に結合して遺伝子の転写を抑制するMBDタンパク質の一種である. レット症候群の女児は2本のX染色体の一方にこの遺伝子の突然変異を持っており(ヘテロ接合体), ランダムなX染色体不活性化の結果, およそ半分の細胞しか正常なMeCP2タンパク質を作れない. これが病気の原因である. 一方, 男児にこの変異があると, 正常なMeCP2タンパク質はまったく作られない(X染色体が1本しかないため)ので流産してしまうと考えられる. レット症候群患者が女児ばかりなのはこのためであろう. MeCP2はほぼ全身の細胞で発現しているが, なぜ神経症状だけが表面に出るのかわかっていない.

エピジェネティクスの機構に異常がある病気はDNAメチル化に関係するもの以外にもさまざまある. 例えば, **ルビンシュタイン-テイビ症候群**はヒストンアセチル化酵素の1つであるCBPの変異によって起こり, 知能発達の遅れ, 顔貌の異常, 幅広い拇指, 低身長などの症状を呈する. CBPは標的遺伝子領域のヒストンや基本転写装置の構成因子をアセチル化することで転写を促進することが知られているので, これらの遺伝子が効率よく転写されないことにより症状を引き起こすのであろう.

7-3 ゲノム刷り込みの異常で起こる病気

ゲノム刷り込みに関連した病気もある. 先に述べたように, 刷り込みを受ける遺伝子は父親由来, 母親由来の1対のコピーのうちの一方だけが転写される. そのため, 母親由来のゲノムしかもたない単為発生卵や父親由来のゲノムしかもたない雄核発生卵では, 刷り込み遺伝子のおよそ半数の発現が消失し, 残りの半数の発現は2倍になる. 結果として, ヒトの単為発生卵は卵巣の奇形腫(良性腫瘍の一種)になり, 雄核発生卵は胞状奇胎という胎盤の成分のみからなる異常な妊娠産物となる.

また, 減数分裂の過程で刷り込み遺伝子の存在する染色体に分配の異常があると, 子に病気が起きる場合がある. 例えば, 14番染色体が2本とも父親由

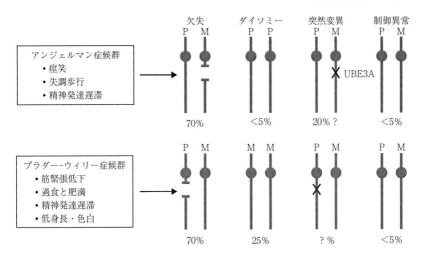

図 4-24　ゲノム刷り込み関連小児疾患の症状と発症機構．アンジェルマン症候群とプラダー–ウィリー症候群はともに 15 番染色体長腕にある刷り込み領域に異常がある．例えばアンジェルマン症候群は母親由来 15 番染色体(M)の欠失，父親由来 15 番染色体(P)が 2 本ある父性ダイソミー，母親由来 15 番染色体から発現する UBE3A 遺伝子の突然変異，および刷り込み状態が母親型から父親型へ転換する制御異常などにより起きる．

来だと(このような状態を**父性ダイソミー**と呼ぶ)，胸郭の形成異常や腹壁ヘルニアなどの症状を呈する．この 14 番染色体上には骨や筋肉の発達に関係する刷り込み遺伝子があるので，これらの遺伝子の発現量の異常が症状を起こすのだろう．そのほか刷り込みの関与する小児の先天異常として，**ベックウィズ–ヴィードマン症候群**(11 番染色体短腕にある刷り込み遺伝子の領域の異常)，**プラダー–ウィリー症候群**，**アンジェルマン症候群**(ともに 15 番染色体長腕にある刷り込み領域の異常)などが有名である．それぞれ，ダイソミー，染色体の欠失，重複，刷り込み遺伝子内の変異，刷り込み調節領域の変異などによって病気が起こる(図 4-24)．

　最近の調査によると，不妊治療のため生殖補助技術を用いて妊娠した子供はゲノム刷り込み関連小児疾患の発症率が有意に高いという．つまり，卵子や初期胚の人工的操作が，エピジェネティクスの異常，とくに刷り込みの異常を誘発している可能性がある．一方で，不妊治療を受ける夫婦の精子や卵子にはそもそもエピジェネティクスの異常が多いのではないかという推測も成り立ち，

実際に精子数の少ない男性不妊患者では刷り込み遺伝子のDNAメチル化異常が見られるとの報告もある．いずれにしても安全性の確立のためにさらなる研究が望まれる．

7-4　その他の病気

環境要因や生活習慣などの影響でエピジェネティックな変化が起きると，細胞の記憶として長期間安定に維持される可能性が高い．このことは，徐々に発症して慢性に経過するタイプの疾患，例えば肥満，喘息，糖尿病，統合失調症などにエピジェネティクスが関わっている可能性を示唆している．また，感染症や炎症も長期にわたるエピジェネティクスの異常を誘発しうる．例えば，ヘリコバクター・ピロリ（ピロリ菌）の感染が起きると，胃粘膜の上皮細胞で特定の遺伝子がDNAメチル化異常を呈する．抗生物質投与による除菌を行うとこの異常な高メチル化は見かけ上消失するが，粘膜上皮に少数存在する組織幹細胞に異常があると，長期の記憶として残る可能性がある．ピロリ菌が胃がんの危険因子であることを考えると，長期にわたる感染により胃粘膜の幹細胞にエピジェネティックな異常が蓄積し，これががんの引き金になるのかも知れない．このような疾患についての研究はまだ緒についたばかりであり，今後の展開が期待される．

7-5　エピジェネティクスを利用した診断と治療

エピジェネティックな異常によりさまざまな病気が起きることがわかってくると，これを診断に有効利用しようという発想がでてくる．例えば，異常なDNAメチル化が蓄積したがん抑制遺伝子の種類やメチル化の程度で，がんの種類，悪性度，進行度を判定したり，治療法を選択したりすることが可能になるかも知れない．また，上述のピロリ菌感染における変化は胃がんのリスク診断に役立ちそうである．実際，胃粘膜にDNAメチル化異常がある感染者はそうでない感染者に比べてがんを発症する可能性が高い．胃粘膜は内視鏡検査の際に生検採取できるので，DNAメチル化を指標としてがんの起こりやすさを予知できるようになるかも知れない．最近では1万分子のうちの1分子のDNAメチル化を検出する高感度な方法が開発されており，そのような方法を

表 4-1　がんに対するエピジェネティックな治療薬.

分　類	薬　剤		FDA 承認	対象疾患
DNA メチル化酵素阻害剤	ヌクレオシドアナログ	5-アザシチジン 5-アザ-2′-デオキシシチジン	2004 年 5 月 2006 年 6 月	骨髄異形成症 骨髄異形成症
ヒストン脱アセチル化酵素阻害剤	ヒドロキサム酸	SAHA	2006 年 10 月	皮膚 T 細胞リンパ腫

用いれば，血液中の転移がん細胞や，尿や喀痰中に出てきたがん細胞を捉えることが可能になり，非侵襲的な診断法として大いに有用だろう．

　エピジェネティクスを対象とする治療法の開発も始まっている．米国では，エピジェネティクスにより抑制されているがん抑制遺伝子を再活性化するため，DNA メチル化やヒストンの修飾に影響を与える薬剤のいくつかが治療薬として承認されている（表 4-1）．そのうち，5-アザシチジンや 5-アザ-2′-デオキシシチジンは強力な DNA メチル化酵素阻害剤であり，細胞に取り込まれたのち，DNA メチル化酵素をトラップし，シトシンをメチル化する触媒機能を失わせてしまう．これらの薬剤は，骨髄異形成症や白血病など，p15 と呼ばれるがん抑制遺伝子が高頻度にメチル化されている血液系のがんに適用されており，少なくとも一部の患者で非常に有効であることが確かめられている．

　もちろん，これらの薬剤では標的遺伝子に絞った治療はできず，どうしても細胞を障害する副作用がでてくる．しかしながら，これらの薬剤は増殖の盛んながん細胞に取り込まれやすいため，副作用をあまり心配する必要のない低用量でも効果がある．また，ヒストン脱アセチル化酵素阻害剤などの薬剤と組み合わせることで有効性が増すとされる．ヒストン脱アセチル化酵素阻害剤にはブチル酸，トリコスタチン A，バルプロン酸などさまざまなものがあり，それらは従来から細胞を分化させたり，細胞分裂を阻害したり，細胞死を誘導したりすることが知られていた．DNA メチル化酵素阻害剤の場合と同様，抑制された遺伝子を再活性化した結果と考えられる．

　これらのエピジェネティックな治療と従来のがん治療とを組み合わせることも考えられる．例えば，エピジェネティックな薬剤によりがん細胞の中で眠っている細胞増殖抑制性の遺伝子や細胞死関係の遺伝子を再活性化し，そこへ化学療法，インターフェロン療法，免疫療法を行えば，容易にがん細胞の増殖停

止や細胞死を誘導できる可能性がある．つまり，エピジェネティックな治療が，がん細胞の他の治療に対する感受性や反応性を上げるのに役立つかも知れない．

　抑制された遺伝子の発現を回復させるのとは逆に，異所的に発現している変異遺伝子を抑制する技術はあるのだろうか．まだ技術が確立されたとは言えないが，小分子 RNA を用いる方法が有効である可能性がある．前述したように，分裂酵母や植物では siRNA が標的配列にヘテロクロマチン化や DNA メチル化を誘導する作用がある．哺乳類の生殖細胞でも piRNA がトランスポゾン配列の DNA メチル化に関わる．このような小分子 RNA を用いて特定の遺伝子を狙い撃ちできれば画期的である．がん遺伝子など悪い働きをする遺伝子を抑えることに応用できるはずで，今後の発展が期待される．

　エピジェネティックな治療は DNA の塩基配列自体には影響しない．しかも多くの場合，生殖系列や初期胚でいったんリセットが起きるので，改変したことが子孫に伝わる心配は少ないと思われる．悪くなった身体の部品を除いたり交換したりするハードな治療ではなく，ソフトな治療と言えるであろう．エピジェネティックな修飾を変化させる方法は理想的な遺伝子治療の 1 つになるかも知れない．

8 エピゲノミクス

　エピジェネティクス研究を推進して医療などに役立てるためには，ヒトのさまざまな組織における DNA メチル化やヒストン修飾の状態を全ゲノム規模で調べ，データを蓄積して医師や研究者が共有する仕組みをつくる必要がある．つまりヒトゲノム計画の発展版としてのエピゲノム計画が必要である．近年のマイクロアレイ技術や超高速 DNA シークエンス技術の発展によりそのようなエピゲノム研究を迅速にかつ安価に行うことが可能になってきた．

　そのような技術の概要を図 4-25 に示す．まず，メチル化シトシンや特定のヒストン修飾を認識する抗体を用いて，目的とする修飾を持つ DNA 断片やクロマチン領域を試験管内に集める．この場合，あらかじめ DNA やクロマチンを適当なサイズに断片化しておくと，修飾を持たない領域は溶液中に残り，修飾を持つ領域だけが**免疫沈降**される．免疫沈降された分画から DNA 断片を抽

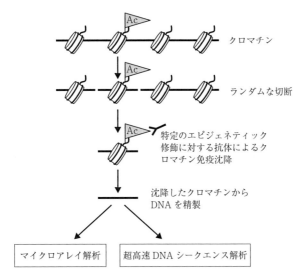

図4-25 エピゲノミクス解析技術の概要．例としてヒストンテイルのアセチル化(Ac)に対する抗体を用いた場合を示す．

出し，これをマイクロアレイとハイブリダイズしたり，または網羅的にシークエンスしたりすることでどのゲノム領域に相当するのか決定する．これにより修飾のゲノム全体にわたる分布を知ることができる．抗体の代わりに特定の修飾を認識して結合するタンパク質を用いてアフィニティー精製してもよい．

このような解析をさまざまな修飾について実施することで，特定の細胞のエピゲノムのスナップショットを得ることが可能になる．すなわち，異なるエピジェネティック修飾の分布の重なりや違いを知ることができるし，トランスクリプトーム解析の結果と組み合わせて各遺伝子の活性と関係づけることもできる．さらに異なる細胞間，分化段階間，正常と異常の間のエピゲノムを比較し，その違いを網羅的に知ることが可能となる．このような**エピゲノミクス解析**が，これまで述べてきたようなさまざまな生命現象やエピジェネティクス関連疾患の解明に革新的な成果をもたらすことが期待されている．

そのような研究で新たにわかったことの例をいくつか挙げると，例えば未分化なES細胞において，胚発生時に重要な働きをする遺伝子群(HOX遺伝子など)のプロモーターはヒストンH3K4のメチル化(転写活性を示す修飾)と

H3K27のメチル化(抑制性の修飾)が同居した2価性のエピジェネティックコードを持つ(前述).将来いつでも転写を開始できるようなアイドリング状態を表すエピジェネティックコードであろうと考えられている.

また,体細胞へ特定の因子を導入してiPS細胞を作成する際,完全にリプログラムされてiPS化されるのはごく一部の細胞であり,多くの細胞は不完全なリプログラミング状態でトラップされてしまう.これらトラップされた細胞の遺伝子発現状態やエピゲノム状態を調べてみると,体細胞の組織特異的遺伝子の発現がそのまま持続していたり,未分化性に必要な遺伝子が抑制性のエピジェネティック修飾を解除できていなかったりすることがわかった.とくにDNAメチル化は解除が難しく,iPS化の大きな障壁になっていた.この知見に基づき,リプログラムする際にDNA脱メチル化剤を加えると,iPS細胞の作成効率が数倍も上昇したと報告されている.

このように,網羅的なエピゲノミクス解析により従来得られなかった新たな情報を得ることができ,それをさまざまな生命現象の解明や病気の克服に活用することができる.エピゲノミクスは現代の医学・生物学で欠くことのできない新しい研究分野である.

参考図書

[1] 佐々木裕之(2005):エピジェネティクス入門——三毛猫の模様はどう決まるのか,岩波科学ライブラリー,岩波書店.
[2] 佐々木裕之(編)(2004):エピジェネティクス,シュプリンガー・ジャパン.
[3] Allis, C. D., Jenuwein, T., Reinberg, D., Caparros, M.-L.(編)(2007):Epigenetics, Cold Spring Harbor Laboratory Press.

5 ゲノムを読み解く
バイオインフォマティクス

　髪の毛1本からクローン人間を作るSF小説が書かれたり，幹細胞から皮膚や筋肉などのいろいろな体の組織が再生されたりするのは，我々の体を構成する細胞1つ1つに我々の体を作るのに必要な情報(ゲノム情報)が全部書き込まれているからである．そしてその情報はDNAの立体構造(塩基配列)として記載されている．それなら，その塩基配列を研究しさえすれば，その生物のことが全部わかるはずなのではないかという考えから，コンピュータを使ってゲノムDNAに書き込まれた情報を読み解こうとする学問が誕生した．これがバイオインフォマティクス(生命情報科学)の始まりである．

1 情報科学としての生物科学

1-1　ゲノム情報

　よくSF小説や映画の中で，髪の毛1本から歴史上の人物のクローン人間を作ったり，恐竜を現代によみがえらせたりするシーンがある．このような話はむしろ生物学を知らない人にとってはタイムマシンの設定と同じぐらい荒唐無稽に思えるかもしれないが，生物学的にはまったくの絵空事とも言い切れない．いわゆるiPS細胞を作って，ヒトの体細胞からいろいろな種類の細胞を作り出したりできるのも，同じ原理である．大事なことは，現在知られている限りのすべての生命体は細胞からできていて，多細胞生物中の個々の細胞は，自分自身の情報にとどまらず，他のすべての細胞の情報をも含む，どれも同じ個体全体の情報を持っているということである．そして，本書でこれまで説明され

てきたように，この情報は基本的には染色体 DNA 分子の塩基配列という形で蓄えられており，細胞分裂の際には複製され，親から子へと遺伝する．この情報を**ゲノム情報**という．地球上のあらゆる生物において，この情報を DNA に記載する規則は，細かい例外を除けば共通である．だからこそ，大腸菌にヒトの遺伝子がコードするタンパク質を作らせたりできるのである．

1-2 バイオインフォマティクス

ゲノム情報はしばしばコンピュータプログラムにたとえられる．受精によって，新しい個体に対応するゲノムをもつ受精卵が誕生したときにそのプログラムは起動され，必要な情報が順次そこから読み出され，細胞は分裂を繰り返し，それぞれの細胞はやがて分化して，個性を獲得して行く(しかしプログラムであるゲノム自身は変化しない)．そのプログラムのソースコードを我々はDNA 塩基配列という形ですでに手にしているのである．ヒトゲノムの場合，それは約 30 億文字からなるが，その多くの部分は有用な情報が記されていない「余白」にあたるらしいと言われている．それならば，そのソースコードを読み解くことによって，我々は生物のすべてを知ることができるのだろうか．その当否は別として，そのような試みにコンピュータが不可欠なことは言うまでもないだろう．そこで，コンピュータを使ってゲノム情報を研究する学問が誕生し，**バイオインフォマティクス**(bioinformatics)と呼ばれるようになった(後述するように，現代のバイオインフォマティクスはさらに広い分野を含んでいる)．

ここで強調しておきたいことは，物理学であれ，天文学であれ，現代の科学研究において，コンピュータ解析と無縁の学問は存在しないだろうが，生物学におけるコンピュータ利用は，塩基配列という形で情報のエッセンスが表現されているものを直接解析できるという点で，それらとは一線を画している部分があるということである．すなわち「生命」を理解する上で，情報という切り口は特別な意味をもつ．その意味では，もしかしたら生命を物理学的に理解できたとしても，それだけでは片手落ちかもしれない(たとえばベートーヴェンの音楽をオシロスコープを通して理解しようとするような?!)．フッド(L. Hood)という研究者は「生物学は情報科学の一種である」と言ったそうである．

本章では情報科学としての生物学という観点からバイオインフォマティクスを紹介する．

1-3　ゲノムのもつ歴史性

　生物学が物理学などと比べて持つ困難さの1つに，進化の再現性の問題がある．進化の原動力となるのは，生殖細胞のゲノム DNA が複製されるときに起こるコピーミスであると考えられており，それは本質的に偶発的なできごとである．したがって，進化の道筋を議論するときに，そこになにがしかの必然性を認めることはできても，歴史学者が「もしあのとき〇〇が起こっていなかったら」と仮定するのが無意味であるのと同じような事態に陥る．我々にできるのは，その進化の道筋をできるだけきちんと再現することだけである．そして，そのことは多くの生物種のゲノム DNA 配列を比較していくことによって行われる．この作業はちょうど，古代の言語がどのような変遷を経て，現代の諸言語に受け継がれているかを研究する比較言語学に対応していると言えよう．ともあれ，ゲノムはいろいろなレベルで比較できるが，もっとも基本的かつ直接的なのは2つの文字列(**配列**, sequence)を並べることによって対応関係を調べることである．この操作は，2つの配列が十分よく似ているときは容易であるが，両者の進化的距離が離れたときには難しくなる．また，大量に蓄えられた配列の中から類似した配列を高速に検索する必要もある．本章の第3節でそれらの基本的なテクニックや考え方を説明する．

2　ゲノムの辞書と文法書

2-1　ゲノムの言語

　前節でも述べたように，ゲノム情報は「未知の言語で書かれたプログラム」にたとえられる．しかし，日本語や英語などの自然言語がコンピュータ言語等とは違ってはじめから現在の形に設計されてできたものではないのと同様，ゲノムの「記述言語」も長い歴史の中で発達してきたものであり，第三者にとって理解し易く体系だっているとは言えない．ともあれ，我々が未知の言語を理解しようとするときに，まず整備すべきものは辞書であり，文法書であろう

(たとえそれが不完全なものでも)．生物学における辞書はデータベースである．もう少し正確にいうと，データベースというのはある決まった形式にしたがって，データを集めたものを指す．たとえば，住所録は，名字の欄，名前の欄，郵便番号の欄，などの決まりにしたがってデータが整理されているので，立派なデータベースである．規模の大きなデータベースになると，単にデータが集められているだけでなく，データの更新や検索のためのプログラム(データベース管理システム)が備わっているのが普通である．ゲノム言語の理解が生物学の重要課題であるのならば，データベース作りがその上で特別に重要であることは明らかであろう．生物学というと，暗記ものというイメージがあったり，博物学的なアプローチを軽視する向きもあるが，やはり地道な現象の記載はすべての基礎になる．章末の付録で，分子生物学における代表的なデータベースをいくつか紹介する．

2-2 ゲノムの文法とは

生物学における辞書はデータベースであるということで納得がいきやすいのであるが，文法書というとどうであろうか．生物学的には，これは細胞内でゲノム塩基配列が読み出され，解釈されていくための論理にあたる．したがって，バイオインフォマティクスにおける「文法」も，未知配列の解釈に直接応用可能であることが望ましい．例えば，「遺伝子」とは，これこれの性質を持つものであると定義できれば，その定義を未知のゲノム塩基配列に適用して新しい遺伝子を見つけられる(ちなみに本章では遺伝子という用語は，特に断りのない限り，タンパク質をコードするものを指すものとする)．

このとき，例外だらけのゲノム言語であるがゆえに，検出性能が完璧であることは期待できないが，既知のゲノムに適用したときにどの程度の性能が得られたかというデータは添えられているべきだろう．実際のところ，この種の「文法書」はまだまだ未完成であり，どのような知識の記載方法が有効であるかがいろいろ検討されている段階である．たとえば，4-2節で紹介するように，「遺伝子発見問題」においては，遺伝子の持ついろいろな性質を確率的に表現した数理モデルがある程度の成功を収めた．また，遺伝子の転写を制御するシグナルの解釈には，たとえばルールの集合を適用するような研究が発表されて

いる.

　バイオインフォマティクスにおける文法は，これらの「数理モデル」そのものであると言えなくもない．そもそも，バイオインフォマティクスの研究自体が，いろいろな生命現象や実験データを分子的描像に基づく数理モデルによってどのぐらいよく説明できるかを検討し，少しずつモデルを改良していく営みであるととらえることもできる．本章の目標の1つは，このことを読者に納得してもらうことにある．今後のバイオインフォマティクスの発展にしたがって，「生命の文法書」は少しずつ充実していくに違いない．

2-3　数理モデルの考え方

　ここで数理モデルの具体的な例を考えてみよう．一般にゲノムの塩基配列は，アミノ酸配列がコードされている領域はもちろんのこと，大部分が「余白」にあたると思われる遺伝子間領域においても，4種類の塩基の出現パターンはランダムとは言い難い．表5-1(a)にヒトの21番染色体における4種類のヌクレオチド（あるいは塩基）の出現頻度を示した．この状況を単純に数理モデル化すると，4種類の塩基がそれぞれ表5-1(a)にあたる出現頻度でランダムな順序で出現するモデルが考えられる．つまり，4つの目がそれぞれ異なる確率で出るような偏りのあるサイコロをふった結果できた配列が，現実のゲノムの塩基配列であるとひとまず仮定してみるのである．このモデルの妥当性は，いろいろな角度から検証できるだろう．たとえば，塩基組成が本当に均等から外れてい

表5-1　塩基の出現パターン.
(a) ヒト21番染色体における塩基の出現頻度(%)

塩基	A	T	G	C
組成 (%)	29.7	29.4	20.5	20.4

(b) 同じく連続する2塩基の出現頻度(%). CG含量が際立って低いことに注意.

1番目の塩基\2番目の塩基	A	T	G	C
A	9.9	7.8	6.9	5.1
T	6.6	9.7	7.3	5.9
G	5.9	5.0	5.2	4.3
C	7.3	6.9	1.1	5.2

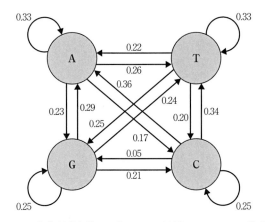

図 5-1　ヒトゲノムの塩基配列出現の一次マルコフ連鎖モデル．4 つの塩基の状態間の遷移確率を示す．たとえば，A が出現した次に T が出現する確率は 0.26 で，再度 A が出現する確率が 0.33 であることを示す．C の次に G が出現する確率は極端に小さいことに注意．ヒトゲノムにはメチル化を受け易い CG という配列は非常に少ない．

るのかを検証するために，他の 22 本の染色体における塩基の出現頻度のゆらぎと比べて，この塩基組成を仮定することにどのぐらい意味があるのかを調べることができる．

　もう 1 つの考え方として，隣り合う塩基が本当に続けてサイコロをふるように互いに無関係に出現しているかを検証することが考えられる．表 5-1(b) に 16 種類のジヌクレオチド(連続する 2 塩基にあたる)の出現頻度を示した．C の次に G が出現する確率が極端に低いなど，隣り合う塩基の無相関の仮定は妥当とは言い難いことが見て取れる．そこで，今度はある塩基の出現する確率は，その左隣(5′ 側)にある塩基の種類のみによって決まるというモデルを考えることができる(**マルコフ連鎖**, Markov chain)．そのような確率は，表 5-1 をもとに条件付き確率として計算でき，モデルは図 5-1 のように表記できる．必要に応じてモデルを高次化して，ある塩基の出現確率はその左側にある連続した 2 塩基パターンで決まる(たとえば AA の隣にまた A がくる確率が○○)などと考えることもできる．

　一般に，モデルを高次化するほど，現実をよく反映できることが期待できるが，あまりに複雑なモデルを作ろうとすると，今度は出現確率の推定に必要なサンプル数の不足を招くことになる(あらゆる 20 塩基長のパターンがヒトゲノ

ム中に平均何回出現するかを考えてみてほしい).この種の確率的な数理モデルを使って,例えば人工的なゲノムの塩基配列を作り出すことができ,これは,たとえば与えられた配列の「ゲノムらしさ,その生物種らしさ」を評価するときの基準として,有用である.また,「ゲノムの文法」としては,「ヒトゲノムの塩基配列を巨視的にみると,隣り合う塩基の出現はランダムとは言えず,特にCの次にGがくる確率は非常に低いので,最低でも一次マルコフ連鎖モデルで近似すべきである」などと定性的に理解できる.

3 配列の比較から進化を知る

「生命の設計図」としてのゲノムDNAは,生命の祖先以来,親から子へと営々とコピーされ続けてきたはずである.したがって,ゲノムのDNA塩基配列には我々の祖先が歩んできた進化の痕跡が残されている.これを調べるときに基本となるのが,2つの配列の比較という操作であり,この節ではその基本的な考え方と方法を紹介する.

3-1 進化の仕組み
(a) 種と種分化

まず,進化の仕組みについて,簡単におさらいしておこう.進化についてはいろいろな論争があるが,ここでは厳密性にこだわらず,シンプルな説明を試みる.進化を考えるときの基礎となる概念が種である.種とは,ここでは有性生殖によって互いにDNAが混じり合って子孫に伝えられる集団とする.同一種内の個体のもつ遺伝子の塩基配列は互いにほとんど同じである反面,少しずつ異なっており,それぞれの個体の体質や個性を形作る遺伝的要因になっている.このような差異は,DNAのコピーミスなどの原因により塩基配列が変化(**突然変異**,mutation)することによってもたらされる.

生殖細胞で突然変異が生じると,その変異は子孫に受け継がれる可能性がある.一般にその変異がそれをもつ個体の生存にとって不利である場合,子孫に受け継がれ種内に広がっていく可能性は小さいが,逆にその変異が個体にとって有利であれば,変異した遺伝子の型(対立遺伝子,allele)は,世代を追うに

つれ種内に広がっていき，やがて種の構成員すべてに行きわたる可能性が高い．このとき，その変異は固定されたことになり，その種は(分子レベルで)「進化した」とみなすことができる．しかし，多くの変異は大きく有利でも不利でもない中立なものと考えられ，その場合，その対立遺伝子をもつ個体数は種内で確率的に変動するはずである(その過程で完全に消滅したり，逆に固定される可能性もある).

　種内のある集団が何らかの理由で他の集団との間で生殖を行わなくなった場合(生殖隔離)，その集団内で生じた遺伝的変異はもはや種全体に広がることができなくなるため，種が分化し得る．たとえば，ある種が地理的に隔絶した二領域に分布するとき，その種が分化して，それぞれの新種は各々の環境に有利な遺伝子を自分の中で広めていくことで各環境により適応することができるだろう．実際，地球上のあらゆる生命は単一の原始生命から**種分化**を重ねて形成されたと考えられ，その歴史は系統樹という形で表現されている(3-5節参照).

　現在の知識によれば，地球上の生命は，真正細菌，古細菌，真核生物の3つの系統から成り立っている．真正細菌と古細菌は細胞内に核を持たない原核生物であるが，通常原核生物の性質を議論するときには真正細菌をイメージしていることが多い．

(b) 相同性

　以上の説明からわかるように，ヒトのゲノム DNA と一口に表現しても，実際は個人によって，少しずつ異なっている．この違いは**多型**(たけい)と呼ばれる．しかし，異なる種の間で DNA の配列を比較するとき，観察される違いのほとんどは多型ではなく，種分化後にそれぞれの種の中で起こり，固定された変異であるはずである．たとえば，ヒトとチンパンジーはもともとの共通祖先から約500万〜400万年前に種分化したと推定されている．2つの種の DNA を比べると，その文字列としての違いは，領域によるばらつきを平均すると1%余りで，それらの多くは固定された変異と思われる．

　さらに，ずっと以前に分化した種を比較しようとするときは，文字列としての違いが大きくなり，直接の比較が難しくなってくる．次項で説明するように，進化に伴って遺伝子はいろいろなメカニズムで生成・消滅するので，それぞれ

の種が保持している遺伝子の集合は，重なりを残しつつも，互いに異なることになる．両者で共有されている遺伝子の多くは，偶然ではなくそれらの生存のために重要で，進化的に保存されてきた（変化していない者が生き残ってきた）可能性が高い．

そこで，進化的に遠縁の種のゲノムを比較するときには，どの遺伝子が共有されているかを調べることが基本になる．このとき，両種の共通祖先に存在した遺伝子が種分化後もそれぞれ保持されている関係にある遺伝子を**オルソログ**（ortholog）と呼ぶ．これに対して，次項で述べるように，同一種内で**遺伝子重複**によって生じた関係にある遺伝子を**パラログ**（paralog）と呼ぶ．オルソログとパラログは，それぞれの生成メカニズムは異なるものの，共通の祖先から分かれてできたという点は共通であり，そのため両者を合わせて**ホモログ**（homolog，相同遺伝子）と呼び，互いに相同な遺伝子の間には**相同性**（ホモロジー，homology）があるという．

しかし，特殊な場合を除いて，我々には祖先生物のゲノム塩基配列は入手できないので，相同性があるかないかは，結局，現代の生物のもつ塩基配列（もしくはそれを翻訳して得られるアミノ酸配列）を比較したとき，他人の空似とは思えないほどよく似ていると言えるかどうかで判断するしかない．また，長い進化の過程で，種分化によるオルソログ生成と，遺伝子重複によるパラログ生成は幾重にも織り重なって起こるので，相同遺伝子がオルソログなのかパラログなのかを判定することも，現実問題としては容易でないことが多い．

(c) 新規遺伝子の創造

前項で述べたように，偶然とは思えないほどよく似ている遺伝子は，異なる種の間だけでなく，同一種のゲノム中にも多数存在している（パラログ）．これは，突然変異の中には何らかの原因で染色体DNAの一部が重複してコピーされ，その結果，その領域にある遺伝子のコピー数を変化させる遺伝子重複を生じるものがあることを示している．遺伝子のコピーを複数持つことによって，本来の機能を一方が保持していれば，他方ではより大胆かつ自由な変化が可能になるはずで，これこそ進化の実験室として機能してきたのではないかと考えられている．

新しい遺伝子を生み出す契機となり得るもう1つのメカニズムとして，しばしば異なる遺伝子が融合（または異なる遺伝子へ分離）したり，異なる遺伝子の部分が混ざり合ったりすることも起こるらしい（**遺伝子のかきまぜ**，または**遺伝子シャフリング**，gene shuffling）．たとえばある種における遺伝子 A の前半部分と遺伝子 B の後半部分を併せ持つようなハイブリッド遺伝子が別の種に観察されることがある．

さらに，長い進化の過程の中では，何らかの形で他の生物のもつ遺伝子を自分の中に取り込むことも行われてきたらしい（**水平伝達**，または**水平伝播**）．すなわち，一般に2つの種がオルソログ遺伝子を共有している場合，それらの種は同一祖先が分化した結果生じ，遺伝子もそれぞれに受け継がれたと解釈される（**垂直伝達**）．しかし，そのような解釈から組み立てられた系統関係から考えると，どう見ても唐突に，ある種の中に系統上遠く離れた種の遺伝子が備わったように見えることがある．そのような遺伝子は水平遺伝によって生じたと解釈されるが，祖先種において遺伝子が消失したのを見過ごした可能性もあり，その判断には慎重を期す必要がある．

ともあれ，進化を DNA などの分子情報から研究する**分子進化学**においては，さまざまな生物種のゲノム塩基配列が次々に明らかになっている現在は，まさに大忙しの時代である．言語学者が，あらゆる単語の系統関係（ある英単語がラテン語由来である等）をこつこつ調べ上げるのと同様，分子進化学者はあらゆる遺伝子の歴史を明らかにしなくてはならない．

3-2 配列のアラインメント

(a) 自明なアラインメントから学ぶ

2つの配列を比較しようとするとき，それらの部分ごとの対応がわかるように並べてみるのが自然である．これを**アラインメント**（alignment，並置）と呼ぶ．ヒトとチンパンジーの配列など，相同配列同士でも互いに非常によく似ている配列のアラインメントはほとんど自明である．図5-2にヒトとアカゲザルの例を示す．

並置されている部分のほとんどはそれぞれ同じ塩基である．したがって，ほとんどの場合，両者の共通祖先の対応部分もこれと同じ塩基だったことが推定

```
ヒトHBB: ATGGTGCATCTGACTCCTGAGGAGAAGTCTGCCGTTACTGCCCTGTGGGGCAAGGTGAAC
サルHBB: ATGGTGCATCTGACTCCTGAGGAGAAGAATGCCGTCACCACCCTGTGGGGCAAGGTGAAC
ヒトHBD: ATGGTGCATCTGACTCCTGAGGAGAAGACTGCTGTCAATGCCCTGTGGGGCAAAGTGAAC

ヒトHBB:  M  V  H  L  T  P  E  E  K  S  A  V  T  A  L  W  G  K  V  N
サルHBB:  M  V  H  L  T  P  E  E  K  N  A  V  T  T  L  W  G  K  V  N
ヒトHBD:  M  V  H  L  T  P  E  E  K  T  A  V  N  A  L  W  G  K  V  N

ヒトHBB: GTGGATGAAGTTGGTGGTGAGGCCCTGGGCAGGCTGCTGGTGGTCTACCCTTGGACCCAG
サルHBB: GTGGATGAAGTTGGTGGTGAGGCCCTGGGCAGGCTGCTGGTGGTCTACCCTTGGACCCAG
ヒトHBD: GTGGATGCAGTTGGTGGTGAGGCCCTGGGCAGATTACTGGTGGTCTACCCTTGGACCCAG

ヒトHBB:  V  D  E  V  G  G  E  A  L  G  R  L  L  V  V  Y  P  W  T  Q
サルHBB:  V  D  E  V  G  G  E  A  L  G  R  L  L  V  V  Y  P  W  T  Q
ヒトHBD:  V  D  A  V  G  G  E  A  L  G  R  L  L  V  V  Y  P  W  T  Q
```

図5-2 簡単なアラインメント．ヒトとアカゲザルのβグロビン遺伝子（HBB），さらにヒトのδグロビン遺伝子（HBD）の配列の一部を，塩基配列レベル（第1，3段）とアミノ酸配列レベル（第2，4段）でアラインした結果を示す．βグロビンとδグロビン遺伝子は遺伝子重複の結果生まれたパラログ遺伝子である．塩基・アミノ酸配列ともに，変化したと思われる部位を強調している．特にアミノ酸配列レベルの変異の原因となっている変化には下線を付した．アミノ酸配列レベルでの変化を伴わないサイレント変異が結構多いことに注意．

できる．また，ところどころで塩基が食い違っているが，これは種分化が起こった後で，どちらかの種において，塩基置換が起こったものと推定できる（厳密には，両者共に変化している可能性もあるし，同一部位に複数回置換が起こる多重置換が起こっている可能性もある）．

2つの配列を比較しているだけだと，どちらが変化したのかわからないが，ここにゴリラなど，さらに以前に分岐したと思われるもう1種の配列と比較して，その塩基がどちらか一方と一致した場合は，多数派が共通祖先の塩基だったと推定するのが自然である（図5-2にはヒトのパラログ遺伝子の配列を示す）．

図5-2には翻訳されたアミノ酸配列の一部も記されている．この例でも見て取ることができるが，塩基置換が起こっても，アミノ酸配列のレベルでは変化していないことがむしろ多い．逆に言うと，アミノ酸配列に影響しない変異が進化上，許容されやすい．そのため，比較的アミノ酸の指定に影響の少ない，コドンの3文字目などに置換が多くみられる．そして，比べる配列の間の進化的距離が大きくなるにつれ，塩基配列同士の違いはアミノ酸配列同士の違いに比べてより顕著になり，比較的近い進化的距離でも類似性が見えにくくなる．したがって，遠縁の配列同士の類縁性を検出するためには，（それがアミノ酸

配列をコードしている部分であるなら)アミノ酸配列レベルで比較したほうが，高い精度が得られる．

(b) 一般のアラインメント

次に図5-3では図5-2よりもう少し遠縁関係のアラインメント(ヒトのβグロビンとウシのαグロビン)を示した．両者でアミノ酸が一致するところでは，その一致した文字を間に記している．塩基配列を並べて見ると，一見それなりに類似しているようだが，この程度の類似は偶然でも生じやすく，ノイズと意味のある進化関係の区別は難しい．また，このアラインメントのところどころで，どちらかに隙間(ギャップという)を入れてある．これは，実際に進化の過程でゲノム内の配列の一部が欠失したり，余分な配列が挿入されることが，ときどき起こることを意味している．この場合も，2つの配列だけでは挿入と欠

```
(a)
 ヒト  4   LTPEEKSAVTALWGKV--NVDEVGGEALGRLLVVYPWTQRFFESFGDLSTPDAVMGNPKV   61
           L+  +K   V A WGKV  +  E G EAL R+ + +P T+ +F  F DLS      G+ +V
 ウシ  3   LSAADKGNVKAAWGKVGGHAAEYGAEALERMFLSFPTTKTYFPHF-DLS-----HGSAQV   56

       62  KAHGKKVLGAFSDGLAHLDNLKGTFATLSELHCDKLHVDPENFRLLGNVLVCVLAHHFGK   121
           K HG KV  A +  + HLD+ L G   + LS+LH   KL VDP NF+LL  L+   LA H
       57  KGHGAKVAAALTKAVEHLDDLPGALSELSDLHAHKLRVDPVNFKLLSHSLLVTLASHLPS   116

       122 EFTPPVQAAYQKVVAGVANALAHKY   146
           +FTP V A+   K +A V+  L KY
       117 DFTPAVHASLDKFLANVSTVLTSKY   141
```

```
(b)
        10        20        30        40        50        60        70        80
 ヒト CTGACTCCTGAGGAGAAGTCTGCCGTTACTGCCCTGTGGGGCAAGGTGA------ACGTGGATGAAGTTGGTGGTGAGGC
      :::   :::: :  ::  ::  ::     ::  :  ::::::::::::        ::::: :   :::  ::  ::
 ウシ CTGTCTGCCGCCGACAAGGGCAATGTCAAGGCCGCCTGGGGCAAGGTTGGCGGCCACGCTGCAGAGTATGGCGCAGAGGC
        10        20        30        40        50        60        70        80

        90       100       110       120       130       140       150       160
      CCTGGGCAGGCTGCTGGTGGTCTACCCTTGGACCCAGAGGTTCTTTGAGTCCTTTGGGGATCTGTCCACTCCTGATGCTG
      ::::::   :: ::   ::  :: :::   :: ::: :: :       ::::       :::::  ::::  :::
      CCTGGGAGGAGATGTTCCTGAGCTTCCCCACCACCAAGACCTACTTCCCCCACTTCGA------------CCTGAGCCAT
        90       100       110       120       130       140       150
```

図5-3 アミノ酸配列のアラインメント．ヒトのβグロビン遺伝子とウシのαグロビン遺伝子のアラインメント．(a)アミノ酸配列レベル．似ている部分だけが抜き出されている．アラインメントの表示法は後述のBLASTの標準的な流儀による．(b)塩基配列レベル(一部)．同じ塩基が並んだ位置を":"で示している．並べ方は(a)と必ずしも一致していない．また，一見かなり似ているようだが，4種類しか文字のない塩基配列では，この程度の類似は偶然に見られるレベルとさほど変わらない．なお，(a)，(b)ともに，両端の対応させにくい部分が切り落とされているため，これらは局所アラインメント(後述)である．

失のどちらが起こったかがわからないので，単に「ギャップが入る」と表現することが多い．

　実際問題として，アラインメントをどう求めるかは，ギャップをどう入れるかと同じである．祖先種の配列が入手できない限り，アラインメントの「正解」はわからないので，現在の情報から見て，最も確からしい並べ方を求めることになる．その意味で，手作業でアラインメントを行うときは，短いギャップを数多く入れ過ぎないように注意すべきである．なぜなら，進化的には短いギャップが二度挿入される確率よりも，長いギャップが一度だけ挿入される確率のほうが高いからである．通常，アラインメントでは進化の過程で置換と挿入・欠失が起こって，祖先配列から現在の配列が生成されたと仮定する．しかし，実際のアラインメントにおいては，異なる原理に基づく違いを考えなければならない場合もある．たとえば，エクソン・イントロン構造をもつ遺伝子のゲノム配列と，そこから生成された成熟mRNA(あるいはそれを逆転写して得られるcDNA)の配列を並置することが，しばしば行われる．その場合，イントロンに対応する部分がギャップとして扱われることになるが，これを通常の挿入・欠失として扱うのには，長さ分布の違い一つをみても，無理がある．

(c) **保存的置換と局所アラインメント**

　アミノ酸配列レベルの比較が塩基配列レベルと比べて高感度なのは，前述のようにアミノ酸配列の変化のほうが保守的であることが大きいが，もう1つ重要な点として，アミノ酸の場合は，観察される置換がランダムでないこともある．厳密にいうと，塩基の場合でも，たとえばアデニン塩基が他の3種類の塩基に置換される割合はそれぞれ同じではないが，アミノ酸の場合は性質の近いアミノ酸に置換される傾向が顕著である．たとえば，ロイシンという疎水性のアミノ酸(残基)は，イソロイシンやバリンなど，他の疎水性のアミノ酸(残基)に置換される確率が高い(**保存的置換**と呼ばれる)．これは，もとの塩基配列のレベルで突然変異がランダムに起こっても，子孫に残され，広まっていくのは，その遺伝子産物の性質への影響が少ない類似アミノ酸への置換が多いことによる．この性質を使って，たとえ文字の一致度が低くても，性質の似たアミノ酸が多く対応づけられるアラインメントは，正しい相同関係を示している確率が

高いので，遠縁の相同関係の検出精度を上げることができる(図 5-3(a)では，性質の似たペアの並んだところは"＋"で表示されている)．

検出精度の向上に有効な工夫がもう 1 つある．一般に遠縁同士のアラインメントでは，類似が比較的明瞭なのは，全体のうちの一部だけである．図 5-3 ではその点が少しわかりにくいが，両端が切り落とされている．このように，一部の類似領域だけを切り出すアラインメントを**局所アラインメント**と呼ぶ．よく似ている部分だけを切り出すことによって，配列全体の一致度から言うとノイズレベルと区別のつかない遠縁の関係を検出できる．これは一見何でもない工夫のように思えるが，データベース中から相同配列を検索する相同性検索(後述)を行う上で，革命的に重要な進歩であった．

(d) 立体構造のアラインメント

前項で，一般に塩基配列のレベルよりアミノ酸配列レベルの変化のほうが保守的であると述べたが，実はそこから作られるタンパク質の三次元立体構造はさらに変化に対して保守的なことが知られている．図 5-4 にその例を示すが，タンパク質の立体構造のレベルではほとんど同じ構造である両者が，アミノ酸配列レベルでは大きく異なっており，立体構造の知識なしに，配列だけから両者の相同関係を推定するのは相当困難であることがわかる．その意味で，本当に進化的距離の遠い相同関係の検出には，立体構造の情報が有効なことは明らかだが，X 線結晶構造解析などを用いて立体構造を決めるのは容易ではないため，現実には自分が解析したい遺伝子がコードするタンパク質の立体構造がわかっていることは少ない．とはいえ，遠縁の立体構造同士を三次元空間上でアラインする方法の研究もいろいろ行われている．

少し本筋から外れるが，そもそもタンパク質の立体構造はアミノ酸配列によって指定されているはずである(アンフィンゼン(Anfinsen)の仮説)．したがって，図 5-4 で示したような，立体構造はほとんど同じでも見かけ上大きく異なる 2 つのアミノ酸配列は，本質的に同じ情報をコードしていることになる．その秘密を読み解くことが，ゲノムの文法の最も大事な部分を明らかにすることにつながるはずで，そのため，アミノ酸配列からタンパク質の立体構造を予測する研究は，分子生物学が生まれて間もない頃から多くの研究者が取り組ん

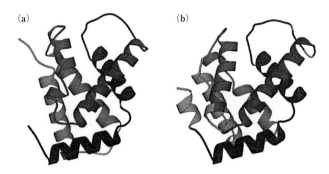

```
(c)
 ヒト   2:LSPAD-KTNVKAAWGKVGAHA-GEYGAEALERMFLSFPTTKTYFPHF-DLSHGSA--QVK: 56
          *   *     * *        *    *  *      *              *    ***
 二枚貝 10:LT-ADVKKDLRDSWKVIGSDKKGN-GVALMTTLFADNQETIGYFKRLGNVSQGMANDKLR: 67

     57:GHGKKVADALTNAVAHVDDMPNALSALSDLHAHKLRVDPVNFKLLSHCLLVT--LAAHLP:114
        *  *  *   *    **          * *           **   *     *   *
     68:GHSITLMYALQNFIDQLDN-PDDLVCVVEKFA-------VN-----H---ITRKISA---:108

    115:AEFTPAVHASLDKFLASVSTVLTSKY:140
        ***    *  * ***       **
    109:AEFGK-INGPIKKVLASKN--FGDKY:131
```

図 5-4 立体構造の進化的保存．(a)ヒトヘモグロビン α 鎖(α グロビン遺伝子産物：PDB ID：4hhb-A)と(b)二枚貝のヘモグロビン α 鎖(PDB ID：3sdh-A)の立体構造のリボン表示(奈良先端科学技術大学院大学川端猛氏のご厚意による)．一見するとまったく同じ構造に見えるが，よく見ると微妙に異なっている．(c)アミノ酸配列のアラインメント．一致したアミノ酸を＊で示している(一致度は19%)．なお，このアラインメントはアミノ酸配列レベルで最適化されたもので，構造を最適に並べたときに得られるものとは少し異なる(この場合はさらに一致度が小さくなる)．この図の例よりさらに配列が似ていない場合でもだいたいの構造が一致しているタンパク質も知られている．

できた．しかし，これはなかなか一筋縄ではいかない難しい問題である．現在では，タンパク質の立体構造の形成原理はまだはっきりしないものの，既知の立体構造のデータベースを駆使して，コンピュータをフル回転させれば，未知の構造を予測することも夢ではなくなってきている．世界の研究者が腕を競う立体構造予測コンテストも隔年で開催されており，この分野は着実に進歩を重ねている．将来は，X線結晶構造データなどがなくても，予測された構造を使って，感度の高いアラインメントができるようになるかもしれない．

(e) **塩基配列のアラインメントスコア**

　これまで何度も述べてきたように，祖先のゲノム配列情報やタンパク質の立

体構造がわからない限り，アラインメントの正解を知ることは難しい．しかし，いくつかの仮定の下に最も確からしいアラインメントを推定することはできる．これは，直感的にはなるべく一致する文字のペアを増やし，ギャップの数を減らすことに対応する．アミノ酸配列の場合であれば，保存的置換に対応するペアの数もなるべく多くとることが望まれる．そこで，そのような条件をスコアとして表現し，一番スコアが高いアラインメントが一番確からしいと考える方法がとられている．スコアの決め方には，計算のしやすさなども考慮して，通常，次の方式がとられる．まず，塩基配列の場合は，一致するペアに適当な正の値（+2 など）を与え，不一致のときは適当な負の値（−3 など）を与える．さらにギャップに対しては，その長さを n 塩基長としたとき，$-5-2\times(n-1)$ などの一次関数型のギャップペナルティ（アフィンギャップ，affine gap）を与える．この式の意味は，その長さにかかわらずギャップごとに最低 −5 というペナルティがつき，あとは長さに比例して −2 のペナルティ（この例では 1 塩基一致の加点に対応）がつくというものである．定数項の値が長さに比例する項の乗数より大きいため，短いギャップの乱発を防ぐことができる．これらのパラメーター値を変えれば，「最適な」アラインメントも変化するが，どのような値が良いのかは，もっぱら経験則に基づいて決められている．

(f) アミノ酸配列のアラインメントスコア

アミノ酸配列のアラインメントに対するスコアも基本的には塩基配列と同じように計算するが，塩基配列の場合は一致・不一致のスコアは通常どの塩基でも同じにとるのに対して，アミノ酸配列の場合はスコア行列といって，ペアとなるアミノ酸によってスコア値がそれぞれ決められている．図 5-5 に後述の BLAST プログラムで標準的に用いられている BLOSUM62 というスコア行列を示す．

まず，注目してほしい点は，文字が一致した場合もスコアがアミノ酸の種類によって異なることである．これは，20 種類のアミノ酸の出現頻度の違いによる．ありふれたアミノ酸が並んだとしても，それは偶然である可能性が高いので，スコアは相対的に低くなる．もう 1 つ重要な点は，文字が一致する対角線上はすべて正の値だが，それ以外の場所でもところどころ正の値の対があり，

	C	S	T	P	A	G	N	D	E	Q	H	R	K	M	I	L	V	F	Y	W
C	9																			
S	-1	4																		
T	-1	1	4																	
P	-3	-1	1	7																
A	0	1	-1	-1	4															
G	-3	0	1	-2	0	6														
N	-3	1	0	-2	-2	0	6													
D	-3	0	1	-1	-2	-1	1	6												
E	-4	0	0	-1	-1	-2	0	2	5											
Q	-3	0	0	-1	-1	-2	0	0	2	5										
H	-3	-1	0	-2	-2	-2	1	1	0	0	8									
R	-3	-1	-1	-2	-1	-2	0	-2	0	1	0	5								
K	-3	0	0	-1	-1	-2	0	-1	1	1	-1	2	5							
M	-1	-1	-1	-2	-1	-3	-2	-3	-2	0	-2	-1	-1	5						
I	-1	-2	-2	-3	-1	-4	-3	-3	-3	-3	-3	-3	-3	1	4					
L	-1	-2	-2	-3	-1	-4	-3	-4	-3	-2	-3	-2	-2	2	2	4				
V	-1	-2	-2	-2	0	-3	-3	-3	-2	-2	-3	-3	-2	1	3	1	4			
F	-2	-2	-2	-4	-2	-3	-3	-3	-3	-3	-1	-3	-3	0	0	0	-1	6		
Y	-2	-2	-2	-3	-2	-3	-2	-3	-2	-1	2	-2	-2	-1	-1	-1	-1	3	7	
W	-2	-3	-3	-4	-3	-2	-4	-4	-3	-2	-2	-3	-3	-1	-3	-2	-3	1	2	11

図 5-5 BLOSUM62 スコア行列．20種類のアミノ酸を1文字コードで表し，任意の対に対する値を示している．性質の近いアミノ酸を近くに配置して，グループ化して表示している．Henikoff, S., Henikoff, J. G.(1993): Performance evaluation of amino acid substitution matrices. *Proteins*, **17**, 49-61. のデータに基づく．

それらはいわゆる保存的置換に対応していることである．

実はスコア行列は，文字の対が並んだとき，それが進化的な置換に由来して生じた確率 $P_{置換}$ と偶然それらが並んだ確率 $P_{偶然}$ から $\log(P_{置換}/P_{偶然})$ の形で計算される．$P_{置換}$ は相同配列における置換の数の統計頻度から決められ，$P_{偶然}$ は平均アミノ酸組成から決められる．このときどの程度の進化的距離に対応する相同配列データを利用するかによって，さまざまなスコア行列ができる．一般に2つの配列のアラインメントスコアを計算するのに最適な行列は，両者の進化的距離に対応するデータから得られたものであり，そのため，後述のホモロジー検索プログラムでは，利用者が自分で適切なスコア行列を選べるようになっている．選ばれたスコア行列に対して，経験的に適切とされるギャップのスコアが提案されており，BLAST プログラムでは，BLOSUM62 行列に対して，$-11-1\times(n-1)$ という関数が推奨されている．これはギャップを開くのに 11

点のペナルティを課すことを意味する．

(g) 最適アラインメントの探索

アラインメントのスコア体系が与えられれば，任意の2つの配列が最大スコアをとるアラインメント(最適アラインメント)を求めることは，純粋にアルゴリズムの問題となる．スコア最大のアラインメントが正解である保証はないが，現実にはどうすれば最適アラインメントが得られるのかですら，自明ではない．アラインメントを考えるときは，図5-6に示すパス行列を考えるとわかりやすい．図のように，文字が一致するか否かにかかわらず，並置された位置を対角線で示し，どちらかにギャップが入るときは次の並置位置まで縦線か横線で示す．こうすると，考えられるすべてのアラインメントはこの長方形の中の道順（パス，path）と一対一に対応していることがわかる．2つの配列を互いに全部並べるのではなく，上述のように部分的に似ている領域だけを取り出す局所アラインメントの場合は，対角線方向によく伸びる局所的なパスを取り出すことに対応する．

ここでは詳細には立ち入らないが，1970年にニードルマン(S. Needleman)とヴンシュ(C. Wunsch)が，**動的計画法(ダイナミック・プログラミング法)**と呼ばれる考え方を用いて，2つの配列の最適アラインメントを求めるアルゴリズムを発表した．さらに，1981年にスミス(T. Smith)とウォーターマン(M. Waterman)がニードルマンらの方法を少し修正すれば，局所アラインメントが求められることを発表した(**スミス-ウォーターマン法**)．彼らのアルゴリズムは，今もアラインメントアルゴリズムの基本となっている．また，アフィン

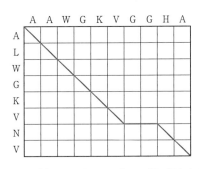

図5-6 パス行列．図5-3(a)のアラインメントの一部に対応するパス行列を示す．

ギャップを用いた効率的なアラインメントアルゴリズムでは後藤修の貢献が大きい．興味をもたれた読者はぜひバイオインフォマティクスの教科書をご覧になっていただきたい．

3-3 相同性検索

GenBank などの公共配列データベース(付録参照)は，日々更新されている．いま自分が調べたいと思う未知配列が既にそれらのデータベースに登録されているかどうかを調べるには，その配列とデータベース中の配列1つ1つを並置してみることが必要である．なぜなら，配列決定にはエラーの可能性もあるし，個体間の配列の違い(多型)も存在するからである．さらに，別の生物種の相同配列が存在する場合はそれも教えてくれることが望ましい．

一般に相同配列についての機能が既知であれば，自分が調べたい配列も同じ機能や構造を持っている可能性が高いので，データベース検索を通して調べたい配列の構造や機能の推定ができる．そのため，データベース中の配列を1つ1つ局所的に並置して，相同と思われる配列を教えてくれる検索は非常によく用いられており，**相同性検索**(または**ホモロジー検索**，homology search)と呼ばれる．相同性検索によって，過去さまざまな発見があったが，例えば1983年にヒト血清から得られたPDGF(血小板由来増殖因子)のアミノ酸配列を部分的に決定して相同性検索したところ，発がん性のウイルスのもつ腫瘍遺伝子 v-*sis* と相同であることが発見されたが，この知見はがんを分子的に理解する上で大きなインパクトがあった．

(a) BLAST のアルゴリズム

現在はデータベースが巨大になっているので，それらの全部の配列に対して1つ1つ動的計画法で最適解を探索するのは現実的でない．そこで，何らかの近似によって高速化した，専用の相同性検索プログラムが開発されている．中でも最も有名なのが，BLAST(ブラスト)である．これは NCBI(National Center for Biotechnology Information)のアルチュル(S. F. Altschul)らが開発したもので，basic local alignment search tool の頭文字をとっている．最初の論文は1990年に発表されたが，その後，大きな改良が1997年になされている．

ここではごく簡単にBLASTのアルゴリズムを紹介する．BLASTに限らず，ほとんどの相同性検索プログラムは2段構えの方式をとる．すなわち，まず近似的によく似ていそうな領域(種，seed)に当りをつけ，次にその付近の領域に絞って比較的詳しく調べる．最初の部分であまり大胆に近似すると，微妙な類似領域を見落としてしまうことになるが，ここでうまい近似を行うことができれば，劇的に計算時間を節約できる(情報科学では**ヒューリスティクス**(heuristics)を用いると呼ぶ)．

BLASTではまず検索配列から一定長の部分文字列(単語)をとりだし，それとギャップなしで並べたときのスコアがある値以上になる配列群(近隣単語)を生成する．例えば長さ3の単語をPQGQR…という配列からとりだすとき，PQG, QGQ, GQRなどの単語がとれ，PQGに対しては，PGG, PEG, PRG, …などの近隣単語が得られる(自分自身もスコアが基準値以上なら含める)．次に並置したいデータベースの配列中にそれらの近隣配列と完全に一致する場所を高速に検索し，その位置を記録する(文字列の照合だけであれば，高速に検索できる)．図5-7(a)にその状況を示す．

単語の完全一致した場所は一般にパス行列中に多数存在し，それらは短い対角線方向のパスとして表示される．最初のバージョンでは，そこから検索の第2段として，それらの一致箇所からスコアの改善が見られなくなるまで，アラインメントをギャップなしに両側に伸長していた．ギャップを考えないので，計算は簡単であるが，アラインメントを調べる箇所が多いので，結果的にこのステップに一番多くの時間がかかっていた．そこで，1997年の改良版では，さらに近似をとりいれて，対角線上の一定距離内に最低2カ所のヒットがある場所だけに着目して，あとは捨てることとした(図5-7(b))．そうすると，第2段まで進む箇所の数は激減する．その結果，もちろん意味のある候補を見落としてしまう危険性も増すが，経験的にはほとんど問題なく，劇的に時間を節約できた．そして，その時間を今度はギャップをとりいれた探索(部分的な動的計画法による)に振り向けたのである．これによって，計算時間を高速化した上にギャップ付きのアラインメントを求めるという離れ業を実現した．

なお，詳細は省くが，BLASTの大きな特徴の1つは，得られた結果の有意性の判定に統計学的基盤(**カーリン-アルチュル**(Karlin-Altschul)**の理論**)が存

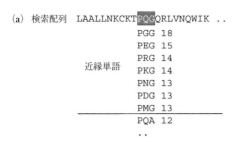

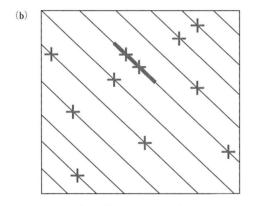

図 5-7 BLAST のアルゴリズム．(a)基本の考え方(G. Schuler による原図を改変)．まず検索配列中の単語の近縁単語を列挙し，それらが対象配列中に存在する場所の両側にアラインメントを広げていく．(b)改良版 BLAST の 2 ヒット法．＋印で示された多くの単語レベルのヒットのうちで，ある範囲の対角線上で並ぶのは太線で示した 1 対だけである．このまわりをギャップも含めて探索する．(b)の 2 ヒット法は，Altschul, S. F., Madden, T. L., Schäffer, A. A., Zhang, J., Zhang, Z., Miller, W., Lipman, D. J.(1997): Gapped BLAST and PSI-BLAST: a new generation of protein database search programs. *Nucleic Acids Res.*, **25**, 3389-3402. に基づく．

在することである(ただしギャップを考慮していないという限界はある)．有意性とは，検索対象となるデータベースの大きさに対して，まったくの偶然で得られる最適スコアの確率分布を計算したとき，その分布に対して，得られたスコアがどれだけ偶然では得られにくいか(すなわち共通祖先に基づく類似性である確率がどれだけ高いか)ということである．そのような分布は正規分布に

はならない．読者はなぜかを考えてみてほしい．

(b) BLASTのウェブサーバー

BLASTのプログラムは無料で公開されており，自分のコンピュータにインストールすることも可能であるが，最新のデータベースで検索を行いたいのであれば，NCBIなどで公開されているウェブサーバー(WWWによるサービスプログラム)を利用するのが便利である．

ここではアミノ酸配列検索での基本的なオプションを紹介しておこう．まず，「単語長(標準は3)」は，最初の検索のときの単語の長さである．これを短く設定すると，見落としの可能性が減るが，計算時間はより多くかかる．「期待値(E-値)の閾値(いきち)」は，偶然のヒットで報告される数の期待値によって，どのレベルまでの類似性を報告するかを指定するもので，標準は10である．標準のままであれば，ある配列を検索した結果，10個しか結果が報告されなければ，それは全部偶然のヒットである可能性が高い(まったく相同配列が見当たらなかった)ことになる．期待値の閾値を小さく設定し過ぎると(たとえば0.1)，ノイズが減る反面，微妙な類似を見落としてしまう危険性が高くなる．スコア付けについてはすでに説明したが，「組成による調整」は，検索配列のアミノ酸組成が標準からずれていると有意性の判定に影響がでるので，それを自動的に補正するものである．「フィルターとマスク」もこれと似た発想のもので，実際のアミノ酸配列にはしばしばアミノ酸の出現が非常に偏った局所領域が存在し(低複雑性領域と呼ばれる)，あちこちに進化的に無関係のヒットを生んでしまうため，その領域をフィルタープログラムで検出して，マスクしてしまう(Xなどの文字に置き換えてしまう)というのが基本の考え方である．

図5-8にBLASTの出力の一部を示す．主要な出力は，スコアの高い順に出力されるヒット配列のリスト(同図(a))と，実際のアラインメント(同図(b))である．リストの部分ではスコアと偶然ヒットの期待値(E-値)が出力される．スコアの単位はビットで，これはスコア行列を確率比の対数から求めるときに，その底を2にとっていることに由来する．同一基準でスコア行列を定義しているので，異なるスコア行列によるアラインメントスコアの大小を比較することができる．期待値は，そのスコア以上が偶然ヒットで得られる個数の期待値で

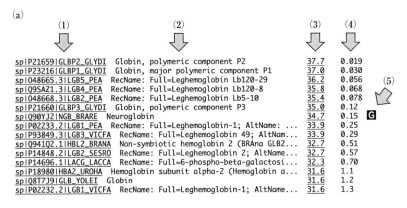

図 5-8 BLAST のウェブサーバー(NCBI).
(a) BLAST の出力例. 検出された類似配列リストの一部. (1)配列記号名. (2)配列名称. (3)ビット単位によるアラインメントスコア. (4)E-値. 偶然によって同じスコアが得られる個数の期待値. (5)Entrez Gene(付録参照)へのリンクがあることを示す.
(b) BLAST の出力のうち,アラインメント表示部分の例. "Identities" は文字が一致した場所の長い方の配列長に対する割合で,"Positives" は,スコアが正値をとるペアの占める割合.

ある.ほとんど同じ配列の場合には,1e-45 などと表記されるが,これは 1×10^{-45} の意味で,ほとんど 0 と等しい.スコアは値が大きいほど,期待値は 0 に近いほど,有意であることに注意してほしい.期待値が 5 なら,その程度のヒットはこのデータベースの大きさなら 5 個程度は偶然得られることを示す.しかしこれはあくまで確率の話で,たとえ低い値であっても生物学的に意味の

ある弱い相同性を示していることもあり，研究者の眼力が問われる．

3-4　多重アラインメント

これまでは2つの配列の間の最適アラインメントを考えてきたが，配列の数がより多くなれば，祖先の配列の形を推定しやすくなる．一般に3本以上の配列を同時に並置したものを**多重アラインメント**（マルチプル・アラインメント，multiple alignment）と呼ぶ．多重アラインメントを行うと，配列の中で比較的変異しやすい領域と，ほとんど変化がみられない進化上の保存領域の違いが一目瞭然になることが多い（図5-9）．

進化上の保存部位は，酵素の活性中心などの機能部位に対応することが多いので，遺伝子の機能部位探しにも役に立つ．多重アラインメントに対して，1対の配列のアラインメントをペアワイズ・アラインメント（pairwise alignment）と呼ぶが，2つの配列比較のときと同様，最適化するべきスコア体系を定めて，最適アラインメントを探索している．通常はSP（sum of pairs）スコアと呼ばれる，すべての配列対の間のスコアの和が用いられる．SPスコアを最適化するのに，動的計画法を用いることも原理的には可能であるが，可能性の数が爆発的に増えるので，これをまともに行うことは現実的でない．そこで，数々のアルゴリズムが提案されている．比較的単純な方法として，**累進法**（progressive method）がある．これにはいくつもの流儀があるが，基本的には，まずすべての配列対に対する最適スコアを求め，配列間相互の関係を表す木構造（**案内木**，guide tree）を作る．これは次節や5-4節で説明する系統樹やデンドログラムの簡易版のようなもので，この関係に基づき，互いに近い対から遠い対へと順々に，枝で連結された配列群同士をペアワイズ・アラインメントで結合していく（ペアワイズといっても，必ずしも配列を1本ずつ追加していくわけではない）．

累進法には，途中で最適と定められた並べ方が後のステップで改善されないという欠点がある．しかし，実用上はそれなりにうまくいくことが多く，この考え方に基づいたヒギンズ（D. Higgins）らのClustalW（クラスタル・ダブリュー）というソフトウェアは高速な割に実用的な多重アラインメントを求めてくれることで非常に有名で，よく用いられている．また，日本発のプログラムと

```
P15469/7-113     QRLKVKRQWAE.AYGS...GNDREEFGHFIWTHVFK.......DAPSARDLFKVRGDNI......HTP
Q18209/199-307   QIHLVRALWRQ.VYTT....KGPTVIGASIYHRLCFKNVMVKEQMKQVE.LPPKF.QN.......RDN
Q18311/32-140    TKKLVIQEWPR.VLA......QCPELFTEIWHKSAT.......RSTSIKLAFG.I.AE.N..ESPMQNA
P30627/10-119    DLC.VKSLEGR.MVGTE..AQNI.ENGNAFYRYFFT.......NFPDLRVYFKGA..EKYTADDVKKSE
P80721/8-117     QDILLKELGPH.V.DT....PAHIVETGLGAYHALFT.......AHPQYIIHFSRL.EG.HTIENVMQSE
P13579/11-120    DRREIRHIWDD.VWSSS.FTDRRVAIVRAVFDDLFK.......HYPTSKALFERVKIDEP......ESG
Q20638/74-184    EKELLRRTWSD.EFD......NLYELGSAIYCYIFD.......HNPNCKQLFP.F.ISKYQGDEWKESK
Q17767/38-147    QVQLLTSTWPR.IKT...........QSSLFTQVFKVL..MQRSPVCREMFQKM..SIVGGFSSNSVC
P51536/21-135    DVK..KHTVES.MKAVP.VGRDKAQNGIDFYKFFFT.......HHKDLRKFFKGA..ENFGADDVQKSK
P02218/8-114     EGLKVKSEWGR.AYGS...GHDREAFSQAIWRATFA.......QVPESRSLFKRVHGDDT......SHP
P28316/21-134    TRELCMKSLEH.AKVDT..SNEARQDGIDLYKHMFE.......NYPPLRKYFKNR..EEYTAEDVQNDP
Q21978/165-283   SCEVVADSWRL.VESRSSAAETSACFGLFVFQRVFS.......KIPMLRLPLFG.L.SESDDVFDLPDNH
P18202/6-112     QRFKVKHQWAE.AFGT...SHHRLDFGLKLWNSIFR.......DAPEIRGLFKRVDGD.N......AYSA
P02021/13-114    DRAELAALSKV.LAQ......NAEAFGAELARMFT.......VYAATKSYFKDY.KDFT......AAAP
P13578/8-117     DRHEVLDNWKG.IWSAE.FTGRRVAIGQAIFQELFA.......LDPNAKGVFGRVNVD.K.....PSEA
P07408/6-107     DKTAIKHLTGS.LRT....NAEAWGAESLARMFA.......TTPSTKTYFSKF.TDFS......ANGK
P51535/16-114    PISKAQQ......AQ........VGKDFYKFFFT.......NHPDLRKYFKGA..ENFTADDVQKSD
P27613/30-132    DVVPLGSTPEK.L........ENGREFYKYFFT.......NHQDLRKYFKGA..ETFTADDIAKSD
Q19601/54-164    ERILLEQSWRK.TRKT.....GADHIGSKIFFMVLT.......AQPDIKAIFG.L.EK.IPTGRLKYDP
P14805/5-105     DIKNVQDTWKL.LYD......QWDAVHASKFYNKLFK.....DSEDISEAFVKA.......GTGSGI
P24232/6-103     TIATVKATIPL.LVE.....TGPKLTAHFYDRMFT.......HNPELKEIFN.M........SNQ
Q9ZAX1/42-136    DALRVLQNAFK.L........DDPELVRRFYAHWFA.......LDASVRDLFP.P........DMGA
```

図 5-9 多重アラインメント.Pfam データベースにおけるグロビン族の主要配列のアラインメントの一部を示す.進化上よく保存されている部分を強調してある.

しては,加藤和貴らの MAFFT が高速な割に高性能と言われている.

3-5 系統樹の作成

多重アラインメントは,配列情報などの分子レベルのデータを用いて進化を研究する分子進化学において,とても重要である.それは,多重アラインメントが配列間の進化的距離や系統関係(いつ頃どのように種分化や遺伝子重複が起こってきたか)を考える上での基礎になるからである.系統関係を木の形に図示したものを **系統樹**(phylogenetic tree)と呼ぶ.このとき,葉にあたるのはアラインメントに含まれる各配列で,それらをつなぐ枝の長さは相対的な進化的距離に比例するように描かれる.進化的距離としては,単位長当りの置換数(多重置換の補正を行ったもの)が通常用いられる.この値は直感的には配列対が分岐してから経過した時間に比例するが,厳密には突然変異が固定される速度は生物種や時代によって一定ではないので,この直感は正しくない.近似的に進化速度一定を仮定する場合は,**分子時計仮説を採用した**と呼ばれる.

どのようにして正確な系統関係を推定するか(系統樹をどのように作成するか)は,それだけで分子系統学という分野を形成する大問題であり,さまざま

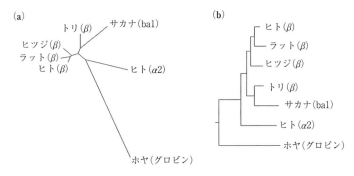

図 5-10 βグロビン遺伝子の系統樹.(a)無根系統樹.(b)有根系統樹.パラログ遺伝子のヒトαグロビン2遺伝子も含めてある.ホヤは脊索動物で,ヒトなどの脊椎動物の祖先的な位置にある.

な方法が提唱されている.なお,系統樹には配列間の相対的関係のみを示した**無根系統樹**と,共通祖先から順に分岐していく様として描いた**有根系統樹**がある(図5-10).一般に多重アラインメントからは,互いの相対関係しかわからないので,無根系統樹を書くのが妥当なはずであるが,問題にしている配列群よりもずっと以前に分岐したことがわかっている別の配列(**アウトグループ**,outgroupと呼ぶ)を加え,その配列と分岐するところを全体の共通祖先として,有根系統樹を書くことができるため,以下の説明はそのどちらにも当てはまる.

　系統樹作成法は,**距離行列法**といって,まず各配列対の距離を計算して得られる行列データに基づく方法と,アラインメント中の各位置の出現塩基(あるいはアミノ酸)のパターンが最もうまく説明できる系統関係(トポロジー)を選択する方法に大別される.上述のClustalWには,得られた多重アラインメントをもとに系統樹を推定してくれる機能が付随しているが,そのアルゴリズムには**近隣結合法**(neighbor-joining; NJ)という,斎藤成也らによって提案された距離行列法の一種が用いられている.近隣結合法では,すべてのペア間の距離の集合になるべく矛盾のない系統関係を得るために,距離の近いペアから順に融合していくという後述のクラスタリングに似た考え方で系統樹を組み上げる.この方法は比較的高速な割に実用的な結果を出すために,広く用いられている.

　距離行列に基づかない方法にもさまざまなものが考案されているが,その中

で比較的簡便な方法として，**最大節約法**(maximum parsimony method)がある．この方法は，いろいろなトポロジーの可能性の中で，与えられたアラインメントを説明するのに必要な置換数が最小になる系統樹を一番確からしいとして選択する．この方法には多重置換を過小評価する欠点が指摘されており，さらに厳密性を重んじる分子進化学者の間では，**最尤法**(maximum likelihood method)や**ベイズ推定法**(Bayesian inference method)などの統計的方法がよく用いられている．詳細は専門書を参照してほしい(たとえば参考図書[4])．

4 配列の特徴のモデル化

4-1 配列モチーフ

ゲノム情報記載のための「文法」を知るためには，配列上の特徴を発見し，何らかの形でコンピュータの上で表現する必要がある．表現すべき特徴にはさまざまなものが知られているが，最も簡単で代表的なものは，共通の配列パターンである．たとえば，セリンプロテアーゼと総称される酵素群では，活性中心のセリンというアミノ酸の前後のアミノ酸配列が進化的にとてもよく保存されていて，中でもトリプシン族の多くは "GDSGG" という共通配列(**コンセンサス配列**)を持つ．なるべく例外の数を減らすべく，より精密な表現として，G[DE]SG[GS]も用いられる．[ ]の括弧内はどちらでもよいという意味である．このような共通配列パターンは，繰り返し観察されるため，**モチーフ**(motif)とも呼ばれる．さらに別の呼び方として，未知のアミノ酸配列中にこのパターンがあれば，特定の遺伝子族のメンバーであることが示唆されるという意味で，**署名配列**(signature sequence)とも呼ばれる．

この種のモチーフは機能上重要な部位が特によく進化的に保存されたものなので，多重アラインメントから浮かびあがってくる．付録で紹介した Pfam データベースには，相同配列の多重アラインメントが多数収集されている．また，そのようなアラインメントから抽出された署名配列を収集した PROSITE データベースも有名である．

(a) **塩基配列におけるモチーフ**

モチーフという概念は，塩基配列を特徴づける上でも重要である．いわゆる反復配列はモチーフが頻出している例と言えるだろうが，塩基配列におけるモチーフ概念の最も典型的な例は，**シスエレメント**(*cis* element)と呼ばれるDNA上の機能部位である．これは，転写因子などのトランス(*trans*)に働くエレメントの結合部位であり，進化上の保存というよりも，同じタンパク質がいろいろな場所に結合するために，その認識配列があちこちに見られることに由来する．ただし，重要な転写因子の結合部位はもちろん進化的に保存されていることが多いので，**系統フットプリント法**(phylogenetic footprinting)と称して，種間の配列比較で重要部位を発見することもよく行われている．

付録で紹介したJASPARデータベースは，真核多細胞生物の転写因子の結合部位を収集したものである．制限酵素の例で明らかなように，タンパク質には本当に必要なら，ほぼ100%の正確さで配列を認識する能力があるが，転写因子の場合，その配列認識の特異性(どの程度決まった配列を認識するか)は，かなり幅をもっていることが多い．こうした事情により，与えられた未知配列中にどの転写因子の結合部位があるかを調べようとすると，多数のノイズに苦しめられることになる．

(b) **モチーフの表現**

バイオインフォマティクスの立場で重要なのは，これらの配列モチーフをどのように表現するかである．先にあげたコンセンサス配列表現もその1つである．そこではG[DE]SG[GS]のように複数の文字にマッチする自由度などを与えることが多い．これは情報科学的には**正規表現**(regular expression)と呼ばれる表現法で，コンピュータの利用者にはお馴染みのものである．一般にコンセンサス配列は，人間にわかりやすいという利点を持つが，転写因子結合部位などを過不足なく表すのはかなり難しい．例えば，転写開始点を決めるのに重要なTATAボックスというシスエレメントのコンセンサス配列は最大公約数的にTATAATと書かれることが多いが，現実にこれと完全に同じ配列をもつTATAボックスはむしろ少数派である．正規表現を使えば，もっと幅広い配列に対応させることができるが，より多くの例外を取り入れようとすると，

今度は関係のない配列に多くマッチしてしまうことになり，適切なレベルの複雑さで表現するのは容易でない．

一般に，検査や予測法の性能評価には，**感度**(sensitivity, recall とも呼ばれる)と**特異度**(specificity)という，2つの相反する尺度が用いられる．感度とは検出すべき対象をどれだけ正しく検出できたかを示すが，いたずらに感度を高めようとすると，余分の偽物(**擬陽性**，false positive)を多く拾ってしまうことになる．そこで，感度を保ちつつ，検出すべきでない対象をどれだけ正しく判断できたかという特異度とのバランスを意識しなければならない(特異度の定義には別の流儀もあるので注意してほしい)．

(c) 重み行列法

正規表現よりも，もう少しきめ細かな表現法として，**重み行列**(weight matrix)**法**がよく用いられる．この方法は，**位置重み行列**(positional weight matrix; PWM)，**位置特異的スコア行列**(position-specific scoring matrix; PSSM)などとも呼ばれ，モチーフの各位置に出現するアミノ酸(または塩基)に応じて割り振られたスコアを与えるものである(図5-11)．

調べたい配列の任意の位置に重み行列を対応づけて，行列中の各位置のスコアを足し合わせたスコアが一定の閾値を超えたとき，そこにモチーフがあると判断する．重み行列との対応位置をずらしつつ，順にスコアを計算していくことによって，配列中にあるモチーフ位置を検索することができる．重み行列の典型的な作り方は，まずモチーフにあてはまる配列の例を集め，各位置に出現するアミノ酸(または塩基)の出現頻度(各位置の組成)を求める．こうして得られた出現頻度行列を重み行列と呼ぶこともあるが，通常はさらに各要素値をバ

$$\begin{array}{c} A \\ C \\ G \\ T \end{array} \begin{pmatrix} 0.46 & 1.83 & 1.90 & -4.89 & 1.96 & 1.90 & -4.89 \\ -0.50 & -4.89 & -4.89 & 1.90 & -4.89 & -2.31 & -4.89 \\ -0.89 & -2.31 & -2.31 & -4.89 & -4.89 & -4.89 & -4.89 \\ 0.46 & -2.31 & -4.89 & -2.31 & -4.89 & -4.89 & 1.96 \end{pmatrix}$$

$\cdots$ C   T   A   A   C   A   A   A   G $\cdots$

スコア：$0.46 + 1.83 + 1.90 + \cdots = 5.06$

図5-11　重み行列法．マウスの転写因子 Sox5 の重み行列を例として示す．TAACAAA という配列とマッチさせたときのスコアは各部位のスコアを足し合わせて得られる．

ックグラウンドの組成値で割って，対数(底は2や10など)をとった値を並べた行列をいう(3-2節(f)で説明したスコア行列の計算法と同様).

　この値は，観測確率がバックグラウンドのそれより大きければ正になり，小さければ負になる．値を見やすくするため，行列全体を定数倍してもよい．出現頻度行列の要素がゼロの場合の対数値は発散してしまう．本当にその位置においてその文字の出現が絶対に許されない場合はそれでも問題ないが，多くの場合はサンプル数が少ないだけと考えられるので，出現頻度を求めるときに，あらかじめ全要素に等しい値(**疑似度数**，pseudocount)を足すなどの操作が行われる．例えば全要素に1回や0.2回余分に出現数を上乗せする.

　また，出現頻度を求めるとき，元の配列群に特定の種や近縁種の類似配列が偏って存在する場合，パラメーター推定に偏りを生む危険性があるので，進化的距離に応じた加重平均をとることもよく行われる．閾値の値は，既知モチーフとバックグラウンド両者のスコア分布を比較して決められる．重み行列では，各位置にどんな文字が出るかは独立であると仮定し(独立事象)，観測文字列がモチーフとして出現する確率と偶然出現する確率の比を求めている．したがって，各位置での出現が独立でない場合は，重み行列表現は適切でないことになるが，よほど厳密なことを言わない限り，独立性の仮定は妥当であることが知られている.

　ただし，コンセンサス配列表現のところで述べたノイズの問題(特に多くの擬陽性を拾ってしまう問題)は，重み行列法を用いても解決できるわけではなく，依然として転写因子の結合部位を未知塩基配列中で予測するのは難しい．また，通常の重み行列法ではギャップの存在を扱うことができない．これは特にアミノ酸配列中のモチーフを表現する場合に問題になる．その問題を回避するために，プロファイルHMMという手法が用いられるが，まずはその基礎となる隠れマルコフモデル(HMM)を簡単に説明する.

(d) 隠れマルコフモデル

　2-3節で，マルコフ連鎖を用いた確率モデルの考え方を紹介した．**隠れマルコフモデル**(hidden Markov model; HMM)はその発展形であり，現在システムがどの状態にあるかが隠されているとするモデルである．状態が隠されてい

る代わりに，それぞれの状態ではその状態によって決まる確率にしたがって，観測可能な出力記号が出力されるとする．モチーフに当てはめてイメージするとわかりやすい．2-3節でマルコフ連鎖を用いてゲノム配列をモデル化したときは，ゲノムのそれぞれの位置における塩基を状態と考え，ある位置の塩基から隣の位置への塩基への移り変わりを状態遷移と見なした(図5-12(a))．隠れマルコフモデルでは，状態を例えばモチーフ内部の各位置のようなものと考える．モチーフの各位置は，重み行列でいう出現頻度行列によって指定される確率で，どれかの塩基(もしくはアミノ酸)を出力する(図5-12(b))．

このモデルは，我々が実際に観測できるのはあくまで実際の配列データのみであるという事実に対応している．我々はそのモデルが出力する多くの例(モ

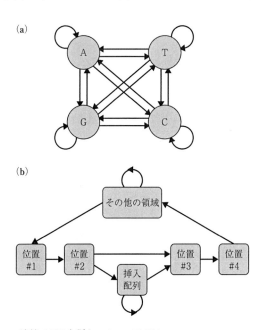

図5-12 マルコフ連鎖モデルと隠れマルコフモデル．
(a)のマルコフ連鎖モデルでは，丸印で表された状態間を確率的に遷移することによって，塩基配列が表現される．したがって，モデルが今どの状態にあるかは，配列のどの位置に対応しているか(したがって，どの塩基に対応するか)がわかれば明らかである．
(b)の隠れマルコフモデルでは，四角で表された状態は，それぞれ決まった確率で塩基を出力する．我々が観測できるのはその塩基だけで，それがどの状態から出力されたかは，推定するしかない．

チーフの実例)を見て，モチーフの詳細を知ることができ，その結果得られたモデルの内容に照らし合わせて，与えられた配列中の部位がモチーフのどの位置に対応するのかを推定する．まとめると，隠れマルコフモデルは，通常初期状態と終了状態(図には含まれていない)を含むいくつかの状態がその状態間の遷移確率とともに与えられていて，さらにそれぞれの状態に対して，出力記号を出力する確率が与えられたものである．

　状態間のつながりのネットワーク構造だけが与えられているときに，そのモデルにしたがって出力されたと解釈できる記号列の集合(正解集合)をもとに，遷移確率などを推定するには，バウム−ウェルチ(Baum–Welch)のアルゴリズムが用いられる．また，いったん確率パラメーターが決定されて，モデルが構築できれば，ヴィタービ(A. Viterbi)のアルゴリズムを用いて，隠れた状態遷移がどうなっていたのかを推定することができる．すなわち，モデルにしたがって配列の解釈ができることになる．もともと隠れマルコフモデルは，音声認識などの分野でよく用いられてきたが，後述の遺伝子発見など，バイオインフォマティクスでもよく用いられている．

(e) プロファイル HMM

　前述のように，モチーフやその基礎となる多重アラインメントの表現法としてよく用いられる重み行列法では，ギャップの存在を扱うことができない．一方，重み行列の概念は隠れマルコフモデル(HMM)の考え方と相性がよく，HMM の枠組みを使えば，ギャップや挿入配列を柔軟に取り入れることができる．歴史的にギャップを扱えるように工夫された重み行列法の一種がプロファイル法と呼ばれたこともあり，そのような HMM を**プロファイル HMM**(profile HMM)と呼ぶ．図 5-13 にそのネットワーク構成を示す．

　モデルは開始状態から始まり，終了状態で終わる．その間は 3 種類の状態がそれぞれ約 N 個連結された形をしている．N は表現すべき多重アラインメントにおいて比較的よく保存されている位置の数である．i 番目の保存位置に対して，一致状態 M_i と，挿入状態 I_i，欠失状態 D_i の 3 種類が用意される．M_i は i 番目の位置において，配列がギャップ以外の文字をもっている状態に対応し，アミノ酸配列なら 20 種類のアミノ酸を出現頻度行列に対応する確率で出

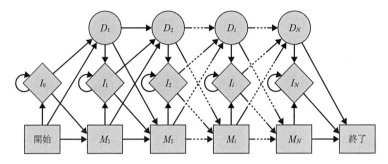

図5-13 プロファイルHMM．矢印は状態遷移の可能性を表す．点線の矢印は，任意の長さのアラインメントに対応するよう状態が繰り返されることを示す．Krogh, A., Brown, M., Mian, I. S., Sjölander, K., Haussler, D. (1994): Hidden Markov models in computational biology. Applications to protein modeling. *J. Mol. Biol.*, **235**, 1501-1531. より改変．

力する．D_iはその位置が欠失している状態を表し，ギャップ文字(-)を出力する．I_iは，保存部位iと$i+1$の間に挿入配列がある状態に対応し，やはり20種類のアミノ酸を出力する．2残基以上の長さの挿入は自己ループにより表現される．

プロファイルHMMでは，挿入や欠失状態に至る確率はそれぞれの位置で独自に定義できるので，挿入や欠失が起こりやすい場所には高い遷移確率を割り当てることができる．実際の多重アラインメントから状態間の遷移確率や各状態での出力記号の出力確率を求めることができ，いったんモデルができれば，任意のアミノ酸配列がこのモデルによって生成される確率を計算することができる．この確率が十分高ければ，その配列がそのモデルでうまく説明できる(そのモチーフをもつ)ことを意味する(これは数学的には**ベイズの定理**(Bayes' theorem)と呼ばれる考え方に対応している)．

付録で紹介している通り，Pfamデータベースにはタンパク質のドメイン構造に対応する多重アラインメントとプロファイルHMMが収集されている．NCBIのサーバーでBLAST検索を行うと，おまけとして，Pfamを含む既知ドメインデータベースを検索した結果を図示してくれる．また，BLASTには**PSI-BLAST**(サイ・ブラスト)という変種があるが，これはアミノ酸配列の相同性検索を重み行列(PSSM)検索によって鋭敏に行うプログラムである．すな

わち，まず通常のスコア行列で相同性検索を行い，それによって切り出されてきた類似部分配列のアラインメントを近似的に多重アラインメントとみなして重み行列を生成し，同じデータベースをそれによって再度検索する．以後，逐次的に行列の更新と検索を繰り返し，検出精度を高めていくというものである．

4-2 遺伝子構造の HMM

これまで述べてきた例では，隠れマルコフモデルの状態は，配列中の1つの位置（文字）に対応していた．また，ある状態の次の状態は文字列の隣り合う位置に対応していたが，もっと自由にモデルを定義することもできる．たとえば，ゲノムの配列中の状態として，遺伝子間領域状態から，プロモーター状態に遷移し，その後エクソン状態とイントロン状態を繰り返し，最後のエクソン状態から，ポリ A シグナル状態を経て，また遺伝子間領域状態にもどるというような形の状態遷移モデルを考えることができる．これは我々が真核生物の遺伝子構造に対して持っている知識をモデル化していることに他ならず，こうして構築されたモデルを使って，与えられたゲノム塩基配列中に存在する遺伝子の位置とその構造を予測することができる．つまり，未知配列の解釈（自動注釈付け）をすることができるはずである．

(a) 遺伝子発見問題

いろいろな生物種のゲノム計画が進行していたとき，新たに得られた配列中に存在する遺伝子の構造（位置）を予測する**遺伝子発見**(gene finding)**問題**は，当然重大な関心事であった．それはゲノムのほとんどが遺伝子で埋め尽くされている原核生物でも同様である．近年はいわゆる非コード RNA (non-coding RNA) 遺伝子の予測も重要な問題になっているが，古典的な遺伝子発見問題の目標は，ゲノム中にあるタンパク質のコード領域を発見して，正確なアミノ酸配列を予測することである．

原核生物の場合は，コード領域に中断がないために，偶然とは思えない長さ（たとえば 100 残基長程度）で続く読み枠を「開いた読み枠(open reading frame; ORF)」と称して，コード領域の候補とすることができる．バイオインフォマティクスで期待されるのは，そのいわば第一近似からどこまで精度向

上を行えるかである.

　一方,真核生物,特に多細胞真核生物の場合は,イントロンの存在のために読み枠が分断され,ORFの概念が使えない.さらにタンパク質をコードするエクソンに対してイントロンが長大である場合は,後述の統計的方法も精度が落ちるために,遺伝子発見はかなり難しくなる.そのため,実用的には,mRNA(実験的にはこれをDNAにしたcDNA)の断片を大量に配列決定したEST(expressed sequence tag)配列の情報や,アミノ酸配列データベースとの相同性検索結果,近縁種間での進化的保存情報などを総合的に組み合わせて遺伝子構造をモデル化することも多い.

　そのような情報の組み合わせを上手に行うこともバイオインフォマティクスの重要な課題ではあるが,遺伝子の文法を理解してモデル化するという立場では,なるべく余分な情報を用いない予測(第一原理による予測という意味で**アブ・イニシオ予測**,*ab initio* predictionと呼ばれる)が理想である.

(b) 原核生物の遺伝子発見

　上述のように,原核生物の場合はある程度の長さ以上のORFを探すだけでもかなりの遺伝子を発見できるが,さらに短い遺伝子や翻訳開始点の正確な予測をするためにいろいろな工夫がなされている.まず,翻訳開始点の予測にはいわゆるリボソーム結合部位(大腸菌でいうシャイン-ダルガノ(Shine-Dalgarno)配列)の検出が役に立つ.また,タンパク質のコード領域とそれ以外の非コード領域における配列の統計的な性質の違いがとても有用である.たとえば塩基配列において6文字の配列断片(単語)は全部で4^6通り存在するが,それぞれの領域における単語使用の好みは大きく異なっている.実際,塩基の出現の周期性をフーリエ解析などで調べてみると,コード領域には3文字の周期性が観察できるほどの偏りがある(これはコドンの3文字目がアミノ酸の指定に対して比較的自由なことが関係している).そのため,たとえばそれぞれの領域における単語の使用頻度比の対数をとったスコアを,ある固定長の領域(**ウィンドウ**という)に出現した単語について足し合わせれば,そのウィンドウ領域がどの程度コード領域らしいかを示すスコアが得られる.この値をウィンドウの中央位置に割り振り,ウィンドウをずらしながら得られたスコアをプロッ

トしていくと，ゲノム上でコード領域らしいところを観察できる．これを**コーディング・ポテンシャル**(coding potential)と呼ぶ．コーディング・ポテンシャルをDNAの2本の相補配列の各読み枠に対して求めれば，どちらの鎖のどの読み枠に遺伝子がコードされているかも予測できる．

リボソーム結合部位や，コーディング・ポテンシャルなどの特徴は，すべて隠れマルコフモデルの中で統合できる．また，予測されたコード領域群がどのような単位で転写されるのかという，オペロン構造の予測も興味深い関連問題である．遺伝子発見法が発達すると，興味深いことがわかった．十分に長いORFでどう見ても本物の遺伝子なのに，低いコーディング・ポテンシャルしか持たない例がしばしば見つかるのである．実験的な証明は難しいものの，それらは比較的最近に水平伝達によって，他の生物種から移動してきた遺伝子ではないかと考えられている．長い進化の過程で，それぞれの種の遺伝子はコーディング・ポテンシャルで表現されるような，配列の「癖」を身につけているのに対して，新参の遺伝子は元の生物種がもつ別の癖を引きずっているために，そのようなことが観察されるのだろうというわけである．

(c) 真核生物の遺伝子発見

真核生物の遺伝子発見における最大の困難はイントロンの位置予測である．ほとんどのイントロンはGU(DNAの配列としてはGT)で始まり，AGで終わる．またその周りの配列にもある程度共通のパターンが見られる．しかしそれらを重み行列で表現して，ゲノム配列を探索すると，本物のスプライス部位と同程度のスコアをもつ部位が本来の部位の数を圧倒するほど多数現れてしまう．実際それらの一部は，本来のスプライス部位が突然変異で破壊されたときに代替部位として認識されることもあるので，必ずしも擬陽性とは言い切れない．これは，スプライス部位を決める情報を我々が十分理解できていないためで，現在もスプライシング・エンハンサーなどのいろいろなシス制御配列が盛んに研究されている．第一エクソン中のコード領域や，内部エクソンは非常に短いことも多く，そのような場合は原核生物では有用なコーディング・ポテンシャルも低い信頼性しか持たない．

イントロンの予測を間違えると，下流の読み枠が変わってアミノ酸配列が破

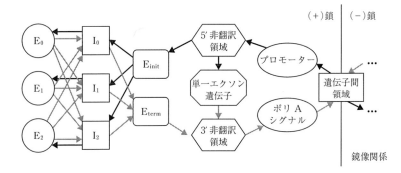

図 5-14 GenScan の構成．プラス鎖の状態のみ示した．マイナス鎖に存在する遺伝子の状態も鏡像として用意されている．E_{init} は第一エクソン，E_{term} は最終エクソンを表す．Burge, C., Karlin, S. (1997): Prediction of complete gene structures in human genomic DNA. *J. Mol. Biol.*, **268**, 78-94. より改変．

壊されてしまう可能性も高い．さらに，翻訳開始点は転写開始点の下流(3′側)にある最初の AUG であることが多いが，転写開始点を特徴づける配列上の特徴は非常に弱く，同定が難しい．これらの原因のために，ヒト等の高等真核生物におけるアブ・イニシオ予測は非常に難しい問題であるが，1997年頃にバージ(C. Burge)が学位論文研究として構築した隠れマルコフモデル(GenScan)は思いのほか高い予測性能を示し，評判になった．

図 5-14 に GenScan の構成を示す．全体は大きく2つの鎖に対応する鏡像関係のモデルにわかれ，それらを遺伝子間領域状態がつないでいる．単一エクソンからなる遺伝子と，第一エクソン，最終エクソンは区別され，内部エクソンとそれらをはさみ込むイントロンは読み枠によって3種類作られている．全般に格別な工夫がなされている印象はないが，できたモデルはそれまでのどの予測法よりも格段に高い性能を示したのである．ただし，それでも EST などの付加情報を用いた方法ほどの精度は得られず，またその後の研究の進展で近縁種とのゲノム比較などもやりやすくなり，未知の遺伝子を発見しようという実用性の度合いもゲノム計画華やかなりし頃ほどではない．しかし，GenScanでとられたアプローチはバイオインフォマティクスの王道であり，選択的スプライシングの予測など，今後も一層困難な問題の解決にかかわっていくことは間違いない．

4-3 転写制御領域のモデル

ヒトゲノムには約2万個強のタンパク質コード遺伝子が存在すると言われている．当然，それらのすべてが常時発現されているわけではなく，多くは通常スイッチオフの状態になっていて，特別な(特異的な，specific)種類の細胞であったり，特別な発生時期であったり，あるいは特別な外部シグナルに応じて，スイッチがオンになる．この遺伝子のスイッチの中で第一に問題になるのは，それを転写するかどうかという，転写制御のスイッチである．したがって，与えられたゲノムの配列中にある遺伝子を発見することがある程度できるようになれば，次に望まれるのは，その遺伝子がどのような種類の転写制御を受けるのかを配列から読み取ることである(本当はそこが遺伝子であるかを細胞内で判断しているのは，転写装置であるとも言え，転写制御情報の解読と遺伝子発見を切り離すことはできない)．

例えば，ある遺伝子のまわりの塩基配列を調べ，その遺伝子がどのような種類の細胞で転写されるのかを予測できればすばらしい．実際，筋肉や神経など，同一機能と形態をもつ細胞集団を**組織**(tissue)というが，この組織特異的なプロモーターのモデル化が試みられている．しかし，これは遺伝子発見と比べてもはるかに難しい問題である．そもそも我々が同じ組織での転写を指令していると思っているプロモーター群が共通の構造を持っている保証はない．いくつか共通した転写因子の結合部位が見られるが，もともと重み行列などを用いた転写因子の結合部位の予測はノイズが多いという問題があり，また結合部位の相対位置などにもかなりの自由度が許されるらしい．さらに，クロマチン構造の変化など，より高次のレベルの制御がゲノム配列からどのように理解していけるのかについても，あまり見通しが立っていないのが現状である(第4章参照)．しかし，次節で述べるようなさまざまな実験データの力も借りて，精力的に研究が続けられている．

5 バイオインフォマティクスの新しい流れ

5-1 オーム科学

これまで述べてきたように，バイオインフォマティクスという学問の誕生に

は，DNA塩基配列やタンパク質のアミノ酸配列情報の蓄積が大きくかかわっており，特にヒトゲノム計画との関連が強い．実際，ベンター(C. Venter)のセレラ社がゲノムの塩基配列決定で大活躍できたのは，ゲノムの塩基配列決定法に**全ゲノムショットガン法**という方法を採用・開発したからである．この方法では得られた大量の断片配列データを，ジグソーパズルのようにコンピュータの上でつなげていく作業(**アセンブリー**，assembly)が必要であり，この作業のためにマイヤース(E. Myers)という専門家の協力を得て，大量の情報技術者を雇ったことが大きかった．文字通りバイオインフォマティクスがゲノム解析を下支えしたのである．

　しかし，バイオインフォマティクスと生物学の関わりは配列情報を通してだけではない．生物学では，ヒトゲノム計画の進展を1つの契機として，さまざまな大量データ解析を通して生命現象の全体像をとらえようとする機運が生まれてきた．例えば，多種類のタンパク質の酵素分解物の質量を質量分析計から求め，それぞれをゲノム配列データから予想される断片の質量値を収めたデータベースと比べることで，その試料にどのタンパク質が含まれているかを推定する技術が発達した．この技術によって，細胞内に存在するタンパク質の全体像に迫れるようになったため，タンパク質の全体という意味の**プロテオーム研究**と呼ばれるようになった．その後は，細胞内の転写産物の全体像を調べるトランスクリプトーム研究，タンパク質の相互作用ネットワークの全体像を調べるインタラクトーム研究，細胞内の代謝産物の全体像を調べるメタボローム研究などが，次々に誕生した(第2章参照)．それらの研究を総称して，**オーム研究**(omics)または**ゲノム科学**(**ゲノミクス**，genomics)と呼ぶ．

　これらのいずれも，大量のデータを産出するために，必然的にコンピュータ解析が必要になり，バイオインフォマティクスに新たな流れを生み出す原動力となった．本節では，主にトランスクリプトーム解析に焦点を絞り，典型的な研究を紹介する．本書第2章3節と合わせて読んでほしい．なお，**遺伝子発現**(gene expression)という用語は，本来，遺伝子産物が最終的に機能を発揮することを指すが，転写の研究では遺伝子の転写と同義で用いられるのが普通なので，以下でもその慣習に従うこととする．

5-2 DNAチップ

プロテオーム研究の技術的基盤が上述の質量分析計の発展だったとすれば，トランスクリプトーム研究の技術的基盤になったのは，DNAマイクロアレイやDNAチップと呼ばれている技術であった．基本的にはスライドグラスなどの小さい領域に高密度でcDNAなどの転写産物検出用プローブ(probe)を配置したものである．これを使うと，例えばゲノムにコードされた遺伝子のうちのどれとどれが特定の組織や細胞で転写されているかを知ることができる．通常は，2つの条件下で検出される転写産物(mRNA)の量比を検出する．

一般研究者がこの種の実験データを論文発表するためには，あらかじめ公共データベースに登録する必要があり，そのときMIAMEという最低条件を満たしている必要がある．ここでは説明は省くが，実験で得られた生データをどうやって補正するか(正規化するか)も重要なインフォマティクスの問題である．その結果得られるデータは，数千個から数万個の遺伝子(プローブ)について，いくつかの実験結果の集合(ベクトル)が得られる．例えば，培養細胞に何らかの外部刺激を与えた後の，各遺伝子の発現量の時間的変動データや，いろいろな進行度のがん患者から採取した白血球における遺伝子発現情報のデータなどである．

5-3 発現パターンのクラスタリング

発現データ解析のうちで最も基本的で広く用いられているのは，**クラスタリング**(clustering, **クラスター解析**)と呼ばれる，データのグループ分けである．クラスタリング自体は発現データ解析に限らない，一般的な方法である．例えば，何らかの新しい病気を調べているとき，ある薬剤が患者の一部にしか効き目がなかったとする．そのとき，すべての患者を体温，血圧などのデータでクラスタリングすると，実は患者グループは2つに分かれ，1つの病気と思っていたのが，見かけが似た2つの病気を混同していた(だから薬が片方の群にしか効かない)，というような使い方が典型的である(図5-15)．すなわち，クラスタリングとは，データを相互の類似性に基づいて，いくつかの固まり(クラスター)に分類する方法である．最終的に何個のクラスターに分類すべきかについては，あらかじめわかっていないことが多い．データの性質について予備

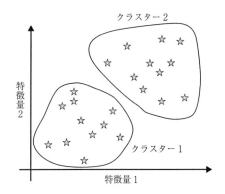

図 5-15 クラスタリングの概念図. この図の場合, データを 2 つの特徴量でとらえると, 特徴量 1, 2 のどちらの値も小さめのクラスター 1 と, 大きめのクラスター 2 に分離できることがわかる. 一般のクラスター分析では, 特徴量の数は何個でもよい.

知識がなくても, 解析してみれば, 新しい発見ができる可能性がある(このようなデータ探索は, 鉱山から鉱物を掘り出すことになぞらえて, **データマイニング**(data mining)とも呼ばれる).

さて, クラスタリングの考え方を, もう少し数学的にいうと, N 個のデータがそれぞれ K 種類の属性値で特徴づけられるとき, データは K 次元空間(**特徴空間**と呼ぶ)の中に位置する N 個の点として表される. この特徴空間の中で, データが互いに固まっている領域を検出するのが, クラスタリングである. 空間の中に複数の固まりが検出できれば, データが複数のグループに分類できたということになる.

それでは発現データをクラスタリングすると, 何がわかるであろうか. それは「遺伝子発現の変動パターンが似ている」共発現遺伝子群が検出できるのである. そのような遺伝子群は, 同じ種類の制御を受けている可能性がある. 一般に細胞が, 自身を分裂させるなど, 何らかの機能を果たそうとするとき, その目的のために役立つ遺伝子を一斉に発現させることが期待される. 逆に言うと, 同じ種類の制御を受けている遺伝子群は互いに関係ある細胞機能の実現のために用いられている可能性が高い. なお, クラスタリングの別の用い方として, 遺伝子を発現パターンで分類するのではなく, 実験条件を発現遺伝子のパターンによって分類することもできる. 例えば, がんのさまざまな進行度の細

胞をサンプルとして用いた場合，それぞれのサンプルにおいてどの遺伝子がどの程度発現しているかというパターンの類似性を用いて，サンプルをグループ化することができる．そうすれば，（原理的には）がんの進行度を遺伝子の発現パターンに基づいて分類できることになり，がんの診断に役立てられる．

5-4 クラスタリングのアルゴリズム

クラスタリングにはいろいろな方法が提案されているが，最も一般的なのは**階層的クラスタリング**と呼ばれる方法である．対象となるのは K 次元の座標で表される N 個のデータである．まず，このデータの間で適当な距離関数を定義する．たとえば，データ間のユークリッド距離などであるが，遺伝子の発現データの場合は発現量の大きさよりも，サンプルごとの値の変動パターンのほうが意味をもつことが多いので，**ピアソン(Pearson)の相関係数**（近距離ほど値が小さくなるように，実際には1から相関係数の絶対値を引いた値）もよく用いられる．

データ間の距離関数を定めたら，それを用いてすべてのデータの対に対して距離を求める．階層的クラスタリングのアルゴリズムは，

[1] クラスター（データ集合）間の距離が一番近いもの同士を融合させて，新しいクラスターとする．

[2] 新しくできたクラスターと他の全クラスターとの距離を計算し直す．

という2つのステップを繰り返す．最初はそれぞれの点を独立なクラスターとみなし，最終的に何個のクラスターを得るかがわかっていないときは，とりあえず全部のデータが融合されて1つのクラスターになるまで，融合を繰り返す．融合されたときのクラスターが隣り合うように配置し，融合距離に比例した長さの枝で融合の様子を示した図を**デンドログラム**(dendrogram)という（図5-16）．最終的に何個のクラスターとするかはデンドログラムを見て，主観的に決められることが多い．

さて，上の説明では[2]のステップを具体的にどのように行うかが述べられていない．実はこの部分にはいろいろなやり方がある．例えば2つのクラスターのそれぞれに属する点の間のすべての組み合わせのうちで，最も近い距離をクラスター間の距離とみなす方法がある．これは**最短距離法**と呼ばれる．お互

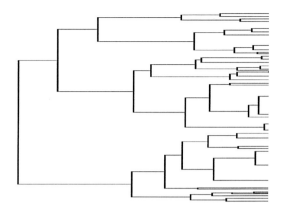

図 5-16　クラスター分析のデンドログラム(樹形図).

いのクラスターの端がどの程度近くにあるかに着目する方法で，若干癖がある．反対にクラスターの間のすべての点の組み合わせの中で最長の距離をクラスター間の距離とする方法もあり，**最長距離法**と呼ばれる．これは，ある意味でクラスター内の点の全部のちらばりを考慮していることになり，比較的直感と合う結果を出すことが多いようである．

　これらを両極端として，他にもいろいろな方法が提案されている．すべての点の対の距離の単純平均をとる方法は**平均距離法**と呼ばれる．実はこの方法は系統樹を作成するときの簡便法としても用いられ，その場合は**比加重結合法(UPGMA 法)**と呼ばれる(デンドログラムでは分岐点から分かれた 2 つの枝の長さは等しいが，これは進化的には分子時計仮説を採用していることに対応する)．さらに，重心をとるなど，いろいろな方法があるが，強調しておきたいことは，クラスタリングはあくまでデータ探索のための方法であり，方法間の優劣を論じることにはあまり意味がない(調べようとするデータの性質による)ということである．

5-5　共通モチーフ抽出問題

　DNA チップ解析などで得られる網羅的な発現データをクラスタリングすることで，同じような発現の挙動を示す遺伝子群(**共発現遺伝子**)が得られる．上述のように，それらの遺伝子は同じメカニズムで転写制御を受けている可能性

が高い．具体的には，それらの遺伝子の上流領域に共通の転写因子が結合している可能性が高い．そこで，共発現遺伝子の転写開始点上流の一定長の配列領域から，共発現を制御する未知のシスエレメントを探索することが考えられる．そのようなシス配列は偶然出現する頻度と比べると，統計的に有意に高頻度で出現しているであろうから，コンピュータで探索可能なはずである．これを**共通モチーフ抽出問題**と呼ぶ．

このような目的に合わせたアルゴリズムが多数開発されている．歴史的に有名なものとして，ギブス・サンプラー(Gibbs sampler)やMEME(ミーム)がある．ただし，実際にはそれらのプログラムの実用性は今一つである．その理由として，もともとの計測データやクラスタリングが完全でないこと，特に高等真核生物では探索すべきシス配列が必ずしも転写開始点上流にあるとは限らず，あったとしても探索すべき上流配列の領域が長大になり，それだけノイズを生みやすいこと(反復配列との区別も問題)，シス配列自体の間にも配列にかなりのばらつきがあること，などが挙げられる．そのため，既知の反復配列をマスクしたり，バックグラウンドの配列のモデル化を精密化したり，近縁種間の配列の保存情報を加味するなどの努力が行われている．また，共通モチーフ抽出問題は，必ずしもシス配列探索の目的だけに研究されているわけではなく，アミノ酸配列中に存在する機能モチーフ(4-1節のGDSGGなど)を多重アラインメントなしで発見する目的にも応用可能である．

5-6　クラスターの特徴づけ

モチーフ抽出と並んで，トランスクリプトーム解析の中でよくやられる解析は，得られた共発現遺伝子群の特徴付けである．クラスタリングの結果，きれいな相関のみられるクラスターが常に得られるとは限らず，ノイズを多く含んだ大きなクラスターの中のどれが重要なのかを調べたい場面は多い．あるいは，あるサンプルにおける発現データから，対照用サンプルと比較して有意に発現に差異のある遺伝子群を取り出してきたとき，それらに何らかの共通の特徴がみられないかを調べる必要が生じる．そのために付録のGOやKEGGなどのデータベースを用いる．

いま，特徴づけたい遺伝子群の中で機能既知のものが，GOで記述されたア

ノテーション(付録参照)を持っていたとする．このとき，それらのGOターム(用語)の中で，遺伝子全体での出現頻度と比べて，その遺伝子群の中で有意に濃縮されているものを探索する(統計的有意性の判定には，超幾何分布を用いる)．その結果，例えば「DNA修復」がそうだとすれば，DNA修復に関連した遺伝子群が動いた，というように解釈してみるのである．同様に，KEGGデータベースには，さまざまな遺伝子間の機能的なつながり(パスウェイ)情報が含まれているので，調べたい遺伝子群において有意にそのメンバーが濃縮されているパスウェイを探索する．その結果，たとえば「解糖系」にかかわる遺伝子が濃縮されていれば，その細胞で解糖系が動いた，と解釈する．BIO-CONDUCTORというフリーのソフトウェア集には，この種の解析に限らず，DNAチップデータの解析などに役立つソフトウェアが多数収録されている．

5-7　ネットワーク推定

第1章などでも紹介されている通り，近年，ゲノム科学のある種の発展形として，遺伝子の相互作用ネットワークの働きを通して生命システムを理解しようとするシステム生物学的研究が大きな注目を集めている．現在，その有力なアプローチとなっているのは，ある程度既存の知識で構築されたネットワークの数理モデルに対して，遺伝子にノックダウンなどの変化を与え，システム全体が受ける変動をトランスクリプトームやプロテオーム実験を通して観察・解析することで，ネットワークのモデルを改善していくというものである．

ネットワークの数理モデルを作るには，詳細な実験による数値パラメーターが不可欠なように思われるが，第一近似としては，遺伝子対の間の活性化と抑制の関係(二項関係)を仮定するだけで十分である．それでも，ある遺伝子の働きを破壊した場合，その影響は直接相互作用している遺伝子だけでなく，二次的，三次的に関連した遺伝子にも及ぶので，その見極めは容易ではないが，いろいろな角度から変化を与えた結果を注意深く分析すれば，ネットワークの仕組みが見えてくるはずである．

技術的には，ネットワークのモデルをどのように表現するかが問題になる．伝統的な微分方程式を用いた方法や，コンピュータの論理回路のようなブーリアン・ネットワーク(Boolean network)，確率的な因果的つながりを表すベイ

ジアン・ネットワーク(Bayesian network)など，いろいろな方法が提案されており，活発に研究されている．

5-8　パスウェイ解析

システム生物学のもう1つの流れは，遺伝子のネットワークがどのような性質をもっているかを理解しようとする研究である．もともと北野宏明が提唱したシステム生物学は，**ロバストネス**(robustness，頑健性)など，システム工学の発想で生命を見るというものであった(本シリーズ第8巻参照)．実はネットワークの持つ性質の研究は遺伝子ネットワークに限らず，生態系における食う・食われるの関係であるとか，ニューロンのつながり，さらには電子回路やWWWのリンク関係など，あらゆるネットワークにおいて行われている．

その中で基本的な概念として，**スケールフリー性**(scale-free)や**スモールワールド性**(small-world)というものがある．これは，直感的な言い方をすると，ネットワークのつながりが，少数のハブとよばれる中心的存在から次々に枝分かれしていくような構造をしていて，ネットワークをみる縮尺(スケール)を変えても，同じように見えるという性質である．そのようなネットワークの場合，ほとんどの任意のメンバーが比較的少数のリンクを介してつながっていることになり，スモールワールド(小さな世界)ということになる．さらには，アロン(U. Alon)らが提唱したネットワークモチーフという概念は，ネットワークにおいて頻出する基本パターンをいくつかネットワークモチーフとして指摘し，それらがどのように用いられるかを調べることで，ネットワークの性質を調べようという発想である．図5-17にネットワークモチーフの例を示す．例えばあるネットワークにこの中の1つが非常に多い(少ない)という性質がみつかれば，それはネットワーク生成原因と何らかのかかわりがあるのかもしれない．

一方，疾病ということを考えた場合，たった1つの遺伝子が原因になっている場合もあるが，高血圧症など，生活習慣病といわれている病気は，多くの遺伝子や環境要因が複雑に絡み合って発症に至ると考えられている．そのような病気の仕組みを理解する上で，遺伝子のネットワークは有効な武器になるものと期待されている．ネットワークのどこが頑健で，どこが脆弱なのかなどを理解することで，発症の仕組みや治療の方針が見えてくる可能性がある．疾病に

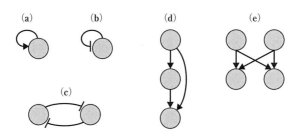

図 5-17 ネットワークモチーフの例．(a)自己励起型．(b)自己抑制型．(c)フリップフロップ．どちらか一方が活性化された状態になる．(d)フィードフォワード型．冗長性があり，信頼性が高い．(e)二重扇型．

限らず，表現型として観察される高次生命現象はすべてそれに関与する遺伝子群のネットワークという観点から理解が進んでいくことであろう．

6 おわりに

繰り返し述べてきたように，バイオインフォマティクスの発展は，生物科学(特にゲノム科学)における大量のデータ処理要求と深く結びついている．その傾向は今後も変わらないであろう．しかし，バイオインフォマティクスにはもう1つ期待されている役割がある．それは生物科学の理論化である．原子模型で有名なラザフォード(E. Rutherford)は「すべての科学は物理学か，切手収集のいずれかである(All science is either physics or stamp collection)」と言ったそうである．この言葉は，博物学から出発し，分子生物学の誕生によって原理的な理解ができたかに思えた生物科学が，再び遺伝子枚挙主義にさらされ，大量のデータ解析に汲々としている現状への痛烈な批判とも受け取れる．しかし，偶然が大きな役割を果たしてきた1回限りの進化を考える限り，物理学の基本原理のようなものから生命現象のすべてが演繹できるとは思えない．

おそらく，我々が「生命についてわかった」と思うことができるのは，現在のパスウェイのようなイメージを押し進めていくことで，生命現象をコンピュータ上で再現できるようになったときではないだろうか．そのようなことが本当にどこまで可能なのかはわからないが，今後の研究によって個々の遺伝子の性質がより詳細にわかり，さまざまな数値パラメーターが網羅的な実験によっ

て決定できるようになれば，研究者が現在頭の中に思い描いているような直感をもう少し定量的に表現できるように思われる．いずれにしても，今後も生物科学の挑戦は続き，そこでバイオインフォマティクスが重要な役割を果たし続けるであろうことは想像に難くない．

参考図書
- バイオインフォマティクスの本格的な教科書：

[1] Mount, D. W.(2004)：Bioinformatics: Sequence and Genome Analysis, 2nd ed., Cold Spring Harbor Laboratory Press. 岡崎康司，坊農秀雅(監訳)，バイオインフォマティクス(第2版)——ゲノム配列から機能解析へ，メディカル・サイエンス・インターナショナル，2005.

- アルゴリズムをもっと詳しく知りたい読者のために：

[2] Jones, N. C., Pevzner, P. A.(2004)：An Introduction to Bioinformatics Algorithms, MIT Press. 渋谷哲朗，坂内英夫(訳)，バイオインフォマティクスのためのアルゴリズム入門，共立出版，2007.

[3] 阿久津達也(2007)：バイオインフォマティクスの数理とアルゴリズム，共立出版.

- 分子進化学の本格的な教科書：

[4] 根井正利，Kumar, S.(2000)：Molecular Evolution and Phylogenetics, Oxford University Press. 大田竜也，竹崎直子(訳)，分子進化と分子系統学，培風館，2006.

付録 バイオインフォマティクス理解のための データベース

　分子生物学におけるデータベースは長い歴史をもつ巨大で汎用的なものから個人レベルで公開されている小さくて専門的なものまで多数存在する．多くのものはインターネット上で無料でアクセスできるので，Google などの検索エンジンで簡単に発見できる．無料で使えるものであるから，その質が必ずしも保証されるわけではないが，多くの利用者に利用されているものは，それなりに信用できると言えよう．ここでは歴史的な重要性も考慮して，12 のデータベースを選んだ．ここに挙げたもの以外にも，さまざまなデータベースが整備されている．

　あらためて強調しておきたいことは，新しい実験法が開発され，新しい種類のデータが産出されるにつれ，バイオインフォマティクスが新たに発展する契機となることである．これからもさまざまなデータベースが出現し，それに伴って新しい研究分野が開拓されていくことであろう．

　一方で，世界のいろいろな場所に玉石混淆のデータベースが存在すると，いろいろと利用に不便が生じる．たとえば，複数のデータベースを組み合わせて検索しようとするとき，それぞれのデータベースの設計思想がばらばらだと汎用性のある検索プログラムを作ることが難しいし，それぞれのデータベースがフォーマットを微修正しただけで，プログラムが知らないうちに使えなくなってしまう．そのため，これまでさまざまな形でデータベースの統合化が図られてきた．後述する NCBI の Entrez はある程度成功している例かもしれないが，世界的に見て，データベースの統合化は必ずしも利用者にとって便利な形では実現していない．その 1 つの理由は，生命科学やバイオインフォマティクス自体の発展速度が速く，将来どの部分がどの程度発展するかの予想が難しいためと考えられる．また，ここで紹介したデータベースはいずれもすべて無料で利用できて，大変便利である反面，バイオインフォマティクスビジネスがなかなかうまくいかない原因の 1 つになっているとも言え，いいことずくめとはいかない．

(1) UniProt(ユニプロット)

　歴史的にはアミノ酸配列データベースのほうが塩基配列データベースよりも先に作られ，バイオインフォマティクス誕生の1つのきっかけとなった．最初は，米国のデイホフ(M. Dayhoff)という進化学者が編集した書物として出発し，その後，PIR(protein information resource)という名前で発展した．2002年にスイスのベイロフ(A. Bairoch)によるSWISS-PROTと合併して，UniProtになった．専門の職員(キュレーター，あるいはアノテーター)が，DNAから翻訳して得られたアミノ酸配列に付加情報(アノテーション)を加えて整理したデータが中心で，いわばタンパク質に関する百科事典である．データベースにおけるデータ単位をエントリーというが，2009年8月現在，UniProtの核は約50万個のエントリーからなっている．急増するデータに追いつこうとすると，注釈付け作業がおろそかになってしまうため，機械的に注釈付けした暫定データを収めたTrEMBL(トレンブル)というデータベースを別に設けることで対処しているが，エントリー数の上ではすでにTrEMBLがUniProtの約18倍を占めている．

(2) GenBank(ジェンバンク)

　公共DNA塩基配列データベースの代表格だが，これは米国のもので，他にも日本の国立遺伝学研究所で運営されているDDBJ(DNA DataBank of Japan)，ヨーロッパのEBI(欧州バイオインフォマティクス研究所：欧州分子生物学研究所EMBLの下部組織)によるEMBL Nucleotide Sequence Database(通称EMBL-BANK)等がある．これら三者はデータ収集などを分担しており，実質的には同じデータベースである．GenBankは米国の国立衛生研究所(NIH)の中の国立バイオテクノロジー情報センター(NCBI)で運用されている．

　DDBJ/EMBL-BANK/GenBankは，実験研究者が自分で決定・登録したデータを整理したレポジトリー方式のデータベースである．主要学術雑誌に配列決定に関わる論文を投稿するときには，まず配列データを公共データベースに登録して，アクセッション番号をもらう決まりになっているため，登録漏れも少なく，迅速かつ無料でデータが公開される(2カ月毎の正式更新に加えて，毎日の更新分も公開される)．但し，この方式は，今日ではいろいろな問題を

かかえている.たとえば,GenBank のデータ量は 1982 年の創設以来,指数的な勢いで増え続け,2009 年 8 月現在,エントリー数は約 1 億で,塩基数は約 1050 億と,簡便な検索には大きすぎる上,別々の研究グループが発表したほぼ同一のデータを多数含むなど,非常に使い勝手が悪くなっている(複数データを加工する際の著作権的な難しさもある).さらに,データの質についても,登録者に依存しているため,まったく保証されず,機能部位等に関する注釈情報(アノテーション)の付け方もばらばらである.たとえば,GenBank のデータ数の約 6 割は,EST という大量の mRNA の断片配列である.このデータはゲノムのどの場所が転写されているかを知るには大変有用だが,精度が低く,通常の検索には不向きである.これらの理由で,一般利用者の典拠としての地位を RefSeq などに譲りつつある.

(3) **RefSeq**(レフシーク)

NCBI で維持されている「参照配列」データベース(Reference Sequence,標準配列というニュアンス).対象を 5000 種程度のモデル生物に絞り,ゲノム DNA,転写物(RNA),タンパク質アミノ酸配列の 3 種類に分類されている.GenBank がデータ提供者の登録内容をほぼそのまま掲載しているのに対して,RefSeq ではそれらを専門家が整理して,データに重複がなく,一定の品質水準を保つように注意が払われている.NCBI では GenBank と RefSeq の違いをオリジナル論文と総説の違いにたとえている.データの品質も「暫定(provisional)」段階から,検閲が進むにつれ,「チェック済み(reviewed)」へと進む.

(4) **Entrez Gene**(アントレ・ジーン)

NCBI で維持されている遺伝子のデータベースであり,基本的には RefSeq で取り上げられている生物のうちでゲノム全体が決定されているものが対象.それらの生物における個々の遺伝子が,ゲノム上のどの位置にどのようなエクソン・イントロン構造で存在し,どのような種類の mRNA が合成され,どんなタンパク質をコードするか等を,多数の関連文献や関連データベースへのリンクとともに整理されている.ショウジョウバエや線虫,シロイヌナズナなど,

生物学でよく研究されている生物種においては，研究者のコミュニティで情報を集積したデータベース(FlyBase, WormBase, TAIR など)の情報も反映されている．2008 年現在，約 5000 生物種の 400 万個の遺伝情報が蓄えられている(うち，真核生物は約 1700 種，150 万遺伝子)．なお，Entrez(フランス語で「ようこそ」の意味)は NCBI のデータベース検索エンジンで，共通のインターフェースで 30 以上のさまざまなデータベースが検索できるように工夫されている．複数のデータベースを組み合わせた利用もある程度できる．Entrez Gene は Entrez を通して利用できる遺伝子データベースである．

(5) PubMed(パブメド)

PubMed は NCBI が Entrez を通して公開している文献情報のデータベースであるが，その内容の中心は NCBI の上部組織である国立医学図書館(NLM)が維持する MEDLINE(メドライン)という医学生物学文献データベースである．MEDLINE には 1950 年代からの約 1900 万件に及ぶ学術論文等の文献情報(書誌情報や概要，MeSH タームと呼ばれるキーワード情報など)が収められている．PubMed では MEDLINE でカバーされていない学術雑誌の情報を追加したり，論文の出版元が提供するオンラインサイトへのリンクを付加するなどして，利便性を高めている．PubMed は，最新の医学の研究成果を無料で納税者(米国民)に還元するという思想に基づいているが，その恩恵に世界中の人々が浴していると言える(原論文は米国だけで出版されたものではないにしても)．さらに近年は税金を使って行われた研究成果は国民が無料で利用できるべきだという思想が一般的になりつつあり，掲載論文全文が無料で読める「オープンアクセス」を掲げるか，掲載後半年か 1 年後に全文を無料公開する学術雑誌も多い．それらの論文は PubMed Central というアーカイブサイト(電子書庫)に収められ(現在約 200 万件)，PubMed からリンクされている．

(6) GEO(ジー・イー・オー)

Gene Expression Omnibus の略．NCBI で維持されているマイクロアレイ/DNA チップなどによる遺伝子発現データのレポジトリデータベース．原則的には，プロテインチップなどの大規模分子測定データもカバーする．欧州に

はArrayExpressという同様のデータベースがあり，日本のDDBJでもCIBEXというデータベースが設けられている．塩基配列の場合同様，個々の実験研究者がDNAチップを使った実験をして，その結果を学術雑誌に発表する場合，データを登録して，アクセッション番号をもらうことになっている．昨今ではむしろこちらのほうが一般研究者にとってお馴染みかもしれない．データはMIAMEという最低限の基準を満たしていることが求められる．登録されたデータは論文出版後必ず公開する決まりで，生データも含めてすべてをダウンロードできる．また，登録データはGEOのスタッフによって，DataSet（実験データ全体）とProfile（個々の遺伝子の発現パターンの変化）という2種類に再編集され，それぞれEntrezで検索できる．

(7) Protein Data Bank (PDB)

名前はタンパク質のデータバンクであるが，少数ながら核酸などのデータも含む，生体高分子の3次元立体構造データベースで，X線結晶構造解析法や核磁気共鳴（NMR）法で決定された構成原子の座標データ等が収められている．レポジトリーデータベースの一種で，入力データは構造決定者の自発的な登録による．もともとは1970年に米国ブルックヘヴン国立研究所においてわずか7構造からスタートしたが，1998年からデータ維持機関がRCSB（構造バイオインフォマティクス研究共同体）というラトガース大学等3組織の連合体に移行し，現在に至っている．塩基配列データベースの国際協調体制に倣って，PDBもwwPDB（world-wide PDB）と称し，欧州（EBI）や日本の組織などとデータの受け入れ作業を分担している．日本では，大阪大学蛋白質研究所にPDBjという組織がある．PDBのデータ数は2009年現在約6万に上るが，GenBank同様，著しい冗長性がある（仮に95％以上配列が一致するペアを同一とみなすと，データ数は約2万4000になる）．RefSeqにあたるような代表的構造を厳選したり，全体を専門家がチェックして分類整理したデータベースもいろいろ作られている．その中で，英国のマージン（A. G. Murzin）らによるSCOP（スコップ，「タンパク質の構造分類」の頭文字から命名）は代表的存在である．

(8) Ensembl(アンサンブル)

欧州の真核生物ゲノムデータベースとして知られるが，正確には脊椎動物を中心とする真核生物のゲノムに対する自動注釈付け用ソフトウェアを開発するためのプロジェクトの名称である．EMBL-BANK を作っている EMBL-EBI と英国のサンガー研究所(Wellcome Trust Sanger Institute)の共同プロジェクトで，EMBL という名称を含んだ駄洒落らしい(合奏の意味の単語は ensemble)．いろいろな生物の新しいデータが次々に加わり，壮観である．また，ゲノム配列の注釈情報も充実し，それらを閲覧(ブラウズ)したり，必要な部分を取り出したりするための便利なソフトウェアが無料で提供されている．たとえば BioMart プログラムを使って複雑なデータ操作を行ったり，DAS(分散型注釈システム)を使って，自前の情報を付け加えて表示したりできる．ライバル的存在として，米国カリフォルニア大学サンタクルズ校の UCSC ゲノムブラウザーがある．

(9) KEGG(ケッグ)

Kyoto Encyclopedia of Genes and Genomes の略で，名前の通り，京都大学化学研究所で維持しているデータベース．名前から想像される内容以上に，遺伝子を軸にタンパク質が相互作用する薬剤や化学物質の情報や，化学反応や疾病なども網羅した統合データベースとなっている．特に有名なのは PATHWAY セクションで，生体内の代謝反応やシグナル伝達経路など，遺伝子間の相互作用による生体システムとしての働きの情報をデータベース化している．ヒトゲノム計画が一段落した後に起こった，遺伝子が織りなすシステムとしての生命現象の理解(システム生物学)の流れの基盤として，我が国が世界に誇る存在である．

(10) Gene Ontology(ジーン・オントロジー，GO)

遺伝子の機能を注釈付けするとき，同じ意味のさまざまな異なる表現が用いられると，不都合である(たとえば「翻訳」と「タンパク質合成」)．そこで，1998 年にショウジョウバエとパン酵母とマウスの研究者が協力して，Gene Ontology プロジェクトが始まった．現在，その成果はデータベース化され，

多くの生物の遺伝子機能注釈付けに用いている．オントロジーとは「構造化され，統制されたボキャブラリー」の意味で，いろいろなレベルの機能を表す用語が，階層的に整理されている（ただし，下位の用語（子）が複数の上位用語（親）を持つことが許されるため，「木構造」とは異なる）．具体的には，細胞構成要素(cellular component)，生物学的過程(biological process)，分子機能(molecular function)の3種類が用意されている．分子機能とは「酸化還元酵素活性」等，それぞれのタンパク質が部品としてどう働くかを示し，生物学的過程とは「細胞死の誘導」等，それらの部品が寄り集まって実現される細胞としての機能を指す．

(11) Pfam（ピーファム）

サンガー研究所を中心とした研究グループによって運営されている，タンパク質ファミリーのデータベース．進化的類縁関係にあるタンパク質のアミノ酸配列が多重アラインメントや隠れマルコフモデル（プロファイルHMM）の形で表現されている（第5章3-4, 4-1節参照）．NCBIでBLASTという相同性検索プログラム（同章3-3節参照）を利用すると，結果本体が出力される前に，検索配列中に既知の構造単位（ドメイン）の存在を画像で表示してくれるサービスがあるが，それはこのデータベースなどを検索している．

(12) JASPAR（ジャスパー）

デンマークのコペンハーゲン大学とノルウェーのベルゲン大学のグループが維持している真核生物の転写因子結合部位のデータベース．転写因子とはDNAに結合して，遺伝子の転写を活性化したり抑制したりするタンパク質のことで，それぞれの遺伝子がどのような条件下で転写されるかを研究する上で非常に大切な存在である．それぞれの転写因子について，その塩基配列の認識特性が重み行列という形で表現されている（第5章4-1節参照）．類似の老舗データベースTRANSFAC Professionalが基本的に有償で提供されているのに対して，本データベースは完全に無料で公開されており，利用しやすい．

遺伝学100年の年表

年号	人　名	事　項
1822	T. Knight, J. Goss, A. Seton	独自にエンドウの交雑実験を行い，F1 に優性形質が現れ，F2 遺伝形質が分離することを観察した．
1838	M. Schleiden, T. Schwann	細胞説を展開．Schleiden は核内に核小体があることを記述した．
1858	G. Duchenne	筋ジストロフィー症を発見(仏，先駆的神経学者)．
1865	G. Mendel	Brünn の自然科学学会の月例会でエンドウの遺伝実験の結果とその解釈を報告した．
1866	G. Mendel	"植物の交雑雑種の実験" を出版．遺伝子をエレメントの概念で説明．
1869	F. Miescher	膿から核を単離，ヌクレイン(核酸とタンパク質の混合物)を発見した．
1872	G. Huntington	ハンチントン病を発見(米国ロングアイランドの医師)．
1873	A. Schneider	有糸分裂を初めて記述した．
1882	R. Koch	結核菌を発見．
1883	E. van Beneden	回虫の一種 Ascaris の減数分裂を研究．
1894	S. Kitazato	ペスト菌を発見．
1895	W. Röntgen	X 線を発見．
1900	H. de Vries, C. Correns, E. von Tschermak	それぞれ独立に Mendel の論文を再発見した．
1901	H. de Vries	オオマツヨイグサの遺伝物質に突然，自然発生的に生ずる根本的な変化に対して，突然変異(mutation)という言葉を与えた．
1910	T. H. Morgan	ショウジョウバエにおいて白眼系統を発見し，その結果として伴性遺伝を発見．ショウジョウバエの遺伝学が始まった．
1911	P. Rous	ニワトリラウス肉腫の無細胞ろ過液に動物ウイルスを発見．
1913	W. H. Bragg, W. L. Bragg 父子	X 線回折法で結晶の 3 次元原子構造を決定．
1915	F. Twort	細菌に感染するろ過性ウイルス(ファージ)を初めて分離した．
1919	T. H. Morgan	キイロショウジョウバエにおいて遺伝子の連関群の数と生殖細胞染色体の数(haploid number)は同一であることを示した．
1925	F. Bernstein	ヒト ABO 式血液型が一連の対立遺伝子により決定されることを示した．
1926	J. B. Sumner	ナタマメからウレアーゼを結晶化し，タンパク質であることを証明．
1928	F. Griffith	肺炎双球菌(pneumococcus)の形質転換を発見した．

年号	人名	事項
1933	H. Hashimoto	カイコガの性決定について，染色体による支配の問題を解決した．
1934	J. Bernal, D. Hodgkin	ペプシンのX線回折像を測定した．
1934	M. Schlesinger	ファージはDNAとタンパク質から成ると報告した．
1935	W. M. Stanley	タバコモザイクウイルスの単離と結晶化に成功した．
1935	C. B. Bridges	キイロショウジョウバエの唾液腺染色体地図を発表した．
1938	I. Rabi	初めて原子核の磁気モーメントの測定に成功．
1939	E. Ellis, M. Delbrück	大腸菌ファージの増殖に関する研究を行った．
1941	G. Beadle, E. Tatum	アカパンカビの生化学的遺伝学に関する古典的研究報告．
1941	H. Kikkawa	ショウジョウバエとカイコの目の色素合成に関する遺伝生化学的研究を発表．
1941	J. Branchet, T. Caspersson	独立に，RNAは核小体と細胞質に局在し，細胞のRNA量はタンパク質合成能力と直接的に関係しているという結論に達した．
1942	S. Luria, T. Anderson	バクテリオファージの電子顕微鏡写真を初めて発表した．
1944	O. Avery	肺炎双球菌の形質転換の原理を記述し，DNAが細胞の遺伝性を制御する化学的物質であることを示唆した．
1944	E. Schrödinger	著書『生命とは何か――物理的にみた生細胞』を出版．
1946	J. Lederberg, E. L. Tatum	細菌の遺伝的組換えを証明した．
1946	F. Bloch, E. Purcell	凝縮分子系のNMR信号を検出することに成功．
1949	L. Pauling, M. Delbrück	生体分子における，鋳型および相補的な対応関係を明らかにした．
1950	E. Chargaff	DNA塩基組成 A=T, G=C 規則を発見．
1952	F. Sanger	インスリン全アミノ酸配列を解明．
1952	A. Hershey, M. Chase	ファージのDNAだけが感染因子であることを証明．
1952	D. M. Brown, A. Todd	DNAとRNAは$3'$-$5'$で連結されたポリヌクレオチドであることを証明．
1953	J. Watson, F. Crick	DNA二重らせんモデルを発表．
1954	G. Gamow	DNA二重らせんの4塩基対立体構造と20種類のアミノ酸暗号モデルを発表．
1955	J. Kendrew	ミオグロビンのX線構造を決定して，球状タンパク質の概念を確立する．
1955	F. Crick	RNAアダプター仮説(セントラルドグマ)を提唱．論文は1958年発表．
1955	S. Benzer	大腸菌のT4-ファージのrII部位の微細構造を解明し，シストロン(cistron)，リコン(recon)，ミュートン(muton)などの用語をつくった．
1956	S. Ochoa	試験管内で酵素的にRNAを合成した．
1956	A. Kornberg	試験管内で酵素的にDNAを合成した．
1957	M. Meselson, F. Stahl	DNA2本鎖が複製するとき，元の鎖は新生鎖の2本鎖の片方に保存されるという"複製の半保存性"を発見．

年号	人 名	事 項
1957	Y. Okada	センダイウイルスによって細胞が融合することを発見.
1958	D. Hodgkin	X線回折法によるビタミンB_{12}の構造を決定.
1958	P. C. Zamecnik	アミノ酸がtRNAに結合した,アミノアシルtRNAの性質を明らかにした.
1959	K. McQuillen	リボソームがタンパク質合成の場であることを大腸菌で証明した.
1960	M. Nomura, S. Spiegelman	mRNAの存在を提唱. 1961年, S. Brenner, F. Jacob, J. Monod, M. Meselson, および F. Gros, W. Gilbert, J. Watson らによって証明された.
1961	F. Jacob, J. Monod	「タンパク質合成の遺伝的制御機構」オペロン説を提唱した.
1961	S. Weiss, T. Nakamoto	RNAポリメラーゼを分離.
1961	F. Crick	遺伝の言葉は3連文字(triplet)であることを理論的に示した.
1961	M. Nirenberg, J. Matthaei	大腸菌の無細胞タンパク質合成系で,ポリウリジンを鋳型にポリフェニルアラニンが合成されることを発見した.
1961	U. Z. Littauer	リボソームはたった2種類の高分子RNA,すなわち細菌においては16Sと23S,動物では18Sと28S RNA含んでいることを示した.
1961	M. Lyon	X染色体不活性化の発見.
1962	J. Gurdon	カエルの核移植による小腸細胞核の全能性の証明.
1963	J. Monod, F. Jacob	レプリコン(複製単位)のモデルを発表.
1963	J. Cairns, H. Yoshikawa, N. Sueoka	バクテリアの染色体(ゲノム)は1分子で,特定の複製起点から終点へと逐次的に複製されることを証明した.
1965	H. Harris, J. Watkins	センダイウイルスを用いてヒトとマウスの雑種体細胞を作成.
1965	R. W. Holley	酵母から分離したアラニンtRNAの完全なヌクレオチド配列を決定.
1966	C. Richardson	DNAリガーゼを分離.
1966	M. Ptashne	ラムダファージリプレッサーはタンパク質で,DNAに直接結合することを示した.
1966	R. Ernst	フーリエ変換によるNMR分光法が確立する.
1968	J. Huberman, A. Riggs	哺乳類の染色体は連続して配置され,おのおの独立して複製する長さ約30 μmの複製単位より構成することを示した.
1968	R. Okazaki	DNAの鎖の一方は不連続に合成されることを証明. "岡崎フラグメント"を発見した.
1968	M. Kimura	分子進化の中立説を提唱.
1968	A. Rich	X線によりtRNAの立体構造を決定.
1968	M. Wexler	娘のハンチントン病の発症を知り,S. Benzerらと研究組織を設立.
1970	H. Temin, D. Baltimore	独立に,2種のRNAウイルスから逆転写酵素を発見.
1970	H. Smith	切断部位特異性を持つDNA分解酵素(制限酵素)を発見.
1970		モルモン教会はユタ大学の遺伝学者に家系図の閲覧を許可.

年号	人名	事項
1971	A. Knudson	網膜芽細胞腫の統計学的研究において2ヒット説を発表.
1972	P. Berg	SV40 DNA とラムダファージ DNA の雑種 DNA の試験管内合成に成功.
1973	S. Cohen	異種プラスミド由来の制限酵素断片を結合,雑種プラスミドを合成.
1973		第1回国際遺伝子マッピングワークショップ開催,152 遺伝子をマッピング.
1973	L. Hartwell	出芽酵母細胞周期進行に必須遺伝子 32 の変異を同定.
1974	S. Brenner	線虫を実験生物として紹介.
1974	R. Kornberg	染色体クロマチンの基本構造であるヌクレオソームを発見.
1974	H. Temin	細胞内にプロウイルス遺伝子を発見,がん原性遺伝子説を提唱.
1974	M. Scolnick	モルモン教徒家系図のコンピュータによる解析を開始.
1975		分子生物学者が世界中から米国カリフォルニア州アシロマに集まり,組換え DNA 実験を行うにあたっての研究指針を定めた.
1975		米国立保健研究所(NIH)組換え DNA 委員会は,組換え DNA 研究に伴う潜在的危険性を排除することを目的とした研究指針を発表.
1975	E. M. Southern	DNA 断片を分離し,放射性元素で標識した RNA と結合させ,オートラジオグラフィーによって mRNA と結合する DNA の検出法(サザーン法)を開発.
1975	F. Sanger	DNA ポリメラーゼによる複製停止法による塩基配列決定法を開発(ジデオキシ法は 1977 年).
1976	H. Boyer	遺伝子工学の会社が初めて設立され,Genentech と命名された.
1976	T. Maniatis	ヒトゲノム DNA ライブラリー作成.
1976	T. Maniatis	真核生物の遺伝子(cDNA)を試験管内で酵素的に合成した.
1976	S. Tonegawa	免疫グロブリン遺伝子の体細胞での組換えによる DNA 再編成を発見.
1976	P. Nurse, K. Nasmyth	分裂酵母の細胞分裂制御タンパク質を発見.
1977	A. Klug	ヌクレオソーム・コアの X 線構造決定.
1977	W. Gilbert	DNA 塩基配列決定の"有機化学的方法"を開発.
1977	F. Sanger	バクテリオファージ φX174 の DNA ゲノムの全塩基配列を決定.
1977	W. Gilbert	哺乳動物のインスリン,インターフェロンを細菌で合成させた.
1977	P. Sharp	アデノウイルス遺伝子に介在配列(イントロン)を発見.
1977	J. Darnell	アデノウイルスゲノムから選択的スプライシングによって,多種類の mRNA が合成されることを報告.
1977	E. Ross, A. Gilman	アデニル酸シクラーゼを制御する GTP 結合タンパク質(G-タンパク質)を発見.細胞内シグナル伝達研究が始まる.

年号	人名	事項
1977	B. Woese, G. Fox	16S rRNA 配列比較から新生物界, 古細菌(Archaea)を発見.
1977	J. Sulston, R. Horvitz	線虫の後胚発生細胞系譜を記述.
1978	R. Schwartz, M. Dayhoff	分子系統樹解析からミトコンドリア(20億年前), クロロプラスト(10億年前)の起源を推定.
1978	T. Maniatis	真核生物ゲノム DNA ライブラリーから遺伝子クローニング法を開発.
1978	M. Collett, R. Erickson	がん遺伝子 src のタンパク質がタンパク質リン酸化酵素(キナーゼ)であることを発見.
1978	Y. Kan, A. Dozy	鎌型赤血球貧血の診断に病気に連関する RFLP を使用.
1978	E. Lewis	ショウジョウバエの bithorax 複合遺伝子座の体節化に関連した機能と祖先遺伝の重複による進化を提唱.
1978	E. Blackburn, J. Gall	テトラヒメナの染色体末端(テロメア)が 30-70 塩基の反復配列であることを初めて発見.
1978	W. Gilbert	イントロンおよびエクソンという用語を提唱.
1978	V. Reddy	DNA 型がんウイルス SV40 の全塩基配列を発表.
1978	D. Botstein	ヒトゲノム全域に制限酵素断片長の多型(RFLP)の存在を発表.
1979	T. Maniatis	ヒトグロビン遺伝子群の染色体上の配置と構造を決定.
1979	D. Hogness	真核生物遺伝子の転写プロモーター構造を決定.
1979	N. Wexler	ベネズエラヘハンチントン病の調査隊派遣. 8世代 11000 人の家系を作成, 原因遺伝子解析の基礎資料を作成.
1979	J. Sutcliffe	大腸菌プラスミド pBR322 ゲノム 4362 塩基の配列を決定.
1979		NIH 組換え DNA 実験指針を緩和, がんウイルス DNA 研究を許可.
1979	J. Cameron	酵母にトランスポーザブル(可動性)因子を発見.
1980	D. Botstein	多型によるヒトの連鎖地図作りを論文発表.
1980	R. White	ヒト DNA における明確な多型性とその染色体上の位置を発表.
1980	A. Hershko	ユビキチン化によるタンパク質分解現象を発見.
1980	D. Lowe	シアノバクテリア様の 35 億年前の化石を発見.
1980	J. Gordon	受精卵に遺伝子を注入, トランスジェニックマウス作成に成功.
1980	M. Capecchi	DNA マイクロインジェクションによる哺乳類培養細胞の形質転換法を開発.
1980	C. Nüsslein-Volhard	ショウジョウバエ初期胚体節形成遺伝子群の変異を同定.
1980		DNA データバンク開始(欧州 EMBL, 1982 年米国 GenBank, 1986 年日本 DDBJ).
1981	L. Clarke, J. Carbon	酵母第 3 染色体のセントロメアをクローニング.
1981	H. Varmus, J. M. Bishop	ラウス肉腫がん遺伝子 src の相同遺伝子をニワトリ細胞内に発見.
1981	P. Chambon	真核生物遺伝子の転写促進エレメント(エンハンサー)を発見.
1981	T. Cech	テトラヒメナにおいて, 自己スプライシングをおこなう酵素

年号	人名	事項
		活性をもった rRNA を発見した．リボザイム（RNA 酵素）の概念が生まれる．
1981	F. Sanger	ヒトミトコンドリアゲノムの遺伝子構造と全塩基配列を決定した．
1981	K. Davies	筋ジストロフィー症と連関した RFLP を発見．
1981	N. Wexler	ハンチントン病遺伝子を第 4 染色体上にマッピング．
1982	P. Bingham, G. Rubin	ショウジョウバエに 30-50 個のトランスポゾン，P-エレメントが存在することを発見．
1982	K. Wüthrich	NMR 法によってタンパク質の立体構造をはじめて決定する．
1982		米国 Eli Lilly 社は組換え DNA 技術を用いて製造したヒトインスリンを初めて販売．
1982	R. Weinberg	ヒト膀胱がんからがん遺伝子 ras の 1 塩基変異型（12 番バリンがリジンに変換）を発見．
1982	A. Knudson	網膜芽細胞腫遺伝子をがん抑制遺伝子と命名．
1983	W. Bender	ショウジョウバエ bithorax 複合体の遺伝子構造を決定．
1983	M. Scott	ショウジョウバエ Antennapedia 座位の遺伝子構造を決定．
1983	W. Gehring	ショウジョウバエ体節決定遺伝子の分子遺伝学的解析の論文を発表．
1983	R. White	RFLP で網膜芽細胞腫遺伝子自身の欠失を証明，2 ヒット説を実証．
1983	K. Mullis	特定の遺伝子断片を増幅させるポリメラーゼ連鎖反応（PCR）を発明．
1984	J. Sulston	線虫全細胞系譜を記述．
1984	W. McGinnis	ショウジョウバエホメオ遺伝子群に保存性の高いホメオボックス配列を同定，同じ配列がマウスにも存在することを発見．
1984	J. Shepherd	出芽酵母交配制御遺伝子がホメオボックスを持つことを発見．
1984	T. Bargello, M. Young	ショウジョウバエの生物時計を制御する遺伝子 period を発見．
1984	M. Takeichi	カドヘリンの発見．
1986	H. Ellis, H. Horvitz	線虫からプログラム死を決定する遺伝子を発見．
1986	L. Hood	自動塩基配列決定装置を開発．
1986		第 9 回国際遺伝子マッピングワークショップ開催，1500 遺伝子をマッピング．
1986	R. Dulbecco	ヒトゲノム配列決定プロジェクトの必要性を提唱．
1986	S. Doria	網膜芽細胞腫遺伝子を分離同定．
1986		出生前診断によって生後 5 週間の乳児の網膜から腫瘍細胞の除去手術に成功（New England J. Medicine）．
1986	K. Ohyama	ゼニゴケ葉緑体ゲノム 121 kb の配列を決定．
1986	K. Shinozaki	タバコ葉緑体ゲノム 155 kb の配列を決定．
1987	M. Ptashne	リプレッサー・オペレーター複合体の 3 次元構造を決定．
1987	L. Kunkel	筋ジストロフィー症遺伝子 8 エクソンが 200 万塩基に散在することを発見．

年号	人　名	事　項
1987	L. Kunkel	ジストロフィンタンパク質を同定.
1987	Y. Kohara	自律生物初の大腸菌ゲノムの整列クローン地図の作成.
1987	S. Hisrop	家族性アルツハイマー病欠陥遺伝子を21番染色体上に発見.
1987	B. Vogelstein	大腸がんを起こす第二のがん抑制遺伝子を17番染色体上に発見.
1988	K. Kid	精神分裂病遺伝子を5番染色体上に発見.
1988	C. Nüsslein-Volhard	ショウジョウバエの初期胚で濃度勾配を形成するタンパク質bicoidを発見.
1988	M. Capecchi	マウス個体の遺伝子操作技術を確立.
1989	B. Vogelstein	大腸がんを起こす第二のがん抑制遺伝子がp53であることを証明.
1989	S. Fields	酵母two-hybrid法によるタンパク質相互作用解析法を開発.
1989	L. Hartwell, P. Nurse	出芽酵母細胞周期進行のチェックポイント制御の概念を確立.
1989	F. Hong	がん抑制遺伝子Rbの構造, 27エクソン, 全長200 kbを決定.
1990	W. Anderson	最初の遺伝子治療, アデノシンデアミナーゼ欠失女児を正常遺伝子で形質転換したリンパ球で治療.
1990	M. Bhattchrya	メンデルのしわ型豆は豆胚の澱粉量を制御する遺伝子のトランスポゾン変異であることを証明.
1990	F. Yamamoto	ヒトABO式血液型システムの分子機構を解明.
1990	B. Vogelstein ら数チーム	大腸がん, 乳がん, 肺がん, 卵巣がん, 子宮頸がん, 副腎皮質がん, 骨髄腫, 膀胱がんの60%にp53変異を発見.
1990	S. F. Altschul	相同性検索プログラムBLASTの開発.
1991	D. Wheeler, J. Hall	ショウジョウバエ雄の求愛歌は生物時計遺伝子 period によって決定されることを発見.
1991	L. Buck, R. Axel	ラット嗅覚レセプター遺伝子ファミリーから18種をクローニング.
1992	G. Oliver ら欧州共同体	出芽酵母第3染色体300 kbの配列を決定.
1993	M. Mullins, C. Nüsslein-Volhard	ゼブラフィッシュの発生関連変異100種を記載, 脊椎動物発生研究に新時代を拓く.
1993	M. MacDonald	ハンチントン病遺伝子クローニング, 構造決定. 不安定3塩基繰り返し数の変異が病因であることを決定.
1994	J. Walker	ATP合成酵素のX線構造決定.
1994	M. Chalfie	細胞での遺伝子発現部位の解析に緑色蛍光タンパク質(GFP)の有効性を示す.
1994	T. Tully	ショウジョウバエの記憶形成を制御する遺伝子群を発見.
1995	C. Venter	細菌ゲノム第1号, インフルエンザ菌の全配列を決定. ホールゲノム・ショットガン(WGS)法を開発.
1995	C. Venter	寄生細菌 *Mycoplasma genitalia* ゲノムの配列を決定.
1995	M. Schena	シロイヌナズナの45種遺伝子の発現を同時に測定するDNAマイクロアレイ技術を開発.
1995	S. Horai	3人の女性(日本, 欧州, アフリカ)と4種のサルのミトコン

年号	人名	事項
		ドリアゲノムの配列を決定. 14万年前, アフリカ女性起源を確認.
1995	P. Brown	DNAマイクロアレイの開発.
1996	A. Goffeauら国際コンソーシアム	出芽酵母全ゲノム配列を決定, "6000遺伝子の生命"を発表.
1996	T. Kaneko	シアノバクテリアゲノムの配列を決定, 3000遺伝子を同定.
1996	I. Wilmut	妊娠中羊の乳腺細胞核から羊個体(♀)ドリーのクローン化に成功.
1997		SPring-8, 播磨(世界最大の第三世代放射光施設)利用開始.
1997	F. R. Blattner 及び日本のグループ	独立に大腸菌ゲノムの配列を決定.
1997	F. Kunst, N. Ogasawaraら欧日コンソーシアム	枯草菌ゲノムの配列を決定.
1997	C. Lawrence	大腸菌など細菌ゲノムは15-30%が異種の水平伝達であると提唱.
1997	M. Kings	ミトコンドリアDNAの解析により, ネアンデルタール人はホモサピエンスと別種であることを証明.
1998	R. MacKinnon	X線回折によるK-チャネルの構造を決定.
1998	線虫ゲノム国際コンソーシアム	初の多細胞生物, 線虫の全ゲノムの配列を決定.
1998	A. Fire, C. Mello	線虫に導入した2本鎖RNAによる遺伝子発現抑制を発見(RNAi).
1998	Y. Lin, L. Serounde, S. Benzer	ショウジョウバエの寿命を決定する遺伝子 methuselah を発見.
1998	W. Whitman, D. Coleman, W. Wiebe	原核生物の総数を $4〜6 \times 10^{30}$ 細胞, 地球上最大のC, N, P源であると推定.
1999	K. Nelson	高熱菌 Thermotoga maritima ゲノムの多くの遺伝子が古細菌由来であることを発見.
1999	I. Dunham	ヒト22番染色体の配列を決定, 33メガ塩基に545遺伝子を同定.
1999	J. Evans, E. Wheeler	ミツバチの社会性の分化と遺伝子発現の変化が相関することを発見.
2000	国際シロイヌナズナコンソーシアム	初の植物, シロイヌナズナ全ゲノム配列を決定, 遺伝子数25000と推定.
2000	M. Hattori	ヒト21番染色体の配列を決定.
2000	M. Adams	キイロショウジョウバエのゲノム配列を決定, 13600遺伝子を推定.
2001	C. Lai	ヒト子供の言語発達に必要な遺伝子FOXP2を同定.
2001	R. Kornberg	X線によるRNAポリメラーゼの構造決定.
2001	F. Colinsら国際ヒトゲノム共同体	ヒトゲノム概要版をNature誌2月15日号に発表.

年号	人　名	事　項
2001	C. Venter らセレラゲノミックス社	ヒトゲノム概要版を Science 誌 2 月 16 日号に発表.
2002	M. Gardner ら国際コンソーシアム	マラリア原生動物 *Plasmodium falciparum* のゲノム配列を決定.
2002	R. Holt ら国際コンソーシアム	マラリア媒介昆虫ハマダラカ (*Anapheles gambiae*) のゲノム配列を決定.
2002	T. Fukatsu ら	細菌 (Wolbachia) と昆虫 (Callosobruchus) 間の遺伝子水平伝達を発見.
2002	D. Rokhsar, N. Satoh ら国際チーム	尾索類ホヤの全ゲノム配列を決定.
2002	S. Aparicio	初の魚類, フグ (*Takifugu ruburipes*) ゲノムの配列概要版を発表.
2003	国際ヒトゲノムコンソーシアム	ヒトゲノム全配列決定を完成. 1 万分の 1 塩基以下の誤差.
2004	C. Venter	サラガッソ海, 海水細菌群のメタゲノム解析, 約 120 万遺伝子を解析, 800 種光感受性遺伝子.
2004	T. Kuroiwa ら日本チーム	植物の起源種, 原始紅藻シゾンのゲノム配列を決定.
2004	E. Birney	比較ゲノム進化解析用アルゴリズム GeneWise, Genomewise を発表.
2005	国際コンソーシアム	多細胞化モデルの細胞性粘菌ゲノム配列を決定.
2007	S. Yamanaka	ヒト誘導多能性幹細胞 (iPS 細胞) の作成に成功.
2008	D. A. Wheeler	J. D. Watson 個人の全ゲノム配列を決定.

索　引

英数字

2価性のクロマチン修飾　172
10ナノメートル線維　157
BLAST　219
BLASTプログラム　216
ChIP-Chip　86
ChIP-on-Chip　86
CpGアイランド　162
DNA　8
DNAチップ　82, 240
DNA二重らせん　9
DNA複製　24
DNAマイクロアレイ　82
ES細胞(胚性幹細胞)　171
EST配列　235
G期　104
G1期　44
G2期　44
GO　254
HMM(隠れマルコフモデル)　230
ICF症候群　175
iPS細胞(人工多能性幹細胞)　120, 172
mRNA　11
M期　44, 104
NCBI　250
ORF　234
PCR法　35
PSI-BLAST　233
RFLP(ゲノム多型)　47
RNA　10
RNAi法　149
RNAポリメラーゼ　159
rRNA　11
S期　44, 104
SPスコア　224
tRNA　11
Xist　169
X染色体の不活性化　177

ア行

アウトグループ　226
アクチビン　123
アセチル化　163
アセンブリー　239
アダプター分子　18
アノテーション　244, 250
アブ・イニシオ予測　235
アフィンギャップ　216
アラインメント　210
アンジェルマン症候群　195
アンチセンスモルフォリノオリゴヌクレオチド　136
案内木　224
アンフィンゼンの仮説　214
維持DNAメチル化酵素　161
位置重み行列　229
位置特異的スコア行列　229
遺伝暗号表　23
遺伝形質　2
遺伝子　10
遺伝子シャフリング　210
遺伝子操作　31
遺伝子調節ネットワーク　147
遺伝子重複　209
遺伝子のかきまぜ　210
遺伝子破壊株　71
遺伝子発現　19, 239
遺伝子発見問題　234
遺伝子量補償　179
遺伝的相互作用　78
インスレーター　182
イントロン　36
ウィンドウ　235
ウェブサーバー　222
動く遺伝子　56, 174
エクソン　36
エピゲノミクス解析　199
エピゲノム　159

エピジェネシス　154
エピジェネティクス　155
エピジェネティックコード　158
エピ対立遺伝子（エピアレル）　190
エレメント　3
遠距離因子　126
オーガナイザー　135
オーム研究　239
オペレーター　26
オペロン　26
重み行列法　229
オルソログ　53, 209

カ行

カーリン-アルチュルの理論　220
階層的クラスタリング　242
隠れマルコフモデル（HMM）　230
カドヘリン　138
がん原性遺伝子　42
感度　229
がん抑制遺伝子　44
疑似度数　230
機能ゲノミクス　70
逆転写酵素　41
ギャップペナルティ　216
擬陽性　229
共線性　133
共通モチーフ抽出問題　244
共発現遺伝子　243
局所アラインメント　214
距離行列法　226
近距離因子　127
近隣結合法　226
空間の共線性　133
クラスター解析　240
クラスタリング　240
クロストーク　130, 167
クロマチン　156
形質転換　14
系統樹　225
系統フットプリント法　228
決定因子　121
ゲノミクス　239
ゲノム　17
ゲノムインプリンティング　179

ゲノム科学　49, 239
ゲノム細菌学　53
ゲノム情報　202
ゲノム刷り込み　179
ゲノム多型（RFLP）　47
ゲノムの文法　204
ゲノム配列　66
原腸形成　144
コアクチベーター　163
交叉　6
後成説　154
合成致死性　79
構造タンパク質　19
酵母2ハイブリッド法　93, 95
コーディング・ポテンシャル　236
コリプレッサー　163
コンセンサス配列　227

サ行

サイクリン　44
最大節約法　227
最短距離法　242
最長距離法　243
細胞間接着　137
細胞極性　140
細胞周期　44
細胞接着分子　137
最尤法　227
サテライトDNA　157
三胚葉　121
時間的共線性　133
シグナル伝達系　42
シスエレメント　228
システム生物学（システムバイオロジー）　59
シス配列　86
質量分析　91
シャトルベクター　33
シャルガフの法則　12
種　207
修飾酵素　29
受動的脱メチル化　161
種分化　208
春化現象　187
常染色体　6

初期化　120, 156
署名配列　227
新規(デノボ)メチル化　160
人工多能性幹細胞(iPS 細胞)　120, 172
垂直伝達　210
水平伝達　210
数理モデル　205
スケールフリー性　246
スプライシング　36
スミス－ウォーターマン法　218
スモールワールド性　246
正規表現　228
制御タンパク質　19
制限酵素　29
性染色体　6
全ゲノムショットガン法　239
染色体　17
前成説　154
選択的スプライシング　37
選択マーカー遺伝子　72
セントラルドグマ　21, 158
セントロメア　157
全能性　116
双極性　144
増殖シグナル　45
相同性　209
相同性検索　68, 219
相補性 DNA　82
相補的　9
組織　238

タ 行

ターゲティング・コンストラクト　72
代謝ネットワーク　101
ダイナミック・プログラミング法　218
多型　208
多重アラインメント　224
多分化能　116
多様性　62, 147
単為発生の阻害　180
単極性　144
チェック機構　46
中胚葉誘導因子　123
頂端面　142
頂底極性　141

データベース　204
データマイニング　241
転移 RNA　11
転移因子　174
転写　18
転写因子　69
転写活性化因子　118
転写抑制因子　118
デンドログラム(樹形図)　242
動的計画法　218
特異度　229
特徴空間　241
突然変異　207
ドメイン　68
トランスクリプトーム　81
トランスクリプトーム解析　81
トランスポゾン　174

ナ 行

ヌクレアーゼ高感受性部位　158
ヌクレオソーム　156
ヌクレオチド　8
能動的脱メチル化　161

ハ 行

バイオインフォマティクス　202
胚性幹細胞(ES 細胞)　171
背側決定因子　134
ハイブリダイズ　52
配列　203
パラログ　53, 209
パンゲン　3
ピアソンの相関係数　242
比加重結合法(UPGMA 法)　243
ヒストンアセチル化酵素　163
ヒストンコード仮説　165
ヒストン脱アセチル化酵素　163
ヒストンリジン脱メチル化酵素　165
ヒストンリジンメチル化酵素　164
必須遺伝子　73
ヒトゲノムプロジェクト　49
ヒューリスティクス　220
表層帯　142
不一致現象　189
ブーリアン・ネットワーク　245

フェノーム解析　76
不活性化センター　178
父性ダイソミー　195
物理的地図　31
普遍性　62
プラダー-ウィリー症候群　195
プロテインチップ　99
プロテオーム　91
プロテオーム研究　239
プロテオミクス　91
プロファイルHMM　232
プロモーター　27
分化運命の決定　121
分化誘導因子　122
分子進化学　210
分子生物学　16
分子時計仮説　225
ペアード領域　119
ペアワイズ・アラインメント　224
平均距離法　243
平均棍　132
ベイジアン・ネットワーク　245
ベイズ推定法　227
ベイズの定理　233
平面細胞極性　143
ベックウィズ-ヴィードマン症候群　195
ヘテロクロマチン　157
ヘテロクロマチンタンパク質1　167
ホールゲノム・ショットガン（WGS）　52
補助受容体　130
保存的置換　213
ホックス遺伝子　132
ホメオティック遺伝子　40, 132
ホメオティック変異　39, 133
ホメオドメイン　40
ホメオボックス　40
ホメオボックス（HOX）遺伝子　172
ホモログ　209
ホモロジー　209
ホモロジー検索　219
ポリコーム　167

翻訳　18

マ 行

マスター制御遺伝子　118
マルコフ連鎖　206
マルチプル・アラインメント　224
無根系統樹　226
メタゲノム　54
メチル化　117, 160
メチル化CG結合ドメイン　166
メッセンジャーRNA　11
免疫グロブリン　38
免疫沈降　198
メンデルの法則　2
モザイク個体　179
モチーフ　227
モルフォゲン　125

ヤ 行

ユークロマチン　118, 157
有根系統樹　226
誘導因子　122
誘導現象　26
ユビキチン化　100
抑制的制御タンパク質（リプレッサー）　26

ラ 行

リガンド　127
リガンド提示　130
リフリップ（RFLP）　47
リプログラミング　156
リボソームRNA　11
累進法　224
ルビンシュタイン-テイビ症候群　194
レギュロン　86
レット症候群　193
レトロウイルス　41
レトロトランスポゾン　174
レポジトリー　250
ロバストネス　246

■岩波オンデマンドブックス■

現代生物科学入門 1
ゲノム科学の基礎

2009年10月8日　第1刷発行
2018年3月13日　オンデマンド版発行

著　者　小原雄治　吉川　寛　伊藤隆司
　　　　上野直人　佐々木裕之　中井謙太

発行者　岡本　厚

発行所　株式会社　岩波書店
　　　　〒101-8002　東京都千代田区一ツ橋2-5-5
　　　　電話案内　03-5210-4000
　　　　https://www.iwanami.co.jp/

印刷／製本・法令印刷

© 岩波書店 2018
ISBN 978-4-00-730733-1　Printed in Japan